地球物质科学概论

饶　灿　朱孔阳　郝艳涛　编著

ZHEJIANG UNIVERSITY PRESS
浙江大学出版社
·杭州·

图书在版编目(CIP)数据

地球物质科学概论 / 饶灿等编著. -- 杭州：浙江
大学出版社，2024.8. -- ISBN 978-7-308-25284-3

Ⅰ．P3

中国国家版本馆 CIP 数据核字第 2024RJ3891 号

地球物质科学概论

饶　灿　朱孔阳　郝艳涛　编著

责任编辑	石国华	
责任校对	杜希武	
封面设计	周　灵	
出版发行	浙江大学出版社	
	（杭州市天目山路 148 号　邮政编码 310007）	
	（网址：http://www.zjupress.com）	
排　　版	杭州星云光电图文制作有限公司	
印　　刷	杭州高腾印务有限公司	
开　　本	787mm×1092mm　1/16	
印　　张	16.75	
字　　数	380 千	
版 印 次	2024 年 8 月第 1 版　2024 年 8 月第 1 次印刷	
书　　号	ISBN 978-7-308-25284-3	
定　　价	85.00 元	

前　言

地球物质科学,是国民经济可持续发展不可或缺和最具发展前景的重要学科之一,也是地球科学研究的核心内容,广泛应用于地球科学各个研究领域中。为了适应地球系统科学与人工智能＋大数据研究需要,浙江大学将《结晶学与矿物学》《晶体光学》《岩石学》以及部分《地球化学》内容进行整合,构建全新的《地球物质科学概论》。本教材针对地球物质课程本科教学现状、学科前沿和人才培养趋势,有机融合结晶学、矿物学、岩石学、晶体光学以及部分地球化学课程内容,突出现代科技的应用,弱化传统的描述性内容,加强对地球物质定量化分析能力的培养,旨在激发学生的专业兴趣,满足地球系统科学人才培养需求。

本教材绪论主要介绍元素的产生与地球的形成历程,接着阐述地球的圈层结构、地球的物质组成,从而引入地球物质科学研究内容及其科学问题。理论基础的脉络是从原子尺度逐渐递进到晶体尺度,探讨电子构型、化学键、等大球体最紧密堆积、鲍林组合法则、晶体结构及晶体化学性质等内容。在鉴别与分析方法上,本教材涵盖了晶体形貌分析、物理化学性质鉴定、晶体光学分析、化学成分分析以及晶体结构分析等多维度手段,从不同角度分析或鉴别元素、矿物和岩石的主量、微量成分以及结构特征。矿物部分介绍矿物的分类与命名、矿物的化学成分与晶体结构、矿物的形成与演化以及各类矿物的矿物学特征及其成因指示(含地幔矿物);岩浆岩部分介绍岩浆及其性质,岩浆岩的性质与组成,岩浆岩的结构、构造与产状,岩浆岩的分类与命名、常见的岩浆岩特征以及岩浆的形成与演化等内容。沉积岩部分重点介绍沉积岩的矿物与化学成分,风化作用与沉积物的形成,沉积物的搬运、沉积与成岩作用,沉积岩的构造,沉积岩的主要类型及其特征。变质岩部分主要介绍变质作用及其特征、变质作用的控制因素、变质岩的化学成分与矿物组成、变质岩的结构与构造、变质岩的主要类型以及变质岩的成因与研究意义;最后介绍元素在地壳和地幔中的分布、分配与分馏现象。

本教材具有如下特点:①强调基础性,注重地球物质科学的基本概念、基础理论和基本方法,对地球物质科学的理论和方法作适当的延拓,并列出主要参考文献,供读者进一步学习和查阅;②突出现代仪器分析的应用,弱化传统描述性内容,强调地球物质的原位定量化分析,理解每种地球物质的实际应用和科研价值,培养学生的地球物质定量化分析能力和实际应用能力;③展示矿物的晶体结构特征,全方位直观认识矿物的晶体结构,理解晶体结构、化学成分与其物理性质之间的关系,改变传统地球物质教材所具有的浓厚的描述性味道;④引入薄片数值化和大数据思维模式,提升了读者对地球科学的研究兴趣,通过将地球物质科学的基本理论与实际应用相结合,使读者了解到地球物质科学在解决地球科学重大问题上的作用,提高分析问题和解决问题的能力;⑤力求语言简洁明了,通俗易懂,便于读者阅读掌握。

本教材编写分工如下:第 1 章由饶灿和郝艳涛编写,第 2 章由饶灿编写,第 3 章由饶灿和朱孔阳编写,第 4 章由饶灿编写,第 5 至 7 章由朱孔阳编写,第 8 章由郝艳涛编写。教材中矿物图片和结构 CIF 文件来源于 https://www.mindat.org。书稿完成后,由饶灿负责整理与审阅,并组织全体参编人员进行了多次校核。

本教材的编写得到了浙江大学地球科学学院全体教师的大力支持,夏群科教授对教材提供了宝贵建议,部分资料收集工作由郑栋昊、杨玉玲、陆雨晴、林新航、韩婧等协助完成,在此谨表谢意。同时,衷心感谢浙江大学出版社对本教材出版的大力支持与帮助。

编 者

2024 年 4 月

目 录

第 **1** 章 绪 论

　　过去几个世纪里,地球科学在人类社会和经济活动中发挥着至关重要的作用,对全球产生了重要的影响。21世纪以来,随着"深地""深空""深海"尤其是"深时"等概念的兴起,人们逐渐意识到地表、地壳以及深海等过程主要受地球深部过程的深远影响,地球是由多个相互作用的圈层组成的一个完整系统。鉴于此,单一学科的研究范式已无法满足对地球复杂性的全面理解,地球系统科学思维应运而生,亟须从整体视角出发,深入探究地球的形成与演化历程。固体地球的基本物质组成主要包括元素、矿物和岩石等,而绝大部分元素主要赋存于矿物和岩石中。因此,固体地球的基本物质组成是矿物及其集合体(岩石)。通过对矿物和岩石的系统研究,我们可以了解地球的物质组成、形成及其演化历史。在日常生活中,地球物质得到广泛应用,例如工具制造、车辆制造,以及作为建筑材料、能源和农业土壤等,这需要我们系统掌握地球物质的专业知识。另外,地球物质的认知,对于寻找自然矿产资源至关重要;它不仅让我们了解到有限的自然资源,同时督促我们坚持可持续发展,保护好美丽的宜居地球。

　　"地球物质科学概论"课程整合了"结晶学与矿物学""晶体光学""岩石学"等传统核心课程内容,同时延伸至"地球化学"部分课程内容,主要介绍地球的物质组成、理论基础、鉴定与分析方法、性质及其成因。本教材注重样品(手标本)的肉眼观察、显微镜下特征、典型用途和科研价值,突出现代分析技术的应用,弱化传统描述性内容,强调地球物质的定量化分析,推广岩石薄片数字化和大数据在地球科学中的应用,理解地球物质的实际应用和科研价值,培养学生的地球物质定量化分析能力和实际应用能力。

1.1　元素的产生与地球的形成

1.1.1　元素的产生

　　地球上的物质是由具有悠久历史的化学元素构成的,可以通过研究遥远的恒星和陨石来解释这些元素的起源。恒星主要由氢(H)凝聚而成,恒星一生中的大部分时间都在将氢元素聚变形成氦(He)元素。根据恒星质量的不同,它们有不同的命运。质量较大的恒星会以超新星的灾难性爆炸结束生命,在爆炸过程中会产生比铁(Fe)重的元素。这些爆炸将恒星物质分散到宇宙空间,成为新恒星和太阳系形成的原始材料。太阳系中的地球和其他类地行星是由这些早期超新星和其他演化恒星遗留下来的化学元素形成的,这些物质在46亿年前聚集在一起形成了太阳和太阳系。

根据宇宙大爆炸理论,宇宙起源于140亿年前,由氢和氦等轻元素以及微量锂(Li)、铍(Be)和硼(B)组成。随后,恒星通过核聚变形成了更重的元素。像太阳这样的质量小的恒星将氢原子融合在一起形成氦,随后氦原子可能会聚合在一起形成碳(C)元素,但没有形成较重的元素。更大质量的恒星(质量超过八个太阳质量)具有更大的引力,可以在其核心产生更高的压力和温度,从而导致额外的核反应,产生像铁一样重的元素。恒星一旦到达铁级,就会在自身引力作用下内爆,然后爆炸形成超新星(图1-1)。在这些灾难性的爆炸中,形成了所有比铁重的元素。虽然超新星每几百年才在银河系的一部分出现一次,但它们在银河系中心和其他星系中相对常见,因此,它们得到了很好的记录。

图 1-1　超新星爆炸照片

(资料来源:https://www.primolo.de/node/17486)

超新星的碎片最初形成云和气体喷流,这些气体以极高的速度从爆炸的恒星喷出(图1-1)。这些膨胀的云可以在数千年内保持可见。例如,我国天文学家在公元1054年目睹了爆炸后的超新星遗迹,即蟹状星云,并做了详细记录。今天这片星云仍在以1800千米/秒的惊人速度膨胀。最终,超新星喷出的物质分散于宇宙空间,部分物质聚合形成了太阳系。

1.1.2　地球与太阳系的诞生

宇宙中大部分分散的物质由氢组成,恒星中形成的较重元素只占其中很小的一部分。如果分散的物质聚集在一起,就会产生引力场,从而吸引更多的物质。这些气体和尘埃云在引力作用下收缩,形成所谓的星云,最终坍缩成一个扁平的旋转圆盘。如果星云足够大,其核心的压力和温度会因引力坍缩而升高,达到核聚变典型温压(绝对温度为$1 \times 10^7 K$),一颗恒星就诞生了。聚变所需的临界质量约为木星质量的80倍。

演化成为太阳系的星云形成于 45.6 亿年前。星云中的大部分物质向内塌陷形成太阳,但一些物质留在太阳盘中形成行星、卫星、小行星、陨石和彗星。在温度较高的圆盘内部,C、N 和 H 等元素以气体的形式存在,固体物质由 Si、Mg、Fe 和 O 等造岩元素组成。由于 Si、Mg 和 Fe 的含量远低于 C、N 和 H,所以在太阳系内部形成的类地行星(水星、金星、地球、火星)和小行星都很小。在温度较低的太阳盘中更远的地方,也可能形成水、二氧化碳、氨和甲烷的冰,因为这些冰包含了太阳星云中更丰富的元素,它们形成了更大的外部气体巨行星如木星、土星、天王星和海王星。

太阳占太阳系质量的 99.9%,其组成成分与形成它的星云的组成成分基本相同。可以根据元素特征光谱中吸收线(吸收光谱)的强度来确定太阳光球层的成分。太阳内部是强烈对流的,因此对光球层的分析被认为代表了绝大部分的太阳组成。较重的元素集中在太阳核部,因此通过对光球层的分析来估计太阳系的物质组成时,同时需考虑到元素的分布。太阳主要由 H(74%)和 He(24%)组成,其次是 O 和 C,其他元素的含量均非常低。

陨石是从太空中撞击地球表面的自然物体。在地球演化历史的早期,这些撞击导致了行星的增生。随着时间的推移,陨石撞击的频率降低。目前仍然有陨石撞击地球,这为研究地球的原始物质组成提供了样本。大多数陨石来自火星和木星轨道之间的小行星带,极少数陨石由大型陨石撞击月球和火星表面而形成。部分陨石可能是行星体的碎片,其体积大到足以部分熔融,并经历分化形成富铁的核部和硅酸盐外层,而另一部分陨石体积较小,不足以分化。最常见的陨石类型为球粒陨石,其含有由 Si、O、Mg 和 Fe 组成的毫米级球粒(图 1-2)。目前在陆地岩石中未发现过球粒。球粒陨石可能是由太阳系圆盘中的原始尘埃颗粒在接近 2000℃下闪蒸加热和熔融而成。熔融及随后的冷却必须在数小时内完成,才能形成橄榄石矿物的条状结构。

图 1-2　球粒陨石(陨石编号 L4B,视域范围长约 2 厘米)

陨石球粒是太阳系最早形成的岩石之一。球粒陨石中最古老的物质是难熔的包裹体,主要由含低挥发性元素 Ca、Al、Ti 的矿物组成,其年龄比球粒早约 200 万年,可能代表太阳系本身的年龄,约 45.67 亿年。地球是由类似于球粒陨石的物质吸积而成。因此,它们的组成与地球质量、惯性矩和已知地震不连续性(见下一节)设定的约束一起使用,以估算地球的组成。与太阳系相比,地球的挥发性成分(H、C、N、O)将减少,但挥发性较低的元素的相对丰度相似(图 1-3)。太阳系和地球中,Mg、Si 和 Fe 的丰度大致相同。这三种元素与氧是地球物质的主要元素,其他元素则是次要成分。因此,许多造岩矿物包含这四种元素。

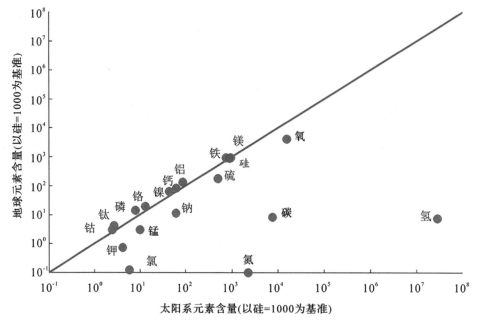

图 1-3　地球与太阳系元素含量(挥发性弱的元素两者含量一致,
因此落在斜率为 1 的红线附近,地球相比太阳系亏损挥发性强的元素)

　　地球是由原始太阳物质(成分与球粒陨石相似)吸积形成的。随着行星变大,吸积物质的动能在行星中转化为热量。其中一些早期的撞击规模非常大,以至于将地球上的物质击飞。44.5 亿年前,早期地球曾与火星大小的天体发生碰撞,以致于部分物质从地球上脱离形成月球。在地球早期增生阶段,其温度极高。这些热主要是吸积产生的大量热量以及放射性衰变产生的热量。另一个重要的热源是形成的熔融状态的铁镍地核。地球上最古老的岩石表明,40 亿年前存在强磁场。磁场可能是由地球核部中熔化的金属外核的对流产生的,因此,液态外核约 40 亿年前即存在。铁和镍下沉形成地核所释放的能量足以融化大部分地球。据地球同位素研究表明,地球的增生过程持续了大约 10Ma(megaannus,百万年),而地核的形成约在 30Ma 内完成。吸积、放射性衰变和地核形成的综合效应导致地球早期温度极高,地球表面会完全熔化,形成岩浆海(magma ocean)。从那时起,地球一直在冷却,而热量的散失一直是最重要的行星过程,这使地球成为一个动态(dynamic)的行星。

　　随着地球冷却和凝固,由于化学变化和压力随深度增加而产生的变化,地球的圈层结构逐步形成。在早期 30Ma 内,铁和镍下沉形成了地核,低密度热物质会上升到表层,导致其热量辐射到太空,有助于地球的冷却。热物质转移到较冷区域的冷却称为对流冷却,仍然是地球冷却的最有效方式。地球的凝固是一个漫长而缓慢的过程,直到今天仍在继续,地核的外核仍然是液态的。在地球的对流冷却过程中,岩浆过程重新分配了元素,导致了地球的化学组分分布不均,结构复杂。

1.2 地球物质组成与分布特征

本质上,在地球的形成和演化过程中,元素与元素之间结合形成矿物,矿物又在其形成与演化过程中组合成各种各样的岩石,构建成为现今地球的各个圈层(图 1-4)。因此,元素是地球最基本的物质组成。然而,绝大部分元素在地球圈层中均不是独立存在的,而是赋存于各种矿物和岩石中的。鉴于此,元素、矿物和岩石应为固体地球的基本组成物质。

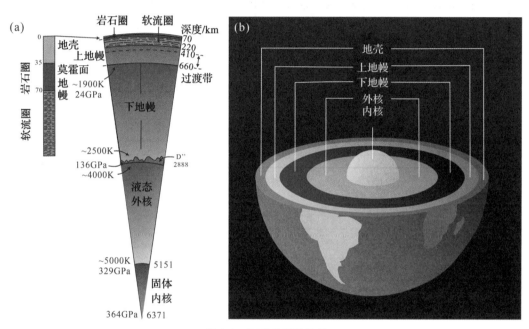

图 1-4 地球的圈层结构

1.2.1 元素

元素指具有相同的核电荷数的一类原子,它是构成地球的最基本物质。目前地球上存在的元素有 118 种,大部分元素如图 1-5 所示。事实上,元素在地球各个圈层中的分布及其含量存在一定差异,可用丰度和克拉克值(Clarke value)来表示。国际上将各种化学元素在地壳中的平均含量之百分数称为克拉克值;可用质量分数(mass fraction)来表示,称为质量克拉克值(表 1-1);也可用原子分数(atom fraction)来表示,称为原子克拉克值。元素的地球化学性质、赋存形式及其分布是地球科学研究的重点内容之一。

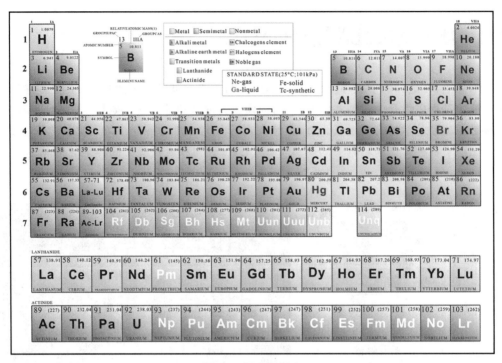

图 1-5 元素周期表

表 1-1 地壳中元素的质量克拉克值

元素	化学符号	克拉克值	元素	化学符号	克拉克值
氧	O	46.60%	锆	Zr	190ppm
硅	Si	27.72%	钨	W	160ppm
铝	Al	8.13%	钒	V	0.01%
铁	Fe	5.00%	氯	Cl	0.05%
钙	Ca	3.63%	铬	Cr	0.01%
钠	Na	2.83%	铷	Rb	0.03%
钾	K	2.59%	镍	Ni	80ppm
镁	Mg	2.09%	锌	Zn	75ppm
钛	Ti	0.44%	铜	Cu	50ppm
氢	H	0.14%	铈	Ce	68ppm
磷	P	0.12%	钕	Nd	38ppm
锰	Mn	0.10%	镧	La	32ppm
氟	F	0.08%	钇	Y	30ppm
钡	Ba	500ppm	氮	N	25ppm
碳	C	0.03%	钴	Co	20ppm
锶	Sr	370ppm	锂	Li	20ppm
硫	S	0.05%	铌	Nb	20ppm

注:表中 1ppm $=10^{-6}$。

（1）元素的分类

元素的分类方法较多,在普通化学中,元素周期表中化学元素的分类已得到公认,是最基本的分类。然而,对于地球科学而言,需要结合元素的外层电子结构及其化学特征做进一步的分类。例如,亲和性相同的元素具有相近的地球化学性质,表现为紧密共生和共同迁移等特征。根据元素的外层电子构型、化学性质等特征,可以将元素进行各种分类。目前国际较认可的是 Goldschmidt 元素分类,主要依据元素的起源、圈层分布、内部结构、化学性质等,将元素分为亲石元素、亲铁元素、亲铜（亲硫）元素、亲气元素（图 1-6 和表 1-2）。

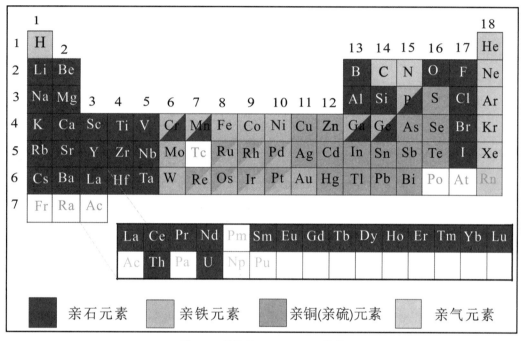

图 1-6 元素的 Goldschmidt 分类

①亲石元素。该类元素的离子最外层具有 2 或 8 个电子,即为 ns^2np^6 或 $1s^2$ 的离子,呈惰性气体稳定结构,与 O、F 和 Cl 等结合较强,也称惰性气体型元素,主要包括碱金属、碱土金属和一些非金属元素的离子。碱金属、碱土金属元素的电离势较低,离子半径较大,常与氧或卤族元素以离子键形式结合,形成含氧盐矿物、氧化物和卤化物,多作为造岩矿物分布于岩石圈。

②亲铜（亲硫）元素。此类元素的离子最外层具有 18 个电子（$ns^2np^6nd^{10}$）或（18+2）个电子（$ns^2np^6nd^{10}(n+1)s^2$）的离子,电子构型与 Cu^+ 相似,主要分布于元素周期表中ⅠB、ⅡB 副族及其右邻,为有色金属和半金属元素,也称亲铜元素。通常情况下,这些元素的电离势较高,离子半径较小,极化能力强,主要以共价键与硫结合形成硫化物及其类似化合物,形成的矿物多为矿石矿物。

③亲铁元素。该类元素的离子最外层电子数为 9～17（$ns^2np^6nd^{1~9}$）,主要为元素周期表中惰性气体型离子与铜型离子之间的各副族元素,也称过渡型元素。离子性质介于

惰性气体型离子和铜型离子之间,最外层电子数越接近 8 时,其亲氧性越强,越容易形成氧化物和含氧盐矿物;越接近 18 者,其亲硫性越强,易形成硫化物及类似化合物。值得注意的是,Mn 和 Fe 具双重倾向,主要受其所处环境的氧化还原条件控制,在还原条件下多与硫结合生成硫化物,氧逸度较高时,易与氧结合生成氧化物。

④亲气元素。此类元素的离子最外层具有 8 个电子,化学活动性差,主要呈原子和分子状态,包括惰性气体、H、N、O 等。

表 1-2　元素的 Goldschmidt 分类

亲铁元素	亲硫元素	亲石元素	亲气元素
Fe,Co,Ni Ru,Rh,Pd Os,Ir,Pt Au,Re,Mo Ge,Sn,W C,Cu,Ga Ge,As,Sb	Cu,Ag Zn,Cd,Hg Ga,In,Tl Ge,Sn,Pb As,Sb,Bi S,Se,Te Fe,Mo,Os Ru,Rh,Pd	Li,Na,K,Rb,Cs Be,Mg,Ca,Sr,Ba B,Al,Sc,Y,REE Si,Ti,Zr,Hf,Th P,V,Nb,Ta O,Cr,U H,F,Cl,Br,I Fe,Mn,Zn,Ga	H,N,O He,Ne,Ar,Kr,Xe

(2)元素的赋存形式

在一定的物理化学条件下,元素之间结合形成固体物质,从而元素赋存于固体物质之中。因此,元素在固相中的赋存形式能反映其形成时的物理化学条件。元素的赋存形式是判断已发生过的地质作用条件和元素迁移演化的主要依据。固相中元素的主要赋存形式有以下几种:

独立矿物　在地质过程中,体系中元素的浓度达到饱和时,元素便结晶或与其他元素结合结晶形成独立矿物。该种元素则是形成独立矿物的主要元素,这些元素的结合和分布规律受化学计量关系和相律的制约。

类质同象混入物　不同的元素占据独立矿物晶格中相似的结点位置,发生了部分置换,而晶格类型和晶格常数仅发生微小的变化,呈微量元素形式进入主元素的矿物晶格,用机械方法不能使二者分离。这种结构上的置换,在地质样品中极为普遍。该种元素在特殊情况下浓度达到饱和时,才形成独立矿物。

显微包裹体　呈极细微颗粒状被包裹于矿物中,不占据主矿物的晶格位置,但又不能独立进行矿物学研究的颗粒。如在岩浆岩中 Au、Ag、Pb、Bi、Hg 等,常可以呈超细硫化物存在,目前其成因和性质仍有待进一步研究。

吸附形式　元素以离子或化合物分子形式被吸附于胶体、晶体表面或解理面。这些界面电荷不平衡导致其吸附异性离子。由于元素以离子态或单独分子存在,它们并不参加寄主矿物的晶格。因此,吸附是一种结合力较弱、易于被交换和分离的赋存状态(活性赋存形式)。这种赋存形式在黏土矿物、土壤、有机胶体以及内生成因的岩石矿物表面、解理面、晶格缺陷中较常见。

与有机质结合的形式 地壳中广泛发育生物及各种有机质亲生物元素,如 C、H、O、N、S、P、Ca、Fe 等。如骨骼中 Ca 和脑细胞中 P 可完全进入到有机质中。此外,它们还可以吸收大量的金属和非金属元素来构成次要组分,其主要结合状态有金属有机化合物、金属有机络合物以及螯合物等。

在流体/热液中,元素主要以离子、分子、基团、胶体以及微细颗粒等形式存在。酸碱度、氧逸度、浓度、温度、压力等严重制约流体和热液中元素的赋存形式,在一定程度上,可以促进或阻碍这些元素的富集和迁移过程。

(3)元素的分布

整体上,元素在地球内部的分布极为不均匀。地球主要含 32wt% 的 O 和 Fe、15wt% Mg、14wt%Si、1.8wt%Ni、1.7wt%Ca、1.6wt%Al 等,其他元素相对较少。地壳约含 46wt%O、27wt%Si、8.2wt%Al、6.3wt%Fe、5wt%Ca、2.3wt%Na、1.5wt%K、2.9wt% Mg;地幔主要含 44.33wt%O、22.17wt%Mg、21.22wt%Si、6.3wt%Fe、2.61wt%Ca 以及 2.38wt%Al,整体上地幔和地壳含 ~44wt%O、~23wt%Mg、~21wt%Si、~8wt% Fe、~2.5wt%Ca 以及 ~2.4wt%Al,地核主要由 Fe 和 Ni 组成。这些化学组成的不均匀分布造成地球各圈层的物理性质存在极大的差异。而地幔、地核、地壳分别占地球质量的 67.2wt%、32.4wt% 和 0.4wt%。

1.2.2 矿物

(1)矿物的定义

在地质作用过程中,元素达到饱和就会结晶形成矿物。因此,矿物是在地质作用或行星内部作用以及相互作用下形成的,具有一定的化学成分和内部结构,且在一定物理化学条件下是相对稳定的天然固体物质或单质,是组成岩石和矿石的最基本单元。从这里可以看出,矿物具有如下特征:

①矿物是天然形成的固体物质,包括地球中的矿物、陨石中的矿物、月岩矿物、天体中的矿物等,任何在实验室内人工合成的化合物,均不能称为矿物。

②矿物具有相对稳定的化学成分和晶体结构,其化学成分可用晶体化学式来表示,如黄铁矿 FeS_2,方解石 $CaCO_3$ 等。这些矿物中通常存在少量元素的置换或替代,其晶体结构不发生改变。当条件发生变化或者化学成分达到极限时,即可转变为新的矿物相。

③矿物是组成岩石和矿石的最基本单元。如花岗岩主要由各种长石、石英以及云母族矿物等构成。这些矿物是独立的最基本单元,而不是组成这些矿物的元素(单质除外)。

(2)矿物与晶体

绝大多数矿物都是以晶体的形式赋存于岩石和天体岩石中。矿物的晶体颗粒大小可在纳米到数米之间,呈现不同的颜色和晶形。晶体是内部质点(原子、离子或分子)在三维空间呈周期性重复排列的固体物质。因此,一种晶体可以定义为一种矿物,也可以定义为一种化合物,它具有一定的晶体外形和晶面。从这里可以看出,晶体的概念比矿物要广,还包括人工合成的化合物。另外,晶体中的质点为抽象的点,在晶体结构未发生变化,而实际质点化学成分发生变化时,则转变为另外一种矿物,如类质同象系列矿物,镁橄榄石和铁橄榄石,它们的结构相同,在未获得具体化学成分时,均称为橄榄石晶体。

晶体是内部质点呈格子构造排列的固体,具有如下基本性质:

①自限性。晶体在一定条件下自发地形成封闭的几何多面体外形,是内部格子构造在外形上的直接反映。晶面、晶棱与角顶分别与格子中的面网、行列及结点相对应,其生长服从于结晶学规律。

②均一性。晶体的各个不同部分质点分布是一样的,物理性质和化学性质也是相同的。

③异向性。在晶体结构中,不同方向上的质点排列通常不相同,导致晶体性质随方向的不同而发生变化。如金刚石的{111}方向和{001}方向上存在硬度差异,蓝晶石随着方向不同其硬度也存在明显差异。

④对称性。在晶体外形上,各个方向上的晶面、晶棱和角顶等均会重复出现。这种相同的性质在不同的方向或位置上有规律地重复,称为对称性。对称性是晶体格子构造中质点重复规律的体现。

⑤最小内能性。在相同的热力学条件下,晶体与同种物质的非晶质体、液体、气体相比较,其内能最小。因此,晶体转变或者矿物相变过程中,需要从外界吸取热量,而结晶的过程,多为放热过程。

⑥稳定性。在相同的热力学条件下,晶体比具有相同化学成分的非晶体稳定,非晶体自发转变为晶体是必然趋势,而晶体不能自发地转变为非晶体。

在狭义上,一种矿物为一种晶体。在描述矿物的过程中,通常需要描述矿物晶体的外形、对称性、物理性质等。另外,一些物质的内部质点排列具有近程和远程规律,但没有平移周期,不具格子构造,这种结构是介于晶体与非晶体之间的一种状态,称为准晶体或准晶态,这种晶体也可以称为准矿物。

(3)矿物的形成与分布

矿物形成于各种地质作用过程中,不同地质作用和不同条件下形成的矿物及其组合存在较大差异。根据地质作用的性质及其能量来源,矿物可以形成于内生作用、外生作用和变质作用等过程中。

内生作用主要包括岩浆作用、火山作用、结晶作用和热液作用等各种复杂的过程。在岩浆作用过程中,岩浆不断演化,先后析出橄榄石、辉石、角闪石、黑云母、斜长石、正长石、微斜长石和石英等造岩矿物,形成各种矿物组合,构成不同的岩石类型,如超基性岩、基性岩、中性岩、酸性岩及碱性岩。此外,还可形成金刚石及铂族自然元素、铬铁矿、磁铁矿及 Cu、Ni 的硫化物等金属矿物,形成极为重要的矿床或与相应的岩浆岩共同产出。火山作用的产物是各种类型的火山岩,包括熔岩和火山碎屑岩。其形成的矿物以高温、低压、高氧、缺少挥发分的矿物组合为特征。由于挥发分的逸出,火山岩中产生许多气孔,常被火山后期热液作用形成的沸石、蛋白石、玛瑙、方解石和自然铜等矿物充填。在火山喷气孔周围则常有自然硫、雄黄、雌黄和石盐等凝华作用的产物。伟晶岩多呈脉状并成群产出,其主要矿物成分与相应的深成岩相似。

外生作用是在地表或近地表较低的温度和压力下,由于太阳能、水、大气和生物等因素的参与而形成矿物的各种地质作用,包括风化作用和沉积作用。不同矿物抗风化的能力各不相同。通常情况下,硫化物、碳酸盐最易风化,硅酸盐、氧化物较稳定,具层状结构、富含水及高价态的变价元素的氧化物和氢氧化物、硅酸盐以及自然元素在地表最为稳定。地壳表层的物理化学条件的特点为低温、低压、富含氧气、水和二氧化碳,且生物活动强烈。地壳深部形成的矿物在风化作用过程中可形成的一系列稳定于地表条件的表生矿物,主要是各种氧化物和氢氧化物、黏土矿物及其他含氧盐,如玉髓、蛋白石、褐铁矿、铝土矿、硬锰矿、水锰矿、高岭石、蒙脱石、孔雀石和蓝铜矿等。矿物集合体常呈多孔状、土状、皮壳状和钟乳状等。沉积作用过程中,机械沉积作用不会形成新的矿物相,化学沉淀过程中主要形成 K、Na、Mg、Ca 的氯化物、硫酸盐、碳酸盐及其复盐,有时也有硼酸盐、硝酸盐等,最常见的有石盐、钾盐、光卤石、石膏、硬石膏、硼砂和芒硝等。生物化学沉积过程中,可以形成方解石、硅藻土、磷灰石、煤、油页岩和石油等。

变质作用过程中,岩石在基本保持固态的情况下发生成分、结构上的变化,生成一系列变质矿物,形成新的岩石。接触变质作用过程中,形成一些高温低压矿物,常见的有红柱石、堇青石、硅灰石和透长石等。接触交代过程中形成透辉石、钙铁辉石、钙铁榴石、钙铝榴石、符山石、硅灰石、方柱石和金云母等,晚期还常出现透闪石、阳起石、绿帘石等矽卡岩矿物,同时伴随有磁铁矿、黄铜矿、白钨矿、辉钼矿、方铅矿和闪锌矿等矿石矿物。区域变质作用过程中形成透闪石、阳起石、透辉石、钙铁辉石、蓝晶石、夕线石、红柱石、石英、刚玉等矿物。

上述的这些地质作用均发生在地壳,而地幔甚至地核中的地质作用和过程需要进一步研究,其矿物组成如图 1-7 所示。

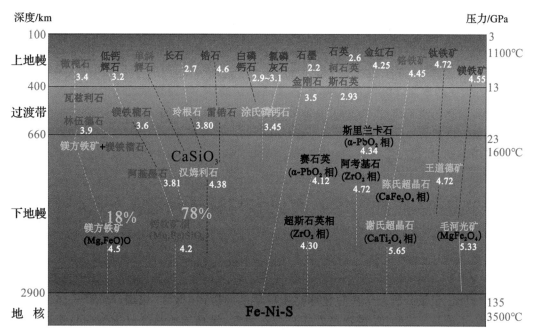

图 1-7　地幔的物质组成(引自谢先德院士报告)

(注:图中数字为密度,单位为 g/cm³)

1.2.3 岩石

（1）概念

岩石是构成地壳和上地幔的固态物质，是由一种或多种矿物（部分为火山玻璃物质、胶体物质、生物遗体）组成的天然集合体。根据成因类型，岩石可划分为岩浆岩、沉积岩、变质岩三大类。岩浆岩是由高温熔融的岩浆经侵入地下或喷出地表冷凝而形成的，又称火成岩。沉积岩是由地表风化产物、火山碎屑物等，在外力作用下搬运、沉积、固结而成的。变质岩是由已形成的岩浆岩和沉积岩经变质作用转化而成的岩石。三类岩石之间相互联系、相互演变，有的在成因上存在逐渐过渡，难以截然区分开。

岩石学是地质学中的一门独立的分支学科，是研究地壳、上地幔各种岩石的分布、产状、成分、结构、构造、分类、命名、成因、演化和相关矿产等问题的学科。随着对岩石成因研究的深入，目前岩石学已形成了三个相对独立的分支学科：岩浆岩岩石学、沉积岩岩石学、变质岩岩石学。

岩浆岩岩石学着重研究岩浆岩的组分、结构、构造、产状、分布、分类、命名、共生组合、成因机制与矿产的关系，以及岩浆的形成、演化、活动与全球构造的关系等。近来，岩浆岩岩石学的研究范畴和内容已扩大到上地幔和宇宙星体岩石，甚至发展为单独的学科。沉积岩岩石学着重研究沉积物质的形成、搬运、沉积、成岩和后生变化，沉积岩的组分、结构、构造、分类、命名、沉积建造、沉积环境，与矿产的关系等。目前对沉积环境的研究与全球构造变化联系起来。变质岩岩石学着重研究变质岩的组分、结构、构造、分布、成因、成矿、原岩性质、变质作用类型和变质作用条件，以及与地壳演化发展的关系等。

（2）分布

岩石在地壳中的分布存在极大差异。地壳深处和上地幔上部主要由岩浆岩和变质岩组成。据统计从地表向下 16km 的范围内岩浆岩和变质岩的体积可达 95%，沉积岩仅为 5%。地壳的表面以沉积岩为主，约占大陆面积的 75%，而洋底几乎全部为沉积物所覆盖。岩石在其形成过程中，记录了地壳或上地幔的形成与演化历史，因此在地质学中岩石是重要的研究对象。岩石常作为各种有用矿产赋存的空间场所，甚至有的岩石本身就是有用矿产，如花岗伟晶岩，产出长石、锂云母、绿柱石、铌钽矿等。

1.3　地球物质科学的研究内容与科学问题

近 20 年来，随着科技的发展以及现代分析技术的应用，地球科学快速发展，原来以显微镜为主来识别的岩石，现今可以利用扫描电镜、电子探针等仪器进行识别，同时进行化学成分原位定量分析。未来的地球物质科学已经迈向"微区、精细、准确"等多维度研究高度。不论是元素角度、矿物角度还是岩石角度，地球物质科学已逐渐向更全面和系统化发展。因此，地球物质科学作为地球系统科学中的一门核心课程，其主要任务是研究地球的物质组成，物质的分布特征及其规律，地球物质的结构与构造、成因及其演化、物理性质等。

地球物质科学主要用于解决地球物质如何形成的、元素在地球圈层之间如何循环、矿物/岩石之间的成因与演化如何、地球物质转变的动力是什么、地球圈层之间的物质差异与物理性质变化等一系列科学问题。要全面地解决上述问题，必须系统学习地球物质科学基础知识、地球科学发展历史以及社会需求，在地球的形成与演化过程中寻求答案。

第2章 地球物质科学理论基础

地球物质科学拟揭示和解决地球物质的形成、演化、演变等基本问题。本章主要介绍原子的电子构型与化学键、最紧密堆积与组合法则、晶体结构与晶体化学等理论基础。

2.1 电子构型与化学键

2.1.1 原子结构

原子是由运动粒子组成的复杂微观体系,它由带正电的原子核和绕核运动的带负电的电子(e)组成,原子核由质子(p)和中子(n)组成(图 2-1)。1 个质子的质量约为 1.673×10^{-24} 克,电荷量约为 $+1.602 \times 10^{-19}$ 库仑;1 个中子的质量约为 1.675×10^{-24} 克;1 个电子的质量约为 9.109×10^{-28} 克,其电荷量为 -1.602×10^{-19} 库仑。原子的电子具有粒子性和波动性,不服从牛顿力学定理,通常利用量子力学薛定谔(Schrödinger)方程描述电子的波动性。元素的性质决定元素之间相互结合的规律,影响元素性质的主要因素有原子的外层电子构型、电负性、电离势和原子半径等。

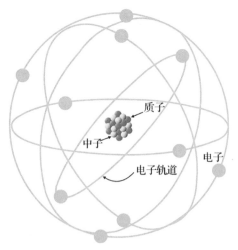

图 2-1　玻尔原子模型

2.1.2　原子的外层电子构型

在确定电子在三维空间上的位置时,必须了解电子的三个量子数概念:主量子数(n)、角量子数(l)和磁量子数(m)。这三个参数是薛定谔波动方程三个特定解,代表了ψ的数学表达式中的特定参数。

主量子数(n)是电子与原子核之间距离的函数,决定电子的能级,反映电子的有效体积(不是平均半径),可以取1到无穷大的正整数,n值越大,其电子所在壳层的能级越高。n值相同的电子在核外位于同一电子层内,电子依n值在核外依次排布。$n=1,2,3,\cdots$,分别对应于电子壳层 K,L,M,$\cdots$(图 2-2)。

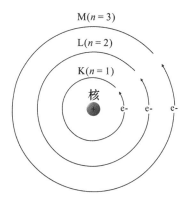

图 2-2　原子的主量子数

角量子数(l)表征电子在轨道中旋转的角动量,反映在电子运动区域的形状,即电子云的形状,间接反映电子的能量。l只能取值$0,1,2,\cdots,n-1$的正整数,分别对应 s,p,d,f,$\cdots$,亚电子层(图 2-3 和表 2-1)。s 轨道呈球面展布,p 轨道可以沿x,y,z方向形成 3 种轨道p_x,p_y和p_z;d 轨道可沿z^2、x^2-y^2、xy、xz、yz平面分别形成 5 种轨道(图 2-3);f 轨道可沿z^3、xz^2、yz^2、xyz、$z(x^2-y^2)$、$x(x^2-3y^2)$、$y(3x^2-y^2)$方向分别形成 7 种轨道。

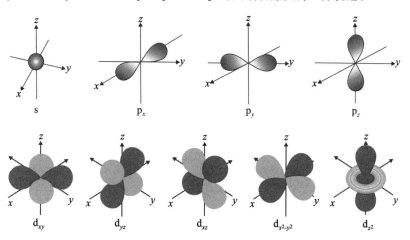

图 2-3　轨道电子运动形状

磁量子数(m)限制电子云的伸展方向和形状,其数值为介于 l 和 $-l$ 之间的整数(表 2-1)。

表 2-1　电子的量子数特征

主量子数 n	角量子数 l	轨道类型	磁量子数 m	轨道数	容纳最大电子数
1(K)	0	1s	0	1	2
2(L)	0	2s	0	1	2
	1	2p	$-1,0,+1$	3	6
3(M)	0	3s	0	1	2
	1	3p	$-1,0,+1$	3	6
	2	3d	$-2,-1,0,+1,+2$	5	10
4(N)	0	4s	0	1	2
	1	4p	$-1,0,+1$	3	6
	2	4d	$-2,-1,0,+1,+2$	5	10
	3	4f	$-3,-2,-1,0,+1,+2,+3$	7	14

除了以上三个量子数以外,还有第四个量子数为自旋量子数(ω),它决定电子在空间自旋的方向。由于电子只能以顺时针或逆时针方向旋转,因此,只有 $+1/2$ 和 $-1/2$ 两个数值。部分元素的电子量子数特征见表 2-2。

表 2-2　部分元素的电子量子数特征

电子层	K	L		M			N				O					P		Q
	1s	2s	2p	3s	3p	3d	4s	4p	4d	4f	5s	5p	5d	5f	5g	6s	6p	6d	7s
H	1																	
He	2																	
Li	2	1																
Be	2	2																
B	2	2	1															
C	2	2	2															
N	2	2	3															
O	2	2	4															
F	2	2	5															
Ne	2	2	6															
Na	2	2	6	1														
Mg	2	2	6	2														
Al	2	2	6	2	1													
Si	2	2	6	2	2													
P	2	2	6	2	3													
S	2	2	6	2	4													

续表

电子层	K	L		M			N				O					P		Q	
	1s	2s	2p	3s	3p	3d	4s	4p	4d	4f	5s	5p	5d	5f	5g	6s	6p	6d	7s
Cl	2	2	6	2	5														
Ar	2	2	6	2	6														
K	2	2	6	2	6		1												
Ca	2	2	6	2	6		2												
Sc	2	2	6	2	6	1	2												
Ti	2	2	6	2	6	2	2												
V	2	2	6	2	6	3	2												
Cr	2	2	6	2	6	4	1												
Mn	2	2	6	2	6	5	2												
Fe	2	2	6	2	6	6	2												
Co	2	2	6	2	6	7	2												
Ni	2	2	6	2	6	8	2												
Cu	2	2	6	2	6	10	1												
Zn	2	2	6	2	6	10	2												
Ga	2	2	6	2	6	10	2	1											
Ge	2	2	6	2	6	10	2	2											
As	2	2	6	2	6	10	2	3											
Se	2	2	6	2	6	10	2	4											
Br	2	2	6	2	6	10	2	5											
Kr	2	2	6	2	6	10	2	6											
Rb	2	2	6	2	6	10	2	6			1								
Sr	2	2	6	2	6	10	2	6			2								
Y	2	2	6	2	6	10	2	6	1		2								
Zr	2	2	6	2	6	10	2	6	2		2								
Nb	2	2	6	2	6	10	2	6	4		1								
Mo	2	2	6	2	6	10	2	6	5		1								
Tc	2	2	6	2	6	10	2	6	5		2								
Ru	2	2	6	2	6	10	2	6	7		1								
Rh	2	2	6	2	6	10	2	6	8		1								
Pd	2	2	6	2	6	10	2	6	10										
Ag	2	2	6	2	6	10	2	6	10		1								
Cd	2	2	6	2	6	10	2	6	10		2								
In	2	2	6	2	6	10	2	6	10		2	1							
Sn	2	2	6	2	6	10	2	6	10		2	2							
Sb	2	2	6	2	6	10	2	6	10		2	3							
Te	2	2	6	2	6	10	2	6	10		2	4							
I	2	2	6	2	6	10	2	6	10		2	5							
Xe	2	2	6	2	6	10	2	6	10		2	6							

电子运动除了受上述四个量子数限制外,还须服从泡利(Pauli)不相容原理和最低能量原理。根据泡利不相容原理,在任何一个原子中,最多只能有两个电子具有完全相同的 n、l、m、s 四个量子数。这样每个亚电子层上的电子数是有限的。为了使体系能量最低,在不违背泡利不相容原理的前提下,原子中的电子应尽量占据最低的空能级。

2.1.3 化学键

在晶体中,内部质点间的键性相同时,表现为相同的物理性质;键性不同时,这些物理性质则存在明显差异。根据键性的异同,晶体结构划分为不同的晶格类型。在一种晶体结构中,如果键力以某种化学键占主导地位,就把它归属为相应的某种晶格类型,对应离子键、共价键、金属键和分子键4种基本键型以及特殊形式的氢键。

（1）离子键

组成晶格的质点是丢失了价电子的阳离子和获得外层电子的阴离子,它们彼此间以静电作用力而相互作用(图2-4)。在离子晶格中,一个离子可以同时与若干异号离子相结合,无论在哪个方向都有可能相互吸引,所以离子键没有方向性和饱和性的限制。晶格中离子间的具体配置方式符合鲍林规则(Pauling's rules)。

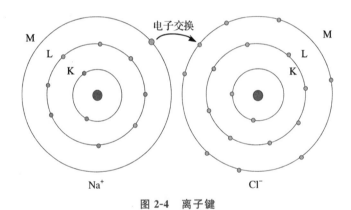

图 2-4　离子键

（2）共价键

组成晶格的质点彼此间以共价键相结合(图2-5)。由于共价键具有方向性和饱和性,因而晶格中原子间的排列方式主要受键的取向控制,一般不能形成最紧密堆积结构。共价键相当强时,其晶体常具有强度高、熔点高、不导电的特点,透明至半透明,具玻璃—金刚光泽。

（3）金属键

组成晶格的质点是丢失了价电子的金属阳离子,它们彼此间借助于在整个晶格内运动着的"自由电子"而相互结合,形成金属单质或金属化合物。在金属晶格中,由于每个原子的结合力呈球形对称分布的,没有方向性和饱和性,而且各个原子又具有相同或近似的半径,因而它们通常以等大球做最紧密堆积。由于金属键具自由电子,金属晶体为良导体,不透明,反射率高,具有金属光泽、高密度和延展性,硬度一般较低。

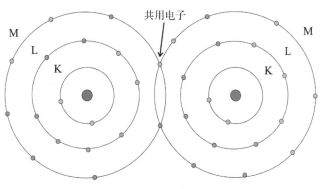

图 2-5　共价键

（4）分子键

在晶格中，分子与分子之间以范德华力相结合（图 2-6），它们相互间的空间配置方式主要取决于分子本身的几何特征。分子内部的原子之间，一般以共价键相结合，虽然不一定形成球形，但它们也能趋于最紧密堆积结构。分子键的作用力比较弱，分子晶格的晶体一般熔点低，可压缩性大，热膨胀率大，热导率小，硬度低，透明，不导电。某些性质与分子内的键性有关。

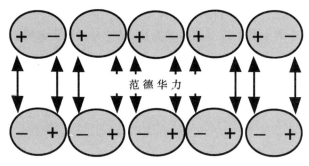

图 2-6　分子键

（5）氢键

氢键是一种由氢原子参与成键的特殊键型，其性质介于共价键与分子键之间（图 2-7）。氢键具有方向性和饱和性，其键强虽比分子键强，但与一般分子键属于同一数量级。氢键晶格主要存在于有机化合物晶体中。在矿物中，冰和草酸铵石等具有氢键晶格，但含有氢键的矿物晶格却比较普遍，如氢氧化物、含水化合物、层状结构硅酸盐等矿物中，硬水铝石、针铁矿、高岭石等晶格中，均有氢键存在。

氢键的作用力虽不强，但对物质的性质产生明显的影响，分子间形成氢键会使物质的熔点、沸点增高，分子内形成氢键则会使物质的熔点、沸点降低。但一般来说氢键晶格的晶体具有配位数低、熔点低、密度小的特征。

在部分晶体结构中，只存在单纯的一种键力，如金的晶体结构中只存在金属键，金刚石中只有共价键等等。但是有许多晶体结构，其键力为某种过渡型键。从键的性质来说，它们具有过渡性。如金红石（TiO_2）中 Ti—O 键是一种以离子键为主向共价键过渡的

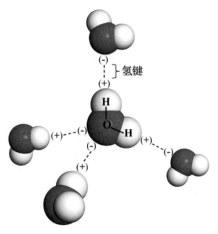

图 2-7　氢键

过渡型键,既含有离子键,又含部分共价键,两种键性相互融合,因而它是一种过渡型键。在许多晶体结构中,如方解石 $CaCO_3$ 的结构中,在 C—O 之间存在着以共价键为主的键性,而 Ca—O 之间则存在着以离子键为主的键性,这两种键性在晶体结构中是明确地彼此分开的。这类晶体结构属于多键型晶格。它们晶格类型的归属以晶体的主要性质取决于哪一种键性作为依据。方解石的物理性质主要是由 Ca—O 之间的离子键力所决定的,因而方解石归属于离子晶格。至于分子晶格,显然是多键型晶格。

2.2　等大球体最紧密堆积及其组合法则

2.2.1　最紧密堆积

在晶体结构中,原子或离子之间尽可能地相互靠近,以达到其内能最小,致使晶体处于最稳定的状态。除了共价键晶体的原子排列受到共价键方向性和饱和性限制,不做最紧密堆积。但对于离子键和金属键的晶体,其原子和离子的堆积可以用最紧密堆积来进行分析。通常情况下,阴离子或阴离子团的离子半径较大,可以近似认为晶体结构由阴离子最紧密堆积而成,而阳离子或电子仅占据阴离子之间的空隙。因此,阴离子堆积可以视为等大球体的最紧密堆积。

单层内的等大球体堆积方式仅有一种,如图 2-8 所示,每个球体被 6 个球体环绕,形成 6 个三角状的空隙,这些空隙可以分为两类,一类相间的三角状空隙的尖端指向向上(如 1),一类相间的三角状空隙的尖端指向朝下(如 2)。因此在堆积第二层时,就有两种选择,在 1 号位和 2 号位。但这两种堆积方式的实质是一样的,仅仅是方位不一样。在继续堆积第三层时,同样可以放置于第二层的 1 号位和 2 号位,若堆积在 1 号位,则第三层与第一层的排布相同,以 ABABAB…的形式排列,若堆积在 2 号位,则三层均不一样,以 ABCABCABC…的形式堆积。ABABAB…形式的两层重复一次的排列规律,其结果与六方原始格子相对应,称为六方最紧密堆积;而 ABCABCABC…形式的三层重复一次的排列规律与立方面心格子一致,称为立方最紧密堆积。

在等大球体最紧密堆积中,任何堆积方式均可以由六方和立方最紧密堆积组合而成,因此,六方和立方最紧密堆积方式是最基本、最常见的排列方式,任何排列都可以视为由这两种排列方式组合而成。

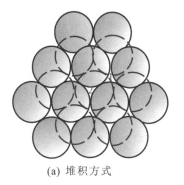 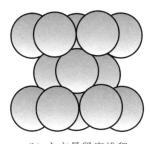 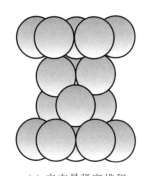

(a) 堆积方式　　　　　　(b) 六方最紧密堆积　　　　　　(c) 立方最紧密堆积

图 2-8　等大球体最紧密堆积

在等大球体最紧密堆积中,球体之间存在着一定空隙,空隙占整个堆积空间的 25.95%。整体上看,空隙有两种:一种是由 4 个球围成的空隙,为四面体空隙[图 2-9(a)],另一种空隙是由 6 个球围成的,其中 3 个球在下层,3 个球在上层,上下层球错开 60°,可以构成一个八面体,为八面体空隙[图 2-9(b)]。

在六方和立方最紧密堆积中,形成的空隙类型及数目是一样的,在一个球周围,均分布 6 个八面体空隙和 8 个四面体空隙。而每个球体仅占八面体空隙的 1/6,四面体空隙的 1/4,因此,当 n 个球体做最紧密堆积时,形成的八面体空隙数为 n 个,四面体空隙数为 $2n$ 个。

在实际离子键型晶体结构中,这些四面体空隙和八面体空隙被阳离子充填,空隙转变为配位多面体,而金属键型晶体就等同于等大球体的最紧密堆积。

(a) 四面体空隙　　　　　　(b) 八面体空隙

图 2-9　四面体空隙和八面体空隙

2.2.2　配位多面体

在晶体结构中,阴离子做最紧密堆积,阳离子充填于空隙中,如此原子或离子总是按某种方式与周围的原子或异号离子相邻结合。原子间或异号离子间的这种相互配置关系称为配位关系,它可用配位数和配位多面体来描述。在晶体结构中,每个原子或离子周围最邻近的原子或异号离子的数目,称为该原子或离子的配位数。以该原子或离子为中心,通过连接与之配位的原子或异号离子的中心而成的多面体称为配位多面体。配位多面体中阴/阳离子半径比的关系如表2-3所示。

表 2-3　配位多面体以及阴/阳离子半径比的关系

R_C/R_A	配位数	配位类型	形状	例子
$0.000 \sim 0.15$	2	Linear		$(HF_2)^-$
$0.155 \sim 0.225$	3	Trigonal planar		$(CO_3)^{2-}$
$0.225 \sim 0.414$	4	Tetrahedral		$(SiO_4)^{4-}$
$0.414 \sim 0.732$	4	Square planar		$(CuO_4)^{6-}$
$0.414 \sim 0.732$	6	Octahedral		$(NaCl_6)^{5-}$
$0.732 \sim 1.000$	8	Square-bipyramid		$(CsCl_8)^{7-}$
1.000	12	Closest-packed		$(KO_{12})^{23-}$

注:R_C 为阳离子半径,R_A 为阴离子半径。

　　从表2-3中可以看出,阳离子与阴离子半径和性质是决定它们配位关系的关键,过大或过小均不稳定。同时配位多面体还需要遵循一定的组合法则。

2.2.3　组合法则

离子晶格中,离子之间的配位方式符合鲍林规则(Pauling's rules)。鲍林(L. Pauling)于 1928 年以简单的几何原理为基础对离子晶体进行了研究,总结出 5 条组合法则。

配位多面体法则　围绕每个阳离子形成一个阴离子配位多面体,阴、阳离子的间距取决于它们的半径之和,阳离子的配位数取决于它们的半径之比。

电价平衡原则　在稳定的晶体结构中,从所有相邻接的阳离子到达一个阴离子的静电键之总强度等于阴离子的电荷。

多面体共角顶、共棱、共面法则　在配位结构中,两个阴离子多面体以共棱特别是共面的方式存在时,结构的稳定性便降低。对于高电价、低配位数的阳离子来说,这个效应尤为明显。

连接规则　在含有多种阳离子的晶体结构中,电价高、配位数低的阳离子倾向于相互不共用其配位多面体的几何要素。

节约原则　在晶体结构中,本质不同的结构组元的种数倾向于最小限度。

鲍林法则从简单的几何观点阐述晶体结构,在晶体化学及晶体结构研究历史过程中起了重要的作用,历经漫长的历史年代,至今对离子化合物晶体结构剖析具有指导作用。

2.3　格子构造

大部分矿物的晶体结构可以看作阴离子做最紧密堆积,阳离子填充于空隙中,在三维空间做周期性排列。若将这些阴离子、分子、空隙(配位多面体)视为质点,在三维空间有规律地重复排列,称为格子构造。晶体内部结构中质点周期性重复排列规律的几何图形称为空间格子。要了解晶体结构中,必须找出晶体结构中的相当点。相当点需要满足点的内容(或种类)相同和点的周围环境相同。然后将相当点按照一定的规则连接起来,形成空间格子。

空间格子具有如下几何要素:①结点,俗称格点,是空间格子中的点,它代表晶体结构中的相当点。②行列。结点在直线上的排列即构成行列,任意两个结点连接起来就是一条行列的方向。③面网。结点在平面上的分布构成面网,任意两个相交的行列可决定一个面网,面网内部结点可以连接成一个一个的平行四边形。面网上单位面积内结点的密度称为面网密度。相互平行的面网,其面网密度相同,任意两相邻面网间的垂直距离的面网间距也相等,互不平行的面网,面网密度及面网间距一般不同。④平行六面体。在三维空间中,空间格子可以画出一个最小重复单位,为平行六面体,它由 3 组两两平行而且相等的面组成。实际晶体结构中所画出的相应单位,称为晶胞。晶体结构可视为晶胞在三维空间平行、毫无间隙地重复堆积而成。晶胞的形状与大小取决于它的 3 条彼此相交棱的长度(a,b,c)以及相互之间的夹角(α,β,γ),这些数值称为晶胞参数。

对于具体的晶体结构,其结点的分布是客观存在的,平行六面体也有多种选择,但必须遵循一定的原则:①平行六面体必须能够反映结点分布所具有的对称性;②尽量选择立方体或长方体,力求直角关系最多;③平行六面体的体积最小。

平行六面体的形状和大小由晶胞参数$(a,b,c,\alpha,\beta,\gamma)$决定,每种晶体都有自己的晶胞参数。根据晶体的对称特点不能确定晶胞参数,只能确定晶体常数特点$(a,b,c,\alpha,\beta,\gamma$ 之间的关系)。各晶系对称性不同,其平行六面体形状不同,晶体常数特点各异,各种晶系的晶体常数特点列出如下:

等轴晶系:$a=b=c;\alpha=\beta=\gamma=90°$。

四方晶系:$a=b\neq c;\alpha=\beta=\gamma=90°$。

六方晶系及三方晶系:$a=b\neq c;\alpha=\beta=90°,\gamma=120°$。

三方晶系(菱面体 R 坐标系,三轴定向):$a=b=c;\alpha=\beta=\gamma\neq90°,60°,109°28'16''$。

斜方晶系:$a\neq b\neq c;\alpha=\beta=\gamma=90°$。

单斜晶系:$a\neq b\neq c;\alpha=\gamma=90°,\beta>90°$。

三斜晶系:$a\neq b\neq c;\alpha\neq\beta\neq\gamma\neq90°$。

在平行六面体中,结点的分布只有 4 种可能的情况,与其对应可分为 4 种格子结点分布类型(图 2-10):①原始格子(P),结点分布于平行六面体的 8 个角顶上。②底心格子,结点分布于平行六面体的角顶及某一对面的中心,又可细分为:C 心格子(C),结点分布于平行六面体的角顶和平行(001)一对面的中心;A 心格子(A),结点分布于平行六面体的角顶和平行(100)一对面的中心;B 心格子(B),结点分布于平行六面体的角顶和平行(010)一对面的中心。通常情况下,底心格子指 C 心格子。对 A 心或 B 心格子,能转换成 C 心格子时,应尽可能予以转换。如有特殊需要,也可选用 A 心、B 心格子而无须转换。③体心格子(I),结点分布于平行六面体的角顶和体中心。④面心格子(F),结点分布于平行六面体的角顶和 3 对面的中心。

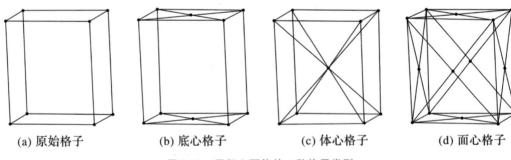

(a) 原始格子   (b) 底心格子   (c) 体心格子   (d) 面心格子

图 2-10　平行六面体的 4 种格子类型

综合考虑平行六面体的形状及结点的分布情况,在晶体结构中只可能出现 14 种不同形式的空间格子。这是由布拉维于 1848 年最先推导出来的,故称之为 14 种布拉维格子(Blavais lattice),如表 2-4 所示。某些类型的格子彼此重复并可转换,有一些不符合晶系的对称特点而不能在该晶系中存在。

表 2-4　14 种布拉维格子

晶系	原始格子 P	底心格子 C	体心格子 I	面心格子 F
三斜晶系		C＝P	I＝P	F＝P
单斜晶系			I＝C	F＝C
斜方晶系				
四方晶系		C＝P		F＝I
三方晶系		与本晶系对称不符	I＝P	F＝P
六方晶系		与本晶系对称不符	I＝P	F＝P
等轴晶系		与本晶系对称不符		

2.4 晶体结构及其特征

2.4.1 晶体结构类型

在实际晶体结构中,晶格类型可以分为:

①配位型:晶体中只有一种化学键存在,它们均匀分布,以配位多面体形式相连,如金刚石结构;

②架状型:最强键均匀分布,以角顶相连,如石英;

③岛状型:有结构原子团存在,团内的键强与团外的连接,如橄榄石结构;

④链状型:最强键呈单向分布,配位多面体形成链状,如辉石、金红石等结构;

⑤层状型:最强键呈二维分布,配位多面体形成面网,如云母、石墨等结构;

典型的晶体结构如表 2-5 和图 2-11 所示。

表 2-5 典型的晶体结构与实例

典型结构	矿物
铜型结构(Cu)	铜、金、自然铂
金刚石结构(C)	金刚石
石盐结构($NaCl$)	石盐、方铅矿、方镁石、钾石盐
金红石结构(TiO_2)	金红石、锡石、软锰矿、斯石英
闪锌矿结构(ZnS)	闪锌矿
萤石结构(CaF_2)	萤石、晶质铀矿
刚玉结构(Al_2O_3)	刚玉、赤铁矿

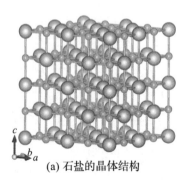

(a) 石盐的晶体结构

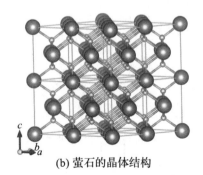

(b) 萤石的晶体结构

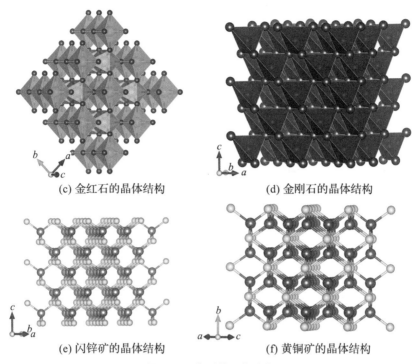

(c) 金红石的晶体结构　　　　(d) 金刚石的晶体结构

(e) 闪锌矿的晶体结构　　　　(f) 黄铜矿的晶体结构

图 2-11　典型的晶体结构

2.4.2　晶体化学特征

实际晶体中,各种原子、离子和分子是晶体的化学组成,化学组分与内部结构之间辩证统一,相互制约,存在内在的规律,如类质同象、同质多象、多型、多体、有序与无序等现象,这些是研究晶体化学的重要内容,具有重要的研究价值。

(1)类质同象

晶体结构中某种质点为性质相似的质点所替代,而能保持化学键和结构型式不变,仅晶格常数和性质略有改变,这种现象即为类质同象。

根据质点之间所能替代的比例范围分为完全类质同象和不完全类质同象,如 $Mg_2[SiO_4]-(Mg,Fe)_2[SiO_4]$ 为完全类质同象,$(Zn,Fe^{2+})S$ 中 Fe^{2+} 替代 Zn 不超过 30.8%,为不完全类质同象。

根据相互替代质点的电价是否相同分为等价类质同象和异价类质同象,等价类质同象中相互替代的离子为同价离子;异价类质同象中彼此替代的离子电价不相同,但替代前后的总电荷必须保持相等

在元素周期表中,左上方→右下方的对角线方向上,任意两个相邻元素,其离子半径相近,容易发生类质同象置换。但还受电价、离子类型、温度、压力、组分浓度等因素的制约。在一些矿物中,由于形成温度较高,随着温度的下降或压力下降,类质同象体可能会分解而产生出溶现象,如普通辉石中出溶斜方辉石片晶,常沿(100)定向排列;普通辉石中出溶易变辉石片晶,可沿(001)或(h0l)定向排列。

类质同象是自然界中一个极为普遍的现象，它是引起矿物化学成分变化的一个主要原因。地壳中有许多元素本身很少或根本不形成独立矿物，而主要是以类质同象形式赋存于其他矿物晶格中。例如 Re 常赋存于辉钼矿中，Cd、In、Ga 常存在于闪锌矿中。类质同象的研究有助于查明矿床中元素赋存状态，寻找稀有分散元素以及进行矿床的综合评价。另外，由于类质同象形成与矿物的结晶条件有关，类质同象的研究有助于了解成矿环境，如闪锌矿中铁含量的变化，反映了矿物形成温度的变化。

（2）同质多象

化学成分相同的物质，在不同的物理化学条件下，形成结构不同的若干种晶体的现象，称为同质多象。化学成分相同而结构不同的晶体称为同质多象变体，如金刚石和石墨是碳（C）的两种同质多象变体。

同质多象转变是由于物理化学条件的改变，一种同质多象变体在固态条件下转变为另一种变体的过程，如 α-石英在 573℃ 时会转变为 β-石英，在 870℃ 时转变为鳞石英，在 1470℃ 时会变成方石英。

同质多象遵循如下要求和规则：①同质多象仅限于结构不同的晶体，不包括非晶质体、液体和气体；②一种物质的同质多象变体的种数 $\geqslant 2$；③每一个同质多象变体都是一个独立的相，具有各自特有的形态、物理性质及热力学稳定范围；④不同的同质多象变体，被赋予不同的名称，根据其形成温度由低→高，在同一名称或化学式的基础上加希腊字母前缀（$\alpha,\beta,\gamma,\cdots$）或罗马字母后缀（Ⅰ，Ⅱ，Ⅲ，$\cdots$）来加以区别，如：$\beta$-石英，冰-Ⅲ 等。

同质多象是自然界中较为常见的现象。它们的出现与形成与外界条件密切相关，可以用来推测矿物形成时的物理化学条件。如 HgS 的两种变体：辰砂和黑辰砂，分别形成于碱性和酸性介质中，根据它们的存在，就可推测成矿介质的酸碱性。而 SiO_2 或其他物质的同质多象变体，可推测形成时的温度范围，作为较普遍的地质温度计。

（3）型变（晶变）

在化学式属于同类的化合物中，由化学成分规律变化而引起晶体结构形式明显而有规律的变化现象被称为型变现象。晶体结构中，原子、离子的半径和极化性质的一系列差别是引起型变的主要原因，如方解石族的菱镁矿、菱钴矿、菱铁矿、菱锌矿和菱锰矿，它们均属于三方晶系，$MgCO_3$、$CoCO_3$、$FeCO_3$、$ZnCO_3$、$MnCO_3$ 的晶体结构中菱面体面角发生规律变化。这种晶体常数发生较小的渐变，同时它们的阳离子之间存在或多或少代替，可视为类质同象系列；在离子半径近于 0.1nm 的 Ca^{2+} 处，可形成两种结构型，方解石和文石，可视为同质多象。即型变将类质同象和同质多象有机地联系起来了，类质同象、同质多象和型变现象体现了事物由量变到质变的规律。

（4）多型

多型是指化学成分相同的物质，能结晶成两种或多种仅仅在结构单元层的堆积顺序上有所不同的层状结构晶体的性质。一种物质的各种多型，在平行结构单元层的方向上的晶胞参数（如 a,b）相等；在垂直于结构单元层的方向上，晶胞参数（如 c）则相当于结构单元层厚度的整数倍，其倍数为单位晶胞中结构单元层的数目，是多型的重复层数。当一种物质有两种或若干种重复层数和晶系均相同的多型时，则在字母的右下角再加数字角码（如 1，2 等）加以区别。如：单斜晶系的云母有 $2M_1$ 和 $2M_2$ 等多型。

多型的表示方法为，前一部分：阿拉伯数字表示多型中单位晶胞内的结构单元层的重复层数；后一部分：斜体拉丁字母表示多型所属的晶系，有时表示空间格子，如 A 或 Tc（三斜）、M（单斜）、O 或 Or（斜方）、T（三方原始格子）、R（三方菱面体格子）、H（六方）、Q 或 Tt（四方）、C（立方）。

多型可视为一种特殊形式的一维同质多象。不同多型变体仅在垂直层的方向上结构有所变化，平行层方向的结构基本上没变。多型的产生主要由于堆积层错，而大多数多型形成过程中，热力学因素是很重要的，温度、压力和杂质的存在都能对多型产生影响。

（5）多体

矿物多体性是 1978 年 Thompson 首次提出，其目的是研究造岩矿物和固熔体的晶体结构、化学形态关系、结构无序性、交代反应等。矿物的多体性指由两种（或两种以上）性质不同的结晶学模块按不同比例和堆垛顺序构筑结构和化学组成上不相同的矿物晶体的特性。而形成的不同矿物称为这个多体系列的多体。如角闪石的结构可以看作由辉石与云母反应生成，$AM_3T_4O_{10}(OH)_2$（云母）$+M_4T_4O_{12}$（辉石）$\Longrightarrow AM_7T_8O_{22}(OH)_2$（角闪石），黑铝镁钛矿-尼日利亚石-塔菲石系列，可以由铁钒矿模块（N）和尖晶石模块（S）以不同比例堆垛而成，a 和 b 未发生变化或变化非常微小，仅仅是在 c 值出现规律变化，如表 2-6 所示。

表 2-6　铁钒矿（N）和尖晶石（S）多体系列

形式	空间群	立方(c)和六方(h)堆积	尖晶石模块(S)和铁钒矿模块(N)	尖晶石(S)和铁钒矿(N)模块（总）	理想成分	矿物类型
$4H$	$P6_3mc$	$chch$	NN	$2N$	$2\times TM_4O_7(OH)$	铁钒矿
$6T$	$P\overline{3}m1$	$2\times(c+ch)$	NNS	$2N1S$	$2\times T_2M_6O_{11}(OH)$	尼日利亚石
$8H$	$P6_3mc$	$2\times(cc+ch)$	$NSNS$	$2N2S$	$2\times T_3M_8O_{15}(OH)$	黑铝镁钛矿塔菲石
$10T$	$P\overline{3}m1$	$2\times(ccc+ch)$	$NSSNS$	$2N3S$	$2\times T_4M_{10}O_{19}(OH)$	黑铝镁钛矿
$12H$	$P6_3mc$	$2\times(cccc+ch)$	$NSSNSS$	$2N4S$	$2\times T_5M_{12}O_{23}(OH)$	模型
$14T$	$P\overline{3}m1$	$2\times(ccccc+ch)$	$NSSSNSS$	$2N5S$	$2\times T_6M_{14}O_{27}(OH)$	模型
$16H$	$P6_3mc$	$2\times(cccccc+ch)$	$NSSSNSSS$	$2N6S$	$2\times T_7M_{16}O_{31}(OH)$	黑铝镁钛矿
$18R$	$R\overline{3}m$	$3\times(cc+chhc)$	$3\times(NNS)$	$6N3S$	$6\times T_2M_6O_{11}(OH)$	铍铝镁锌石
$24R$	$R\overline{3}m$	$3\times(cccc+hcch)$	$3\times(NNSS)$	$6N6S$	$6\times T_3M_8O_{15}(OH)$	尼日利亚石黑铝镁钛矿
$30R$	$R\overline{3}m$	$3\times(cccccc+hcch)$	$3\times(NNSSS)$	$6N9S$	$6\times T_4M_{10}O_{19}(OH)$	预测
$36R$	$R\overline{3}m$	$3\times(cccccccc+hcch)$	$3\times(NNSSSS)$	$6N12S$	$6\times T_5M_{12}O_{23}(OH)$	预测

矿物多体的研究有助于揭示晶体结构特征及其与化学成分之间的关系,弄清有序与无序、原子占位、配位多面体形变、元素分配等,解释化学反应反应机制、蚀变序列、元素迁移等,以及预测新矿物。

(6)有序-无序

在晶体结构中,在可被两种或几种质点(原子、离子或空穴)所占据的某种或某几种结构位置上,若不同质点相互间成规则分布,各自占据特定的位置,这种结构状态称为有序态,相应的晶体结构称超结构;若不同质点相互间皆为随机分布,其结构状态则为无序态。如黄铜矿($CuFeS_2$)在 550℃ 以上具闪锌矿(ZnS)型结构[图 2-12(a)],阳离子 Cu/Fe 占据立方晶胞的角顶和面心,阴离子 S 呈四配位,相间地分布于 1/8 晶胞小立方体的中心;如果它的形成温度在 550℃ 以下,则 Cu^{2+} 和 Fe^{2+} 将规律地相间分布,从而破坏了立方对称,形成两个闪锌矿晶胞沿 z 轴重叠而成的四方晶胞[图 2-12(b)]。

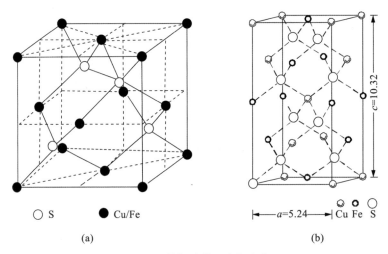

○ S　　● Cu/Fe

(a)

$c=10.32$

$a=5.24$　Cu Fe S

(b)

图 2-12　黄铜矿的无序与有序

有序-无序之间可以分为以下几种。

完全有序:能占据晶体结构中同种位置的不同质点,均 100% 地占据各自特定的位置。相应地在这些位置中的占位率为 1,而在其他可能位置中均为 0。

完全无序:不同质点在所有的可能位置中均是随机分布,它们在任一位置中的占位率,都等于各自的原子或离子数 n 除以总原子或离子数 m,即 n/m。

部分有序:能占据结构中同种位置的不同质点,每一种都只有部分质点是选择性地占有其特定的位置,而其余质点均随机地占据其他位置,为完全有序与完全无序之间的过渡状态,其占位率介于完全有序和完全无序的极限值之间。

有序度(Z):完全有序 $Z=1$;完全无序 $Z=0$。

第3章 地球物质的鉴别与分析

了解地球真实的物质组成是地球科学的重要任务之一,地球物质的鉴别和分析是进行地球科学研究的基础。随着科技的发展以及现代微区分析技术在地球科学中的应用,地球物质由最初的几何形态与物理性质分析拓展到微区原位定量化学成分分析和 X 射线单晶衍射结构分析。本章介绍晶体形貌分析、矿物的物理性质分析、晶体光学分析、矿物和岩石的化学成分分析以及晶体结构分析。

3.1 晶体形貌分析

晶体形貌包括晶体的几何(宏观)形态和晶面上的生长及蚀变花纹两个部分。晶体的宏观形态是晶体学研究的基础。在 1669 年,丹麦学者 Stono 在观察石英的晶体形态时发现,各种晶体形态千差万别,但它们对应晶面的夹角保持不变,从此诞生了"面角守恒定律"。随后晶体形态学研究逐渐发展起来,逐渐出现了晶面的花纹研究、晶体生长动力学研究等,提出了一系列理论,如布拉维法则、PBC 键链理论、螺旋生长理论、负离子配位多面体生长基元理论等,为晶体形貌学研究做出了巨大贡献。

3.1.1 对称要素与对称操作

对称是物体相同部分有规律的重复。不仅是宏观的形态、微观以及微区物理性质,其内部质点也作有规律的重复。对称必须满足有若干个彼此相同的部分,相同部分有规律地重复出现,相应的重复出现必须借助点、线、面(对称要素)进行对称操作。对称要素是在对称操作时所凭借的假想几何要素(点、线、面),主要包括对称中心、对称面、对称轴、倒转轴、映转轴,这些对称操作能够使物体或图形的相同部分重复出现。

(1)对称面

对称面是一个假想的平面,俗称镜面,相应的对称操作是该平面的反映,它将图形平分为互为镜像的两个相等部分(图 3-1)。对称面出现的位置主要在垂直平分晶面、垂直平分晶棱以及包含晶棱等位置,以字母 P 来表示。在晶体中如果有对称面存在,可以有一个或若干个,最多可达 9 个,如立方体有 9 个对称面,记为 9P。

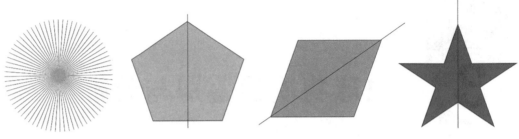

图 3-1 对称面

（2）对称轴

对称轴是一条假想的直线，相应的对称操作围绕此直线旋转，当旋转到一定角度后，可使得相等部分重复。旋转一周重复的次数为轴次（n）。重复时所旋转的最小角度为基转角（α）。两者之间的关系为 $n=360°/\alpha$（表 3-1）。对称轴以 L 表示，轴次 n 写在它的右上角，写作 L^n。轴次 $n>2$ 的对称轴定为高次轴，轴次 $n\leqslant 2$ 的为低次轴。

表 3-1　对称轴中旋转角与轴次之间关系

对称轴	L^1	L^2	L^3	L^4	L^6
旋转角度 α	360°	180°	120°	90°	60°
轴次	1	2	3	4	6
图形符号		◗	▲	■	⬢

在晶体中，可能出现的对称轴只能是一次轴、二次轴、三次轴、四次轴、六次轴，不可能存在五次轴及高于六次的对称轴。晶体的宏观对称定律符合最紧密堆积原理，但这种对称定律不能适用于准晶体。

在一个晶体中，可以没有也可以有一种或几种对称轴，每一种对称轴也可以有一条或多条。如出现多条同样对称轴时，其数目写在符号 L^n 的前面，如 $3L^4$、$6L^2$ 等。

（3）对称中心

对称中心是一个假想的点，相应的对称操作是点的反伸。通过该点作任意直线，在此直线上距对称中心等距离的位置上必定可以找到对应点，用符号 C 表示，可以用数学 $(x,y,z)\rightarrow(-x,-y,-z)$ 来表达。若晶体中存在对称中心，其晶面必然两两相互平行。

（4）旋转反伸轴

旋转反伸轴是一条假想的直线，围绕此直线旋转一定角度并对中心点进行反伸，可使相同部分重复，所对应的操作是旋转与反伸的复合操作，即旋转反伸轴为对称轴与对称中心的组合操作，以 L_i^n 表示；旋转反伸轴也只能是 $n=1、2、3、4、6$，记为 L_i^1、L_i^2、L_i^3、L_i^4、L_i^6。这些旋转反伸轴可以转换为其他对称要素，L_i^1 为对称中心 C，L_i^2 为对称面 P，L_i^3 为 L^3 与对称中心组合，L_i^6 为 L^3 与对称面组合。

（5）旋转反映轴

旋转反映轴为一条假想的直线，相应的对称操作为旋转和反映的复合操作。图形围绕旋转一定角度,并对垂直它的一个平面进行反映,可使图形的相等部分重复。旋转反映轴以 L_s^n 表示,有 L_s^1、L_s^2、L_s^3、L_s^4、L_s^6。这些旋转反映轴可以转换为其他对称要素, L_s^1 为对称面 P, L_s^2 为对称中心 C, L_s^3 为 L^3 与对称面组合, L_s^6 为 L^3 与对称中心组合。

3.1.2　对称要素的组合规律

对称要素通常不是孤立存在的,对称要素(操作)之间的组合也可导出新的对称要素(操作),它们符合一定的组合规律。

定理 1　如果有 1 个二次轴 L^2 垂直于 L^n,必有 n 个 L^2 垂直于 L^n;相邻两个 L^2 的夹角为 L^n 的基转角的一半。

定理 2　如果有一个对称面 P 垂直于偶次对称轴 L^n(偶),则在其交点存在对称中心 C。

定理 3　如果有一个对称面 P 包含对称轴 L^n,必有 n 个 P 包含 L^n;相邻两个 P 的夹角为 L^n 的基转角的一半。

定理 4　如果有一个二次轴 L^2 垂直于旋转反伸轴 L_i^n,或者有一个对称面 P 包含 L_i^n,当 n 为奇数时必有 n 个 L^2 垂直于 L_i^n 和 n 个 P 包含 L_i^n;当 n 为偶数时必有 $n/2$ 个 L^2 垂直于 L_i^n 和 $n/2$ 个 P 包含 L_i^n。

在这些对称要素的组合规律下,可以完整推导出晶体的对称型。

3.1.3　对称型推导

在晶体宏观形态中,所有对称要素的组合称为该晶体形态的对称型或点群。强调对称要素时称对称型,强调对称操作时称点群,对称型与点群一一对应。根据对称要素组合规律,可以对晶体宏观形态进行对称型推导,但推导出晶体中可能出现的对称型(点群)是非常有限的,仅有 32 种。高次轴不多于 1 个的组合称为 A 类对称型推导,高次轴多于 1 个的组合称为 B 类对称型推导。

(1)A 类对称型推导

根据对称要素的组合规律,在晶体中可能出现的对称型如下:

①对称轴 L^n 单独存在,对称型有 L^1、L^2、L^3、L^4、L^6。

②对称轴与对称轴的组合, $L^n \times L_\perp^2 \to L^n n L^2$,可获得 L^2、$L^2 2L^2$（$3L^2$）、$L^3 3L^2$、$L^4 4L^2$、$L^6 6L^2$。

③对称轴 L^n 与垂直于它的对称面 P 的组合,会产生 1 个对称中心,即 $L^n \times P_\perp = L^n \times C \to L^n PC$（$n$ 为偶数）,获得 $L^2 PC$、$L^4 PC$、$L^6 PC$。

④对称轴 L^n 与包含它的对称面组合,即 $L^n \times P_\parallel \to L^n nP$,获得 $L^1 1P(P)$、$L^2 2P$、$L^3 3P$、$L^4 4P$、$L^6 6P$。

⑤对称轴 L^n 与垂直于它的对称面,以及包含它的对称面的组合, $L^n \times P_\parallel \times L_\perp^2 \to L^n n L^2 (n+1)P(C)$（$n$ 为偶数时有 C）,获得 $L^2 2L^2 3PC$、$L^4 4L^2 5PC$、$L^6 6L^2 7PC$、$L^1 L^2 2PC$、$L^3 3L^2 4P(L_i^6 3L^2 3P)$。

⑥旋转反伸轴 L_i^n 单独存在,存在 L_i^1、L_i^2、L_i^3、L_i^4、L_i^6。

⑦旋转反伸轴 L_i^n 与垂直它的 L^2(或包含它的 P)的组合,即 $L_i^n \times L_\perp^2 / \times P_\parallel$。 $n=$ 奇

数时 $L_i^n n L^2 n P$，存在 $L_i^1 L^2 P(L^2 PC)$、$L_i^3 3L^2 3P(L^3 3L^2 3PC)$，$n=$ 偶数时 $L_i^n (n/2)L^2 (n/2)P$，存在 $L_i^2 L^2 P(L^2 2P)$、$L_i^4 2L^2 2P$、$L_i^6 3L^2 3P = L^3 3L^2 4P$。

加上单独的 P 和 C，总计 27 种。

（2）B 类对称型推导

高次轴多于一个的组合，首先看 L^4 与 L^3 之间的组合，最理想的为立方体、八面体和四面体，可获得立方体及八面体 $3L^4 4L^3 6L^2$、四面体 $3L^2 4L^3$。在 $3L^4 4L^3 6L^2$ 添加一个不产生对称轴的对称面，可获得 $3L^4 4L^3 6L^2 9PC$。若在 $3L^2 4L^3$ 中添加一个不产生新对称轴的对称面，垂直 L^2 的对称面，产生 $3L^2 4L^3 3PC$，与两个 L^2 等角度（45°）斜交的对称面，可以获得 $3L_i^4 4L^3 6P$。鉴于此，B 类的对称型共有上述的 5 种。

因此，A 类和 B 类的对称型共计 32 种。

3.1.4　晶体的对称分类

根据是否有高次轴以及有一个或多个高次轴，把 32 种对称型（点群）划分为低、中、高级 3 个晶族（表 3-2）。在晶族中，再根据对称的特点划分为 7 个晶系，低级晶族有三斜晶系、单斜晶系和斜方晶系；中级晶族有四方晶系、三方晶系和六方晶系；高级晶族有等轴晶系。属于同一对称型（点群）的晶体归为一晶类。因此，晶体中存在 32 种对称型，为 32 种晶类。

表 3-2　晶体的对称分类

晶族	晶系	对称特点		对称型		晶体实例
				对称要素总和	国际符号	
低级	三斜系	无高次轴	无 L^2 和 P	L_1	1	高岭石
				C	$\bar{1}$	钙长石
	单斜		L^2 和 P 均不多于一个	所有的对称要素必定相互垂直或平等	L^2	2	镁铅矾
				P	m	斜晶石
				$L^2 PC$	$2/m$	石膏
	正交斜方		L^2 和 P 的总数不少于三个		$3L^2$	222	泻利盐
				$L^2 2P$	$mm2$	异极矿
				$3L^2 3PC$	mmm	重晶石
中级	三方	必定有且只有一个高次轴	唯一的高次轴为三次轴	除高次轴之外如有其他对称要素存在时，它们必定与唯一的高次轴垂直或平等	L_3	3	细硫砷铅矿
				$L^3 C$	3	白云石
				$L^3 3L^2$	32	α-石英
				$L^3 3P$	$3m$	电气石
				$L^3 3L^2 3PC$	$\bar{3}m$	方解石
				L^4	4	彩钼铅矿

续表

晶族	晶系	对称特点			对称型		晶体实例
					对称要素总和	国际符号	
中级	四方（正方）	唯一的高次轴为四次轴			L_i^4	$\overline{4}$	砷硼钙石
					$L^4 PC$	$4/m$	白镴矿
					$L^4 4L^2$	422	镍矾
					$L^4 4P$	$4mm$	羟铜铅矿
					$L_i^4 2L^2 2P$	$\overline{4}2m$	黄铜矿
					$L^4 4L^2 5PC$	$4/mmm$	锆石
	六方	唯一的高次轴为六次轴			L^6	6	霞石
					L_i^6	$\overline{6}$	磷酸氢二银
					$L^6 PC$	$6/m$	磷灰石
					$L^6 6L^2$	622	β-石英
					$L^6 6P$	$6mm$	红锌矿
					$L_i^6 3L^2 3P$	$\overline{6}m2$	蓝锥矿
					$L^6 6L^2 7PC$	$6/mmm$	绿柱石
高级	等轴	高次轴多于一个	必定有四个L^3	除$4L^3$外,必定还有三个相互垂直的二次轴或四次轴,它们与每一个L^3均以等角度相交	$3L^2 4L3$	23	香花石
					$3L^2 4L^3 3PC$	$m3$	黄铁矿
					$3L^4 3L^3 6L^2$	432	赤铜矿
					$3L^4 4L^3 6P$	$\overline{4}3m$	黝铜矿
					$3L^4 4L^3 6L^2 9PC$	$m3m$	方铅矿

3.1.5　晶体定向

晶体定向的实质是以晶体中心在晶体中建立坐标系,这个坐标系一般由 3 根晶轴 X、Y、Z 轴(可用 a、b、c 轴表示)组成,坐标轴遵循右手法则,X 轴为前后方向,正端朝前,Y 轴为左右方向,正端朝右,Z 轴为上下方向,正端朝上,夹角分别为 $\alpha=Y\wedge Z$,$\beta=X\wedge Z$,$\gamma=X\wedge Y$,轴率为 $a:b:c$。对于三、六方晶系的晶体,通常选用四轴定向法,分别为 X、Y、U、Z 轴。晶体定向必须与晶体的对称特点相符合,通常选择对称要素为晶轴,在遵循上述原则的基础上尽量满足晶轴夹角为 90°。各晶系晶体定向与晶体常数如表3-3所示。

表 3-3　各晶系晶体定向选择与晶体常数

晶系	晶体定向	晶体常数
等轴晶系	相互垂直的 L^4 或 L^2 或相互垂直的 L_i^4 为 X、Y、Z 轴	$a=b=c,\alpha=\beta=\gamma=90°$
四方晶系	以 L^4 或 L_i^4 为 z 轴(主轴),以垂直于 Z 轴并相互垂直的两个 L^2 或 P 的法线或晶棱的方向(当无 L^2 或 P)为 X、Y 轴	$a=b\neq c,\alpha=\beta=\gamma=90°$
三、六方晶系	以 L^6 或 L_i^6 或 L^6 为 Z 轴(主轴),以垂直于 Z 轴并彼此相交为 $120°$ 的 3 个 L^2 或 P 的法线或晶棱的方向(当无 L^2 或 P 时)为 X、Y、U 轴	$a=b\neq c,\alpha=\beta=90°,\gamma=120°$
斜方晶系	以相互垂直的 3 个 L^2 或 P 的法线方向为 X、Y、Z 轴	$a\neq b\neq c,\alpha=\beta=\gamma=90°$
单斜晶系	以 L^2 或 P 的法线为 Y 轴,以垂直于 Y 轴的主要晶棱方向为 Z 轴和 X 轴	$a\neq b\neq c,\alpha=\gamma=90°,\beta>90°$
三斜晶系	以不在同一平面内的 3 个主要晶棱的方向为 X、Y、Z 轴	$a\neq b\neq c,\alpha\neq\beta\neq\gamma\neq90°$

3.1.6　晶面符号

晶体定向后,可以通过坐标体系确定晶面的空间相对位置,需要用一定的符号来表示,这些表征晶面空间方位的符号称为晶面符号。晶面符号有多种形式,目前通用的是米勒(W. H. Miller)1839 年所创的米氏符号。米氏符号用晶面分别在 X、Y、Z 晶轴上的截距系数的倒数比来表示:(hkl),如图 3-2 所示。晶面 ABC 在坐标系中的截距分别为 2a、3b、6c,截距系数分别为 2、3、6,其倒数比为 $1/2:1/3:1/6=3:2:1$,即晶面符号记为(321)。如果是三方、六方晶系,需用 4 个指数表示,写为 $(hk\bar{i}l)$,i 代表 U 轴方向的截距系数的比值。根据三角函数计算,$i=-(h+k)$。在写晶面符号时,应注意如下几点:

①晶面指数是一组无公约数的整数;

②按 X、Y、Z 或 X、Y、U、Z 轴顺序,不得颠倒;

③晶轴有正负方向,指数的负号写在上面;

④写入"()"内,不确定截距时,写为 (hkl) 或 $(hk\bar{i}l)$,平行时,其指数为 0。

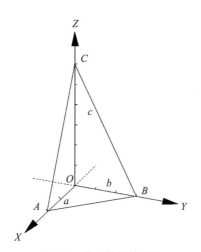

图 3-2　晶面符号的图解

3.1.7　单形

　　单形是由对称要素联系起来的一组晶面,即在一个晶体上能够由该晶体的所有对称要素操作而使它们相互重复的一组晶面。这一组晶面性质相同,晶面花纹及蚀像花纹也相同。在理想的情况下,同一单形内的所有晶面也同形等大。在一个单形中,以任意一个晶面作为原始晶面,能够通过对称型中全部对称操作,可以推导出该单形的全部晶面。若在同一对称型中,由于晶面与对称要素之间的位置不同,可以导出不同的单形。

　　同一个单形的晶面可能是一个,也可以是许多个。因此,可选择同一单形内的某一个晶面作为代表,用其符号表示该单形的符号。为了与所选择晶面的晶面符号相区别,规定将该晶面的晶面指数放在大括号{}中,表示单形符号,写作$\{hkl\}$。代表晶面选择应遵循"先前、次右、后上"的原则,代表晶面应选择单形中正指数最多的晶面。在同等条件下,应遵循 $h \geqslant k \geqslant l$ 的原则。

　　每一种对称型,单形晶面与对称要素之间的相对位置最多只可能有 7 种。因此,一种对称型最多能导出 7 种单形。对 32 种对称型逐一推导,最终推导出结晶学上 146 种不同的单形,称为结晶单形。若只考虑几何形态上不同的单形,共 47 种几何单形。几何单形主要包括面类、柱类、单锥类、双锥类、面体类、偏方面体类、四面体类、八面体类和立方体类的单形。

　　根据单形晶面与对称型中对称要素的相对位置可以将单形划分成一般形和特殊形。单形晶面处在特殊位置,晶面垂直或平行于任何对称要素,或者与相同的对称要素以等角相交,这种单形为特殊形;反之,单形晶面处于一般位置,既不垂直或平行于任何对称要素,也不与相同的对称要素等角相交,为一般形。

　　几何单形是晶体内部质点规律排列的外在表现,在理想的情况下,可以通过这些矿物晶体的宏观外形去鉴定矿物。

　　两个或两个以上的单形聚合,形成共同圈闭的空间外形,称为聚形。单形的相聚必须是具有相同对称性的单形才能相聚在一起,属于同一对称型。在理想情况下,属于同一单形的各晶面一定同形等大,而不同单形的晶面则形态、大小、性质等不完全相同;一般情况下,有多少单形相聚,聚形上就会出现多少种不同形状和大小的晶面,由此确定该聚形是由几种单形所组成,再逐一考察每一组同形等大的晶面的几何关系特征,并可结合这些晶面扩展相交的假想单形形状,最终得出聚形中各个单形的名称和单形符号。

3.1.8 晶体投影

在获得晶面符号、单形符号后,需要进一步将各种对称要素、单形简单描绘出来,便于进一步研究,必须进行晶体投影。晶体投影的方法很多,目前最常用的是极射赤平投影和心射极平投影。

极射赤平投影是以赤道平面为投影面,以南极(或北极)为目测点,将上半球面上的某个点与南极连线或将下半球上的某个点与北极连线,具体步骤如下:

(1)晶体的球面投影,以晶体中心为基点,同时以晶体中心为球心,将晶体的晶面投影到球面上;

(2)建立球面坐标,读出与纬度相当的是极距角 ρ,与经度相当的是方位角 ψ;

(3)极射赤平投影,将各晶面的球面投影点与南极点 S 或北极点 N 连线,每条连线将与投影面(赤平面)相交于一点,这些点就是相应晶面的极射赤平投影点;

(4)赤平面的吴氏网应用,利用吴氏网进行赤平面投影点分析,如晶面间的夹角等。

心射极平投影的方法不及极射赤平投影常用,但它对于晶体测量过程中确定晶面符号,以及解释 X 射线劳埃图像却非常有用。它将目测点置于投影球中心,垂直投影轴过北极点 N 作一切面作为投影面,晶体置于球心,投影时各晶面法线外延将在投影球上形成球面投影点,再外延将在投影面上形成投影点。

3.1.9 晶面花纹

晶体在生长过程中,会在表面留下一些规则的花纹,这是反映晶体生长的直接证据,如层生长理论、螺旋生长理论,以及受到杂质干扰形成的花纹,这些一定程度上反映了生长环境条件。另外,在晶体形成后,会发生各种蚀变现象,因此,在晶面上会留下各种生长纹和溶蚀纹(图 3-3)。

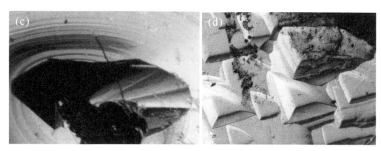

图 3-3　绿柱石的晶体表面花纹[(a)平行双面上的六边形蚀象;(b)柱面上的生长层;
(c)锥面上由杂质引起的螺旋生长纹;(d)锥面上的三角形生长丘]

3.2　物理性质鉴别

地球物质的物理性质取决于内部的物质组成、结构和构造。在一定程度上,物理性质如形态、颜色、光泽、比重、折射率、解理、裂开等可以帮助鉴别矿物和岩石。

3.2.1　形态

地球物质的形态,主要包括晶体(单矿物)形态和岩石(集合体)的形态。

晶体形态指晶体的总体外形。在矿物学中,可用"晶体习性"来表示,通常指某种矿物常见的晶体形态,它指在三维空间相对发育程度。根据在三维空间的发育程度,晶体形态主要分为:一向延长型(柱状、针状、纤维状等)、二维延展型(板状、片状、鳞片状等)和三维等长型(粒状、等轴状等)。一向延长型的矿物晶体主要有石英、绿柱石、电气石、角闪石和金红石等;二维延展型的矿物主要有云母、石墨和重晶石等;三维等长型的矿物主要包括黄铁矿、石榴子石和橄榄石等。

然而,在自然界中,看见的多为矿物集合体。根据组成的矿物颗粒大小,矿物集合体可分为显晶集合体、隐晶集合体及胶体。显晶集合体的形态主要包括粒状集合体、片状集合体、柱状集合体。隐晶集合体及胶体主要为分泌体、结核体(鲕状、豆状、肾状)、钟乳状体。矿物集合体的形态还常见有粉末状、土状、树枝状、块状等。

3.2.2　颜色

矿物和岩石的颜色是对入射可见光(400～750nm)中不同波长的光波吸收后,透射和反射的各种波长光混合而成的颜色。对于透明矿物或岩石,白光入射后,大部分光波都被透射,少部分光波被吸收,被吸收光波的颜色决定透明矿物和岩石的颜色,如橄榄石吸收了紫色光波,表现为紫色的补色,呈黄绿色。对于不透明矿物和岩石,白光入射后,光波基本上全部被吸收,吸收的部分光波还会被反射回来,反射回来的光波的颜色为不透明矿物和岩石的颜色,称表面色,如黄铁矿吸收了全部光波,其中绿、黄、橙色光波被反射回来,呈浅铜黄色。

矿物和岩石的颜色形成极为复杂,通常可分为自色、他色和假色。自色是物质内部成分和结构所产生的颜色;他色是由内部机械混入杂质、气液包裹体等所引起的颜色;假色是由入射光在物质表面或内部产生的物理光学效应形成的颜色,如表面的氧化薄膜、矿物和岩石内部裂隙、定向包裹体等,会对入射光产生干涉、衍射、散射等物理效应,从而产生颜色变异。常见假色主要有锖色、晕色、变彩和乳光。锖色主要由不透明物质表面氧化薄膜引起的彩色;晕色是透明物质内部平行密集的解理面或裂隙面对光连续反射,引起光的干涉色;变彩为透明物质内部存在许多厚度与可见光波长相当的微细叶片状或层状结构,引起光的衍射、干涉作用所致;乳光是由物质内部含比可见光波长小的其他矿物或胶体微粒发生漫反射而引起。

物质形成的颜色机理较复杂,可以通过粉末的颜色揭示它们真实的颜色。实践过程中,用白色釉瓷板在矿物和岩石上擦划所留下的粉末的颜色(条痕色)。条痕能消除假色、减弱他色、突出自色,它比矿物颗粒的颜色更为稳定,更有鉴定意义。因此,条痕对于鉴定不透明和鲜艳颜色的透明-半透明的矿物或岩石具有重要意义,如硫化物或部分氧化物和自然元素矿物;而浅色或白色、无色的透明矿物-岩石,其条痕多为白色、浅灰色等浅色,无鉴定意义。

3.2.3 透明度

透明度是指物质透过可见光的能力。在肉眼鉴定时,通常是依据矿物碎片边的透光程度,配合矿物的条痕,将矿物的透明度划分为3级:

①透明。能允许绝大部分光透过,矿物条痕为无色或白色,或略呈浅色,如石英、方解石和普通角闪石等。

②半透明。允许部分光透过,矿物条痕呈各种彩色(如红、褐等色),如辰砂、雄黄和黑钨矿等。

③不透明。基本不允许光透过,矿物具黑色或金属色条痕,如方铅矿、磁铁矿和石墨等。

在偏光显微镜观察中,常以0.03mm厚度的岩石薄片为标准,将矿物划分为透明矿物和不透明矿物两类。另外,矿物中的裂隙、包裹体及矿物的集合方式、颜色深浅和表面风化程度等均会影响矿物的透明度。

3.2.4 光泽

矿物的光泽指矿物表面对可见光的反射能力。矿物表面反光的强弱主要取决于矿物对光的折射和吸收程度,折射和吸收越强,矿物反光能力越大,光泽越强,反之则光泽越弱。肉眼鉴定时,根据矿物新鲜平滑的晶面、解理面或磨光面上反光能力的强弱,配合矿物的条痕和透明度,将矿物的光泽分为4个等级:

①金属光泽。反光能力很强,似平滑金属磨光面的反光。矿物具金属色,条痕呈黑色或金属色,不透明,如方铅矿、黄铁矿和自然金等。

②半金属光泽。反光能力较强,似未经磨光的金属表面的反光。矿物呈金属色,条痕为深彩色(如棕色、褐色等),不透明至半透明,如赤铁矿、闪锌矿和黑钨矿等。

③金刚光泽。反光较强,似金刚石般明亮耀眼的反光。矿物的颜色和条痕均为浅色(如浅黄、橘红、浅绿等)、白色或无色,半透明-透明,如闪锌矿、雄黄和金刚石等。

④玻璃光泽。反光能力相对较弱,呈普通平板玻璃表面的反光。矿物为无色、白色或浅色,条痕呈无色或白色,透明,如方解石、石英和萤石等。

此外,在矿物不平坦的表面或矿物集合体的表面上,常表现出一些特殊的变异光泽,主要有油脂光泽、树脂光泽、沥青光泽、珍珠光泽、丝绢光泽、蜡状光泽、土状光泽等。

3.2.5　解理与断口

解理指矿物晶体受应力作用下沿一定结晶学方向破裂成一系列光滑平面的固有特性,这些光滑的平面称为解理面。解理是晶态物质才具有的特性,严格受其晶体结构因素如晶格、化学键类型及其强度和分布的控制。解理面常沿面网间化学键最弱或电荷中和的面网产生,是晶体异向性的一种具体体现。非晶体结构的原因导致矿物晶体在应力作用下沿着晶格内一定的结晶方向破裂成平面的性质,称为裂开,其平面为裂开面。裂开不受晶体结构控制,取决于杂质的夹层及机械双晶等结构以外的非固有因素。

(1)解理

对矿物解理的观察和描述,需要注意解理方向、组数及夹角,还应着重确定解理的等级。根据解理产生的难易程度及其完好性,通常将其分为 5 级:

①极完全解理。矿物受力后极易裂成薄片,解理面平整而光滑,如云母的{001}解理、石墨的{0001}解理、石膏的{010}解理等。

②完全解理。矿物受力后易裂成光滑的平面或规则的解理块,解理面显著而平滑,常见平行解理面的阶梯,如方铅矿的{100}解理。

③中等解理。矿物受力后,常沿解理面破裂,解理面较小而不很平滑,且不太连续,常呈阶梯状闪光,清晰可见,如普通辉石的{110}解理、蓝晶石的{010}解理等。

④不完全解理。矿物受力后,不易裂出解理面,仅断续可见小而不平滑的解理面,如磷灰石的{0001}解理、橄榄石的{100}解理等。

⑤极不完全解理。矿物受力后,很难出现解理面,仅在显微镜下偶尔可见零星的解理缝,通常称为无解理。对于不完全解理和极不完全解理,肉眼均很难看到解理面,以"解理不发育"或"无解理"来描述。

(2)断口

断口是矿物受力后不受晶体结构所控制而沿任意方向破裂而形成各种不平整的断面。断口常呈一些特征的形状,但它不具对称性,并不反映矿物的任何内部特征。因此,断口仅作为鉴定矿物的辅助依据。常见的有:

①贝壳状断口,呈圆形或椭圆形的光滑曲面,出现以受力点为中心的不很规则的同心圆波纹,形似贝壳,如石英、玻璃及一些非晶质矿物的断口。

②锯齿状断口,呈尖锐锯齿状,见于强延展性的自然金属元素矿物,如自然金等。

③参差状断口,断面呈参差不平,大多数脆性矿物(如磷灰石、石榴子石等)以及呈块状或粒状的集合体具此种断口。

④平坦状断口,断面较平坦,见于块状矿物,如高岭石。

⑤土状断口,断面粗糙,呈细粉状,为土状矿物特有。

⑥纤维状断口,断面呈纤维丝状,见于纤维状矿物集合体上,如石棉。

3.2.6 硬度

矿物的硬度指矿物抵抗外来机械作用(如刻画、压人或研磨等)的能力。测定硬度的方法很多,大致可分为刻画法、静压入法、动压入法、研磨法、弹跳法和摇摆法等。其中前两种目前应用最广。肉眼鉴定过程中,通常采用莫氏硬度(Mohs hardness),它是一种刻画硬度。1812 年奥地利矿物学家莫斯(Friedrich Mohs)提出以 10 种硬度递增的矿物为标准来测定矿物的相对硬度,以确定矿物抵抗外来刻画的能力,此即摩斯硬度计(表 3-4)。

表 3-4 莫氏硬度

硬度	矿物	晶体化学式	典型特征
1	滑石(talc)	$Mg_3Si_4O_{10}(OH)_2$	柔软,有滑感
2	石膏(gypsum)	$CaSO_4 \cdot 2H_2O$	容易被指甲刮伤(指甲～2.2)
3	方解石(calcite)	$CaCO_3$	很容易用刀刮伤,用铜针能刮伤(铜针硬度～3.2)
4	萤石(fluorite)	CaF_2	比方解石更不容易被刀刮伤,难被刀刮伤
5	磷灰石(apatite)	$Ca_5(PO_4)_3(F,Cl,OH)$	小刀硬度～5.1;玻璃板硬度～5.5
6	正长石(orthoclase)	$KAlSi_3O_8$	不会被刀刮伤,会刮伤普通玻璃
7	石英(quartz)	SiO_2	容易划伤玻璃;瓷板硬度～7
8	黄玉(topaz)	$Al_2SiO_4(F,OH)_2$	很容易刮伤玻璃
9	刚玉(corundum)	Al_2O_3	能切割玻璃
10	金刚石(diamond)	C	用作玻璃切割器

常用指甲(2.5)、小刀(5)来刻画,标定相对硬度。对于某些矿物,不同方向上的硬度存在差异,如蓝晶石{100}的晶面上沿 c 轴和 b 轴方向的硬度分别为 4.5 和 6,金刚石{111}、{110}、{100}的晶面上的硬度依次降低。

3.2.7 比重

矿物的比重指矿物单位体积的质量,其单位为 g/cm^3。它可以根据矿物的晶胞大小及其所含的分子数和相对分子质量计算得出。比重是矿物非常重要的性质之一,它反映了矿物的化学组成及晶体结构特点。肉眼鉴定通常是凭经验用手掂量,将矿物的相对密度分为 3 级:

①轻,相对密度小于 2.5,如石墨(2.09～2.23)、石盐(2.1～2.2)和石膏(2.3)等。

②中等,大多数非金属矿物的相对密度均在 2.5～4,如石英(2.65)、萤石(3.18)和金刚石(3.52)等。

③重,相对密度大于 4,硫化物及自然金属元素矿物的相对密度基本上均在此范围

内,如黄铁矿(4.9～5.2)、自然金(15.6～19.3)和重晶石(4.5)等。

3.2.8　磁性

矿物在外磁场作用下被磁化所表现出的能被外磁场吸引、排斥或对外界产生磁场的性质。一般以马蹄形磁铁或磁化小刀来测试矿物的磁性,可分为三级:①强磁性,矿物块体或较大的颗粒能被吸引,如磁铁矿;②弱磁性,矿物粉末能被吸引,如铬铁矿;③无磁性,矿物粉末也不能被吸引,如黄铁矿。

3.2.9　发光性

自然界有些矿物在外加能量的激发下,能明显地发出可见光,这种性质称为矿物的发光性。能使矿物发光的激发源很多,主要有紫外线、阴极射线、X 射线、γ 射线和高速质子流等各种高能辐射,以及加热、摩擦、可见紫光等。矿物发光的实质是矿物晶格中的原子或离子的外层电子受外加能量的激发时,首先,从基态跃迁到较高能级的激发态,由于激发态不稳定,受激电子随即会自发地分段向基态跃迁,同时将吸收的部分能量以一定波长的可见光的形式释放出来。矿物在外加能量的激发下发光,当撤除激发源后,发光的持续时间(原子处于激发态的平均寿命)在 10^{-8} s 以上的发光,称为磷光,而小于 10^{-8} s 的发光称荧光。

自然界只有少数矿物的发光性比较稳定,故可作为矿物鉴定及找矿、探矿、选矿、品位估计的重要依据。如在紫外光照射下,白钨矿发浅蓝色荧光,独居石呈鲜绿色荧光,钙铀云母发鲜明的黄绿色荧光等。

另外,物理性质还有挠性、脆性、叮溶性等。叮溶性主要是一些碳酸盐矿物在稀盐酸下,会发生反应起泡的现象,从而鉴别为碳酸盐矿物。

3.3　晶体光学分析

晶体光学是鉴别透明及部分透明矿物、宝石等的重要手段。通过研究光在晶体中的传播规律,如双折射、干涉、偏振等现象,可以识别矿物的光学性质,从而进行准确的矿物学分类与鉴定。

本节首先介绍光和偏光显微镜的基础知识,引入光率体的概念;然后介绍矿物晶体在单偏光和正交偏光下的光学性质;最后对常见矿物在偏光显微镜下的光性特征进行总结。

3.3.1　晶体光学的基本知识

晶体光学是研究光与晶体相互作用规律的学科分支,主要关注光在晶体内部传播时发生的各种现象,特别是与晶体结构相关的折射、干涉等现象。晶体光学在材料科学、地质学、物理学、化学、生物医学等多个领域有着广泛的应用。偏光显微镜是一种专门用来观察和分析晶体或其他材料光学性质的显微设备。它通过引入偏振元件和特殊的照明系统,使用户能够在显微尺度下研究样品的双折射、干涉等现象。

(1)光和偏光显微镜

光波是一种电磁波,其振动方向垂直于传播方向,所以它也是一种横波。根据光波的振动特点,可把光分为自然光和偏光两种。直接从光源发出的光,一般是自然光。如太阳光、灯光等。自然光波的振动特点是:在垂直光波传播方向的平面内作任意方向振动,而且各振动方向的振幅是相等的。自然光波可转变为只在某一个固定方向上振动的光波,这种光波就叫偏光。

1850 年,亨利·索比实现了一个重大的飞跃,他制备了非常薄的岩石切片,可以在显微镜下用透射光进行观察。他使用了一个偏振光源,即仅在一个平面内振动的光,类似于通过一副偏振太阳镜观察的光。然后,索比通过另一个与第一个偏振片成 90°的偏振片观察所得的图像。偏振光与矿物晶体结构的相互作用产生了许多光学效应,从而在识别矿物方面取得了重大进展,并产生了现代的偏光岩相显微镜。使用这种显微镜,可以识别矿物许多不同的光学特性。

现代偏光岩相显微镜是一种昂贵的精密仪器,有许多附件可以帮助推断矿物的光学特性和岩石的结构。尽管如此,它的作用仍然与亨利·索比的显微镜基本相同。图 3-4 显示了一个典型的偏光显微镜的结构和光路示意图。

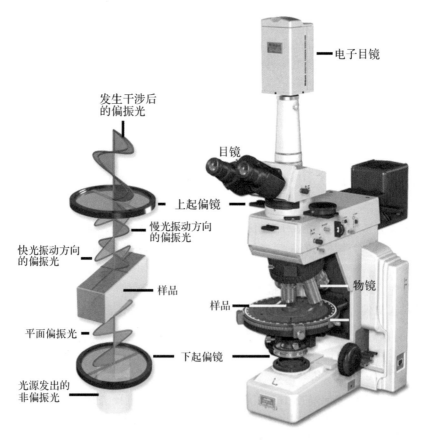

图 3-4　偏光显微镜及其光路

（2）折射率和折射角

光在真空中以每秒 30 万千米的速度传播。当不在真空中时,光的传播速度较慢,其速度取决于它所通过的材料。例如,光通过石英的速度比通过空气的速度慢。这种减慢的特性有助于识别矿物。然而,无论是在真空中还是在矿物中,要测量光的绝对速度都是一项困难的任务。因此,与其测量矿物中的绝对光速,不如测量它相对于空气中的速度。这个比率被称为折射率,其定义如下:

折射率（refractive index,RI）＝光在空气中的速度/光在矿物中的速度

例如,金刚石的折射率是 2.4,这表明光在金刚石中的传播速度比在空气中慢 2.4 倍。另一方面,石英的折射率只有 1.5,这表明光线在石英中的速度比在金刚石中快得多。金刚石的高折射率赋予了宝石的光彩。

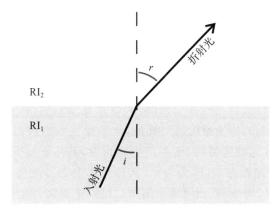

图 3-5 光在不同介质界面处发生折射现象

图 3-5 显示了光以倾斜角度穿过两种物质的边界的情形。其中介质 1 的折射率小于介质 2;也就是说,光在介质 1 中的速度比在介质 2 中快。光线进入边界的角度被称为入射角（i）,从垂直于边界的直线上测量。当越过边界进入高折射率的介质时,光线会变慢。入射角和折射角与介质 1 和 2 的折射率有简单的关系,被称为斯奈尔定律:

$$\sin i / \sin r = RI_2 / RI_1$$

（3）光波在均质体和非均质体中的传播特点

根据光学性质的不同,可把透明物质分为均质体和非均质体两大类。等轴晶系矿物和非晶质物质的光学性质各方向相同,称为均质体。中级晶族及低级晶族矿物的光学性质随方向而异,称为非均质体。造岩矿物中绝大多数属非均质体,是研究的重点。均质体一般不改变入射光的振动特点与振动方向,也就是说,光射入均质体后,在晶体的任何方向上传播的速度是相同的,折射率大小也不发生改变。但是,当光射入非均质体中时,除特殊方向外都要发生双折射,分解形成振动方向互相垂直、传播速度不同、折射率不等的两束偏光。

而当光沿非均质体的某些特殊方向入射时（如沿中级晶族晶体 z 轴方向入射）,就不发生双折射,不改变光的振动特点和振动方向,射入均质体一样。在非均质体中这种不发生双折射的特殊方向,称为光轴。中级晶族如晶体只有一个光轴方向,所以称为一轴

晶。而在低级晶族晶体中则有两个光轴，所以叫二轴晶。

光射入一轴晶中发生双折射分解形成的两种偏光，其一振动方向与光轴垂直，各方向折射率不变，称为常光，用符号"o"表示；另一种偏光振动方向与光轴和光传播方向所构成的平面平行，其折射率值随振动方向不同而发生改变，称为非常光，用"e"表示。

（4）光率体

透明矿物薄片在偏光显微镜下所显示的一些光学性质，往往与光波在晶体中的振动方向及相应的折射率值有密切的联系。为了反映光波在晶体中传播时偏光振动方向与折射率大小之间的关系，在晶体光学中使用了"光率体"这样一个抽象出来的、能反映晶体光学特性的概念。各类晶体的光学性质不同，所构成的光率体形状也不同。

①均质体

光在均质体中传播时，向任何方向振动，其折射率都相等，所以均质体的光率体可理解成是一个圆球形的几何体。

②一轴晶光率体

一轴晶光率体的特征，如前所述，中级晶族晶体的水平结晶轴等长，而直立轴（与唯一的高次对称轴重合）可能比水平轴长，也可能短。晶体这种对称要素的特点，也反映在它们的光学性质上。因此，当光沿直立轴（同时也是光轴）进行传播时，在垂直直立轴的方向上振动，各个方向上的传播速度是一样的，也不发生双折射，其折射率值叫"N_o"，以此可作一圆。当光垂直光轴传播时，则要产生双折射，其一平行光轴振动，叫非常光，折光率为"N_e"；另一垂直光轴振动，即为常光，其折光率为 N_o，在包含光轴的光轴面上，如按比例截取线段 N_e，N_o 为半径，则可得一椭圆。可以把光波在中级晶族晶体中传播时，光的不同振动方向与折射率之间关系，绘制成一个椭球体，即一轴晶光率体（图3-6）。这是一个以光轴为旋转轴的旋转椭球体。一轴晶光率体特征如下：

（a）光率体为一旋转椭球体，旋转轴即为光轴，其半径为 N_e 和 N_o，N_e 及 N_o 为主折光率。

（b）垂直光轴的切面为圆，N_o 为圆的半径。

（c）平行光轴的切面为椭圆，其中的一个半径平行光轴，以 N_e 表示；另一个半径垂直光轴，以 N_o 表示。

（d）斜切光轴的切面也是椭圆。光波斜交光轴射入时发生双折射，N_o 为其中的一个半径；另一半径位于 N_o 与 N_e 之间，以 N_e' 表示。

对于一轴晶，N_o 与 N_e' 之差叫作双折射率，而 N_o 与 N_e 之差则叫最大双折射率。这是鉴定矿物的重要依据之一。一轴晶光率体是一个以 Z 轴为旋转轴的旋转椭球体，根据椭球体的形态，可分为正光性光率体和负光性光率体。

石英的光率体的特点是其旋转轴（光轴）为长轴，光波平行光轴振动时的折射率总是比垂直光轴振动时的折射率大，即 $N_e > N_o$。这种梭形的光率体，称为一轴晶正光性光率体。相应的矿物叫一轴晶正光性矿物。当光波垂直方解石 Z 轴射入晶体时，也要发生双折射，测得其偏振光的折射率 $N_o = 1.658$、$N_e = 1.486$，即 $N_e < N_o$。这种铁饼形态的光率体，称为一轴晶负光性光率体。其相应的矿物叫一轴晶负光性矿物。

③二轴晶光率体

低级晶族(斜方、单斜、三斜晶系)矿物属二轴晶,这类矿物都有大、中、小三个主折射率值,以符号 N_g、N_m、N_p 代表。

以斜方晶系镁橄榄石矿物晶体为例,当光沿镁橄榄石 Z 轴方向射入晶体时,发生双折射分解成两种偏光,其一振动方向平行 X 轴,测得其折射率值为1.715;另一种偏光振动方向平行 Y 轴,测得其折射率为1.651。如由中心按比例截取此二线段为长短半径,即可构成一个垂直 Z 轴的椭圆切面;

同样,沿 X 轴入射时,可得两种偏光的折射率值为:平行 Y 轴为1.651;平行 Z 轴为1.680。得垂直 X 轴的椭圆切面。

当光波沿 Y 轴方向射入晶体时,测得两种折射率值:平行 X 轴为1.715,平行 Z 轴为1.680。得垂直 Y 轴的椭圆切面。

把这三个椭圆切面,按照它们在空间的位置联系起来,便构成了镁橄榄石的光率体。它是一个三轴不等的椭球体,称为三轴椭球体。从镁橄榄石的光率体可以看出,它具有大、中、小三个主折射率。即 N_g 轴($N_g = 1.715$)、N_m 轴($N_m = 1.680$)和 N_p 轴($N_p = 1.651$)。然而,从光轴的含义来讲,这三个主轴都不是光轴。

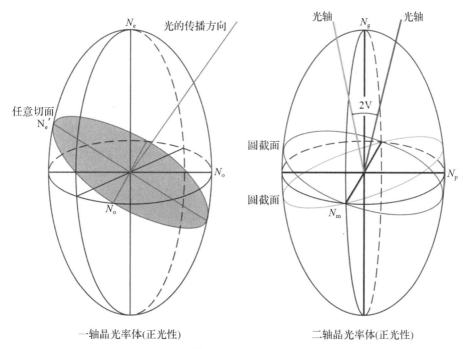

图 3-6　一轴晶和二轴晶光率体示意图

根据这个三度空间的椭球体的形状来看,长半径为 N_g、中半径为 N_m、短半径为 N_p,而且 $N_p \rightarrow N_g$ 是连续变化的。因此,可以想象在 N_p 与 N_g 两个值之间,可以找到两个半径恰好等于 N_m 的圆截面。当光垂直此二圆切面入射时,不发生双折射(其折射率值都为 N_m 这个数值),因此这两个方向就是二轴晶矿物的光轴。而光轴间所夹的锐角,称为光轴角,一般以"2V"符号来代表。两光轴间的锐角平分线,称锐角等分线,以符号"BXa"代表;两光轴间钝角的平分线,称钝角等分线,以符号"BXo"为代表。

二轴晶矿物的光性符号,是根据主折射率 N_g、N_m、N_p 的相对大小来确定的。当 $N_g - N_m > N_m - N_p$ 时(BXa 为 N_g 轴,BXo 为 N_p 轴),为二轴晶正光性光率体(图 3-6);当 $N_g - N_m < N_m - N_p$ 时(BXa 为 N_p 轴,BXo 为 N_g 轴),为二轴晶负光性光率体。

3.3.2 矿物晶体在单偏光下的光学性质

单偏光系统指的是只使用下偏光镜对矿物的光学性质进行观察、测定。主要光性特征包含以下几个方面:

①矿物的形态特征,如形状、解理等。

②与矿物对光吸收有关的光学性质,如颜色、多色性等。

③与矿物折射率有关的光学性质,如突起、糙面、边缘、贝克线等。

(1)矿物的形状

不同的矿物具有不同的化学成分和内部构造,因而表现出了一定的形态特征。因此,研究矿物的晶形,不仅可以帮助我们鉴定矿物,同时对研究矿物的形成条件与成因也有重要意义。

在岩石薄片中所见的矿物晶形包括粒状、片状、板状、针状、柱状等。但由于环境的影响,矿物的晶体发育的程度是不同的,可以分为:自形晶(晶体各个晶面发育完整)、半自形晶(晶体有部分晶面发育),他形晶(晶面完全缺失)。

需要注意的是,即使是完整的自形晶体,由于在磨制薄片时晶粒的切面位置不同,也可表现出各种形态。因此,在确定晶体形态时,必须多观察该矿物几个不同方向的切面,并结合晶面夹角、解理等特征来综合考虑,由此方能正确判断矿物晶体的形态。

(2)解理

许多矿物都具有解理,不同的矿物,其解理方向和完善程度、组数及解理间夹角都不相同,所以解理也是鉴定矿物的重要特征之一。

根据解理缝的发育情况,解理分为:

①极完全解理:解理缝细、密而长,常贯通整个晶体,如云母类矿物。

②完全解理:解理缝较稀,没有完全连贯,如角闪石类矿物。

③不完全解理:解理断断续续,有时仅见痕迹,如橄榄石的解理。

解理夹角在晶体中是一定的,而且可以用于鉴别矿物。但在矿物切片上,由于切片方向不同,观察到的夹角大小有一定差别。只有同时垂直两组解理面的切片,才是两组解理真正的夹角。在显微镜下,这样的两组解理缝最细、最清楚,升降载物台时解理缝位置不动。

(3)颜色和多色性

造岩矿物在薄片中多数是透明的,当白光透过薄片时,如果矿物对白光的所有组成光波吸收很少,并且吸收程度相似,矿物即呈无色透明。假如矿物对各种颜色光波吸收的程度不同,矿物即呈现颜色。在单偏光下,均质矿物的颜色不发生变化,而非均质矿物的颜色可能随偏光振动方向改变而发生变化:一轴晶具有对应于 N_e 和 N_o 振动方向的两种颜色;两轴晶具有对应于 N_g、N_m 和 N_p 振动方向的三种颜色,这种性质称为多色性。

例如黑云母,当解理纹平行下偏光镜振动方向时,呈深棕色,转 90°后则变为淡黄色(图 3-7)。在单偏光下,很多非均质体矿物呈现多色性,不过有些矿物特别明显,如黑云母、电气石等;有的则不明显或不显示多色性。

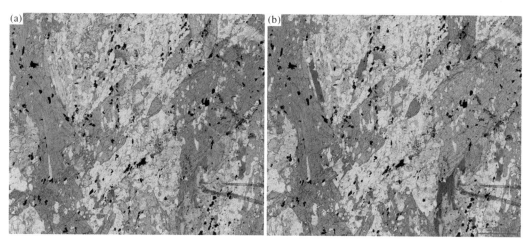

图 3-7　黑云母和角闪石的多色性[(a)和(b)为同一视域的单偏光显微照片,而偏振光方向不同]

(4)薄片中矿物的边缘与贝克线

在两个折射率不同的物质接触处,可以看到比较暗的边缘。在边缘的附近可见到一条比较明亮的细线,升降载物台时,亮线可发生移动,这条明亮的细线叫贝克线。边缘与贝克线产生的原因,主要是由于相邻两种物质折射率不等,光通过接触界面时,发生了折射作用(图 3-8)。

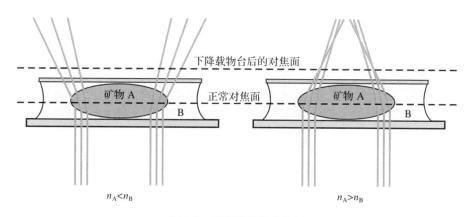

图 3-8　贝克线的形成机制

当下降载物台时,贝克线向折射率大的物质移动;提升载物台时,贝克线向折射率小的物质移动。所以,根据贝克线移动的规律,可以确定相邻两物质的折射率的相对大小。观察贝克线时,把两物质的接触界线置于视域中心,适当缩小光圈,挡去倾斜度较大的光线,使视域较暗,则贝克线比较清晰。

贝克线测试提供了一个简单的方法来确定相邻矿物颗粒的相对折射率,这是鉴定矿物最有用的光学特性之一。在薄片的边缘，可以找到比较矿物与胶黏剂折射率的地方，胶黏剂通常是加拿大树胶，其折射率为 1.537。折射率高于 1.537 的矿物被称为具有正突起，而那些折射率较低的矿物具有负突起。在单偏光镜下，转动载物台，非均质体矿物的边缘，糙面及突起高低发生明显改变的现象。折射率低而双折射率大的矿物，闪突起现象显著，这是某些矿物（如碳酸盐类矿物）的鉴定特征（图 3-9）。石英和长石等矿物的折射率几乎与树胶的折射率相同，因此光线在穿过两者之间的边界时不会发生弯曲。这导致颗粒在显微镜下有一个干净光滑的外观，因为尽管被研磨的岩石切片表面可能相当粗糙，但具有相同折射率的树胶可以抹平这些起伏。相比之下，折射率比树胶高或低得多的矿物会出现明显的糙面。

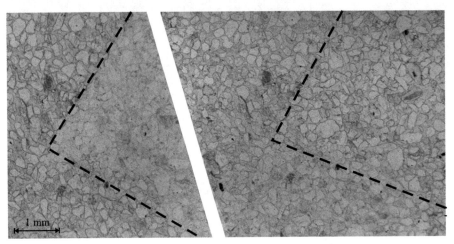

1 mm

图 3-9　石英砂岩中方解石胶结物的闪突起现象（两幅图片中单偏光振动方向相差 90°，而右图中的石英突起明显，这表明方解石的折射率随光的振动方向变化很大）

3.3.3　矿物晶体在正交偏光下的光学性质

正交偏光，就是除用下偏光镜以外，再推入上偏光镜，而且使上、下偏光镜振动方向互相垂直。

（1）消光现象

一般以 PP 代表下偏光镜的振动方向，AA 代表上偏光镜的振动方向。在正交偏光镜间，不放任何矿物切片，视域是黑暗的。这是因为光波通过下偏光镜后，即变为振动方向平行 PP 的偏光，这个振动方向恰与上偏光镜允许透过的振动方向 AA 垂直，即在 AA 方向没有分量。因此，视域是黑暗的。

均质体矿物或非均质体矿物垂直光轴的切片：在正交偏光镜间视域是黑暗的，转动 360° 亦不发生变化，称为全消光。这是由于光线通过矿物切片时不产生双折射。即光的振动方向不发生改变，通过晶体后依旧在 PP 方向上振动，在 AA 方向没有分量。因此，在正交偏光镜间呈现全消光的矿片，可能是均质体矿物，也可能是非均质体矿物垂直光轴的切面。

非均质体矿物斜交光轴的切片：当光波垂直这种切面入射时，要发生双折射，并分解成两种偏光，其振动方向必定平行光率体椭圆切面的长短半径。把这种切片置于正交偏光镜间，当其光率体椭圆半径分别与上下偏光镜振动方向 AA、PP 平行时，PP 方向来的偏光通过下偏光镜后却无法通过上偏光镜，所以出现消光。因此，当旋转置放矿片的载物台时，每隔 90°就有矿物切片的椭圆光率体轴与上、下偏光镜的振动方向平行一次，亦即处在出现消光的位置。所以载物台旋转 360°就会出现四次消光位。

（2）干涉现象和干涉色

非均质体任意方向切片（除垂直光轴以外），不在消光位置时，则将发生干涉作用，其颜色为干涉色。

首先我们假设使用一束单色光作为光源。该单色光透过下偏光镜后，形成 PP 方向振动的偏振光。随后进入矿片，分解成 N_g 与 N_p 两个方向振动的偏光（即沿椭圆长、短半径的方向）方能透过矿片。由于 N_g 与 N_p 两个方向振动的偏振光传播速度一快一慢，因而产生了光程差。光程差的大小取决于矿片厚度和双折射率。

两束光在通过上偏光镜后仅保留了 AA 方向的分量并发生干涉，若两束光的光程差为半波长的偶数倍，干涉结果为相互抵消，视域黑暗；若两束光的光程差为半波长的奇数倍，干涉结果为相互增强，光强增大。

以上为单色光情况，类似于大学物理实验的红光双缝干涉后出现的明暗条纹。由于偏光显微镜使用的是白光光源，其结果类似白光双缝干涉，即部分波长的光增强，部分抵消，出现干涉色。

（3）干涉色级序的观察与测定

干涉色是随着光程差的逐渐增加而作规律变化的。若在正交偏光镜间缓缓插入石英楔子（是一个平行石英光轴方向由薄至厚磨制成的楔形晶片），因为石英的最大双折射率 $N_e - N_o = 0.009$，是一个固定的数值，所以光程差就随着石英楔子厚度的增加而逐渐增大。若将石英楔子由薄至厚缓缓插入正交偏光镜间，用白光照射，随着厚度变化将出现：

当光程差在 100～150nm 以下，呈现灰或蓝灰色干涉色；光程差 200～270nm 时，呈灰白色；光程差 300nm 时，呈黄色；光程差 400～450nm 时，呈橙色；光程差 500～550nm 时，呈紫红色。以上灰、灰白、黄、橙、紫红等色依序构成了干涉色的第一级序。在第一级序内没有鲜蓝与鲜绿色，但具有特有的灰及灰白色。

当光程差为 650,750,…,1050nm 时，依次出现蓝、绿、黄、橙、紫红等干涉色，构成了干涉色的第二级序。它们的特征是色浓而纯，比较鲜艳。

光程差继续增加，蓝、绿、黄、橙、红又依次重复出现，构成了第三、第四、…级序的干涉色。但级序愈高，颜色愈浅而不纯。

当光程差增加到很大时（相当于五级以上干涉色），形成了近于白色而带浅红、浅黄色调的干涉色，称为高级白干涉色。在正常厚度（0.03 毫米左右）的切片上，呈现高级白干涉色，是高双折率矿物的特征。如方解石具有高级白干涉色。

干涉色色谱表更方便地表示了干涉色级序、光程差 R、双折率 $n_1 - n_2$ 及薄片厚度 d

之间的关系,它是根据公式 $R=d(n_1-n_2)$ 的关系作成的图(图 3-10)。

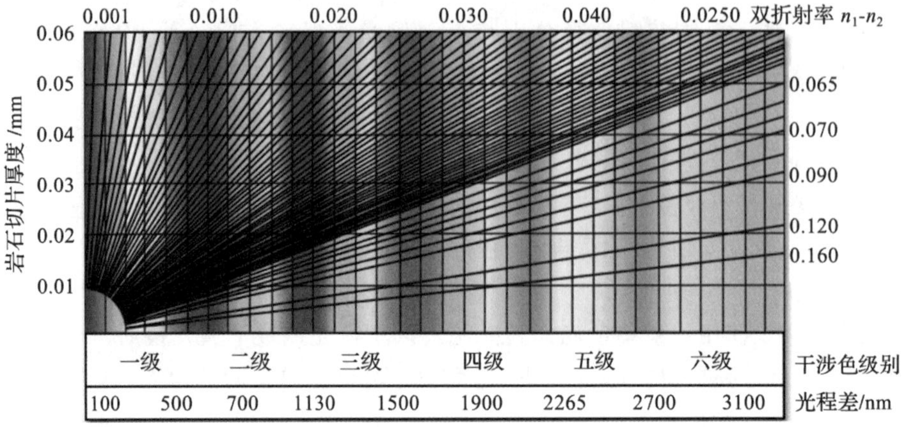

图 3-10　白光干涉色的色谱表

(4)消光类型与消光角的测定

非均质体矿片的消光类型是根据矿片消光时,矿片上解理缝或晶体轮廓等与目镜十字丝(即已调校好的上、下偏光的振动方向)的关系来进行划分的。

①消光类型

(a)平行消光:矿片消光时,解理缝等与十字丝之一平行,如云母。

(b)对称消光:矿片消光时,目镜十字丝为两组解理缝或两个晶面迹线夹角的平分线。如角闪石垂直两组解理的切面。

(c)斜消光:矿片消光时,解理缝或晶体轮廓与目镜十字丝斜交。

②消光角及其测定

消光角是指矿片光率体椭圆半径与解理缝、双晶缝之间的夹角。具体表现为矿片消光时,目镜十字丝与解理缝、双晶缝之间的夹角。需要注意的是,并不是所有矿物都要测定消光角。在中级晶族及斜方晶系矿物中,多数是平行消光或对称消光,斜消光切面不多见,也不是鉴定特征,一般不测消光角。但在单斜晶系与三斜晶系矿物中,以斜消光切面为主,不同矿物消光角不同。因此,测定消光角就有鉴定意义。

由于同一矿物切片方向不同,其消光角也不同,所以要选定向切片。如单斜晶系一般选平行(010)的切片。因为只有平行(010)切面的消光角才是光率体主轴与结晶轴间的真正夹角,对于单斜辉石或角闪石来说才是 N_g 轴与结晶轴 c 轴的真正夹角,也是区分同为单斜晶系的角闪石和辉石的鉴定特征之一。

下面以单斜辉石为例,说明消光角测定步骤:

(a)选择合适的定向切片(干涉色最高的切面)。

(b)将选定的矿片置于视域中心,并使解理缝与十字丝纵丝平行,记下载物台的刻度数。

（c）旋转载物台使矿片达消光位,再记录物台上的刻度数,两次读数的差值即该矿片上的消光角大小。

（d）从消光位再转 45°,插入试板,根据干涉色升降变化,确定所测矿片光率体椭圆半径的名称,从而定出解理缝与 N_g 或 N_p 间的夹角。

（e）记录方式:单斜辉石平行(010)面上的消光角可写成 $N_g \wedge c = 40°$。

（5）晶体延性符号的测定

矿物切片为长条状,其延长方向与光率体椭圆切面长半径(N_g)近于平行时,叫正延性;延长方向与 N_p 近于平行时,叫负延性。延性符号是某些长条状矿物的鉴定特征。下面以平行消光的矿物为例说明其测定方法(图 3-11):

①把欲测矿片置于视域中心,使延长方向平行竖丝,此时矿片消光(因系平行消光)。

②转物台 45°,使延长方向与十字丝成 45°夹角,加入试板,根据矿片干涉色升降变化,即可确定延性符号。

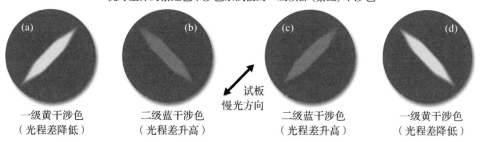

图 3-11　矿物晶体的延性和偏光显微镜试板的应用

（6）双晶的观察

具有双晶的矿物,由于双晶中的各个单体结晶方向不同,因此在正交偏光间具有不同的消光位。常见的双晶有石膏的燕尾双晶、长石的卡氏双晶、聚片双晶及格子状双晶等。

3.3.4　常见矿物光性特征

为了便于鉴定矿物,现根据矿物晶体在上述单偏光和正交偏光下的光学性质,将常见矿物在偏光显微镜下的光性特征总结于表 3-5。

表 3-5　常见矿物在偏光显微镜下的光性特征

矿物名称	颜色	多色性	干涉色	形态	鉴定特征
角闪石	绿色、褐色、无色	深绿—淡绿—无色	二级	一般为长柱状，横切面呈菱形或近于菱形的六边形	高正突起，两组解理交角各为56°、124°。除不含铁的角闪石外，绝大部分角闪石在薄片中均有颜色，且多色性显著，横切面对称消光
辉石	一般无色或带很淡的色调。但碱性辉石例外，它在薄片中呈褐色或绿色	多色性不明显，但碱性辉石例外（暗草绿—黄绿—草绿）	最低可达一级黄白，最高可达二级顶部	纵切面呈短柱状，横切面呈八边形	高正突起，横切面具辉石式的解理（87°、93°）。与角闪石区别在于多色性不强、解理交角不同
橄榄石	无色		二级末至三级始	一般呈近六边形的自形，也可呈粒状半自形、它形	高正突起，糙面显著，切面上发育有许多不规则的粗裂纹，裂纹中充填有磁铁矿、蛇纹石等次生矿物
伊丁石	红褐色	金黄或暗红褐—亮黄或红褐—浅黄或红褐	最高可达三级和四级，但被本身的颜色掩盖		高正突起，常呈橄榄石假象或呈镶边环绕在橄榄石晶体周围。如能见到一组解理，则具平行消光
蛇纹石	无色或淡绿色	极不显著	一级灰白至黄色		高正突起，正交偏光下呈纤维状消光
绿帘石	淡黄、黄绿、无色	无色至柠檬黄—绿黄—淡黄	二级、三级	切面可呈柱状，多数为不规则粒状	高正突起，糙面显著。干涉色鲜艳而明亮。特征干涉色分布不均匀，即使在同一切面上也是如此
榍石	微褐色、黄色或无色	微弱	高级白，异常干涉色为金黄到靛蓝	一般呈楔形或菱形，有时也呈柱状，但两端仍呈尖锐的楔形	高正突起，糙面非常显著，菱形切面为对称消光。高级白干涉色

续表

矿物名称	颜色	多色性	干涉色	形态	鉴定特征
电气石		多色性显著，黄褐、深蓝、暗绿—浅黄、浅褐、淡紫	柱状切面干涉色一级顶至二级初，但被本身的颜色掩盖	柱状、放射状、纤维状。	高正突起、糙面显著，横裂理发育，当柱面的长轴方向平行下偏光振动方向时，颜色最淡，即吸收性最弱
锆石	无色透明，有时带淡黄和淡褐色		三级至四级，有红、绿、蓝等色	柱状、两端常呈锥状	极高正突起，常呈自形出现，干涉色明亮鲜艳，多呈包裹体出现。自形的柱面呈平行消光
磷灰石	无色透明		高不出一级灰	短柱状至长柱状，有时甚至为针状，横切面为六边形—	中等正突起，常呈自形出现，干涉色不高出一级灰，柱状切面平行消光。多为包裹体出现
黝帘石	无色		一级灰白或靛蓝、锈褐的异常干涉色	柱状、横切面近六边形	高正突起，无色，干涉色低及异常干涉色
绿泥石	淡绿色、淡褐色	具多色性	不高于一级	多呈鳞片状集合体	低至中正突起，干涉色低，多为黑云母、角闪石、辉石、石榴子石等矿物变化而来
黑云母	褐色、绿色（喷出岩中呈褐绿色，侵入岩中绿色，但也有褐色者）	深褐或红褐—黄色；草绿淡黄（垂直光轴切面，即无解理面，多色性不明显）	二级至三级但常被本身颜色掩盖	长条形、六方形（横切面）	中等正突起，多色性强，单偏光下当解理缝平行下偏光镜振动方向时，吸收性最强，颜色最深；平行上偏光方向时，色最浅、吸收性最弱
白云母	无色透明，有时亦带浅绿或浅褐色		在垂直解理缝的条状切面上，最高干涉色达二级顶部，鲜艳夺目；平行解理的片状切面上干涉色仅一级灰	长条形、六边形（横切面）	低正突起，当解理缝与下偏光镜振动方向一致时，糙面较显著

续表

矿物名称	颜色	多色性	干涉色	形态	鉴定特征
绢云母					一种细鳞片状的白云母，多是集合体出现，往往分布在斜长石等矿物的表面。其突起和糙面比长石显著。在正交偏光镜间，因鳞片在薄片中的方位不同，因此出现绚烂五彩类似织锦一般干涉色，有黄、绿、蓝、紫交织在一起
方解石			珍珠晕彩的高级白色	常呈他形	具显著的闪突起，菱面体解理清楚，聚片双晶常见，对称或近于对称消光
石英	无色透明		一级黄白	常呈他形	低正突起，表面光滑、清洁，不可能出现解理缝及任何变化。有时具波状消光
石膏	无色透明		一级白至黄白色	柱状、纤维状和不规则粒状	负突起，一级干涉色可与硬石膏区别，常见到一组解理，沿解理面方向呈平行消光
硬石膏	无色透明		三级绿色	矩形或不规则的形状	两组解理直交，干涉色高，平行消光，往往见两组交叉的双晶带
海绿石	亮绿、浅绿或橄榄绿色	多色性显著，亮绿或黄绿—稻草黄或浅黄绿色	较高，但因本身颜色掩盖，呈绿色	圆形、椭圆形	海绿石颗粒是由无数极细小的晶粒组成，因此在正交偏光下往往看到集合偏光，即转动物合时，切面始终看到明亮。当结晶略粗时，有时可见到一组解理，并平行解理缝消光
钠长石	无色透明，但风化后有浅灰色分解物，因而显浑浊不清	钠长石双晶，双晶带比更长石略宽	似石英，可达一级淡黄	板状、条状或他形粒状	与石英区别为负突起，有解理双晶
更长石	无色透明	钠长石双晶，双晶带极细	一级灰或白	板状他形粒状	细而密的聚片双晶和近平行消光

续表

矿物名称	颜色	多色性	干涉色	形态	鉴定特征
中长石	无色透明,变化时有灰色分解物	钠长石双晶	一级灰白	板状、条状及不规则粒状	低正突起,常具环带构造,在正交偏光下不是同时消光而呈同心环状消光。由于内环较基性,容易分解,面部常充满分解物。外环带则显得较新鲜
拉长石	无色透明	钠长石双晶,双晶带往往宽	一级灰白	板状、柱状、条状	低正突起,双晶带宽
培长石	无色透明	钠长石双晶,双晶带相当宽	一级黄白	板状、条状	正突起低
钙长石	无色透明	钠长石双晶,双晶带较宽	一级黄色	板状、条状	低正突起,所有斜长石中以钙长石的干涉色为最高
正长石	无色透明,表面常有分解物而浑浊不清。分解物因含有 Fe_2O_3 而呈黄褐或红褐色(这是与斜长石的灰色分解物—绢云母相区别处)	简单双晶	不高于一级灰白	板状、柱状、集合体中呈不规则他形	风化后为褐色的高岭土低负突起二轴晶(一)
微斜长石	无色透明	格子状双晶	一级灰	宽板状和柱状,集合体中常为不规则粒状	低负突起,格子双晶,二轴晶(一)
透长石	无色透明		一级灰		表面干净新鲜,与石英区别是负突起

3.4 化学成分分析

前几节中描述的所有分析和测试可能有助于识别某些矿物或岩石,并未定量或者准确获得某种矿物或岩石的化学成分,仅仅得出了一个广泛的结论。因此,对矿物和岩石进行定量化学成分分析非常必要。

3.4.1 岩石的主量元素分析

岩石的主量元素分析主要采用 X 射线荧光光谱法(XRF),测定原子序数大于 4 的元素。XRF 法是通过测量分析物质原子受 X 射线照射后所发射的特征荧光 X 射线的波长或强度进行定性或定量分析的仪器分析方法,XRF 仪是一种较新型的、可以对多元素进行快速同时测定的仪器。其基本原理在于当能量高于原子内层电子结合能的高能 X 射线与原子发生碰撞时,驱逐一个内层电子而出现一个空穴,使整个原子体系处于不稳定的激发态,激发态原子寿命约为 $10^{-12} \sim 10^{-14}$ s,然后自发地由能量高的状态跃迁到能量低的状态,这个过程称为弛豫过程。弛豫过程既可以是非辐射跃迁,也可以是辐射跃迁。当较外层的电子跃迁到空穴时,所释放的能量随即在原子内部被吸收而逐出较外层的另一个次级光电子,为俄歇效应,亦称次级光电效应或无辐射效应,所逐出的次级光电子称为俄歇电子。它的能量是特征的,与入射辐射的能量无关。当较外层的电子跃入内层空穴所释放的能量不在原子内被吸收,而是以辐射形式放出,便产生 X 射线荧光,其能量等于两能级之间的能量差。因此,X 射线荧光的能量或波长是特征性的,与元素呈一一对应的关系。

K 层电子被逐出后,其空穴可以被外层中任一电子所填充,从而可产生一系列的谱线,称为 K 系谱线;由 L 层跃迁至 K 层辐射的 X 射线叫 K_α 射线,由 M 层跃迁到 K 层辐射的 X 射线叫 K_β 射线……同样,L 层电子被逐出可以产生 L 系辐射。如果入射的 X 射线使某元素的 K 层电子激发成光电子后 L 层电子跃迁到 K 层,此时就有能量 ΔE 释放出来,且 $\Delta E = E_K - E_L$,这个能量以 X 射线形式释放,产生 K_α 射线,同样还可以产生 K_β 射线、L 系射线等。

莫斯莱(H. G. Moseley)发现,荧光 X 射线的波长 A 与元素的原子序数 Z 有关,其数学关系为 $\lambda = K(Z - S) - 2$,为莫斯莱定律。式中 K 和 S 是常数。因此,只要测出荧光 X 射线的波长,就可以知道元素的种类,这就是荧光 X 射线定性分析的基础。此外,荧光 X 射线的强度与相应元素的含量有一定的关系,据此可以进行元素定量分析。

X 射线荧光光谱法的特点在于谱线简单,特征性强,可进行多元素同时测定,分析元素范围广,分析原子序数从 4~92 的元素,适用于各种形状和大小的试样及无损分析,分析含量范围宽,从微量到常量均可分析,分析速度快,自动化程度高。

3.4.2　岩石的微量元素分析

岩石的微量元素分析主要采用电感耦合等离子体质谱(inductively coupled plasma mass spectrometry，ICP-MS)。由于它的灵敏度高和谱线相对简单，它成为当今地质分析中微量元素(包括 REE)分析最强有力的工具，并开辟了同位素分析的新领域。最新研究表明，它在少量样品主、次、痕量元素的准确测定和铂族元素(PGE)分析方面具有应用前景。高分辨率(high-resolution)和多接收(multi-collector)的电感耦合等子体质谱(HR-ICP-MS 和 MC-ICP-MS)仪器及技术的发展大大扩展了 ICP-MS 技术的同位素分析能力，使它成为地质和环境样品分析的强有力手段。

ICP-MS 主要由气体供应系统、真空系统、射频功率源、样品提取系统、离子透镜系统、四极杆质量分析器、离子检测器组成。样品通过进样系统被送进 ICP，在 ICP 中被离解成单价离子。这些离子经采样锥和截取锥提取后，随后在一系列离子透镜的电场作用下聚焦成离子束并被传递到四极杆质量分析器。在四极杆质量分析仪中，离子根据质量/电荷比的不同依次分开。分离后的所测离子按顺序打在离子电子倍增管上，产生的信号经过放大后通过信号测定系统检出。

ICP-MS 分析特性：①高灵敏度，1ppb 溶液可获得高达 10 万 CPS；②低检出限，多数金属元素的检出限为 ppb 级或亚 ppb 级；③高精密度，10ppb 溶液测定 RSD<3%；④分析速度快，3 分钟可完成 40 多元素同时分析；⑤动态范围宽，大于 8 个数量级的线性范围；⑥可获得同位素比值信息，尤其适合分析其他方法难以测定的元素，如稀土元素、贵金属、铀等。ICP-MS 以灵敏度高、检出限低、分析速度快、动态线性范围宽、谱线干扰少、多元素同时检测等优点而著称。近年来，各种新型号的 ICP-MS 仪器不断出现且分析功能日趋完善，尤其是 ICP-MS 与各种进样技术/样品预处理技术等联用技术的研究，进一步推动了 ICP-MS 的发展和应用，该分析技术已广泛应用于地质、冶金、环境、生物、医学、半导体工业、核材料等研究领域，并已成为相关领域的标准分析方法。

3.4.3　矿物化学成分分析

矿物的化学成分分析主要包括矿物的主量元素分析和微量元素分析。矿物的主量元素分析主要利用电子探针完成，而矿物的微量元素分析由激光剥蚀电感耦合等离子体质谱(LA-ICP-MS)或离子探针(SIMS)实现。

电子探针的原理与 X 射线荧光光谱十分相似，通过测量电子轰击样品所产生的特征 X 射线的波长(或能量)及其强度来实现的。根据莫塞莱定律可知，不同的元素具有不同的特征 X 射线波长和能量。通过鉴别其特征波长或特征能量可以确定所分析的元素，这是电子探针定性分析的依据。而将被测样品与标准样品中元素的衍射强度进行对比，就能进行电子探针的定量分析。在电子探针测定时，通常有两种方法，利用特征波长来确定元素的波长色散仪(波谱仪)和利用特征能量的能量色散仪(能谱仪)。电子探针主要用于矿物的主量元素分析，也可用于熔融岩石样品的主量元素分析。

电子探针基本结构主要由电子光学系统(电子枪和聚焦透镜)、电子图像系统、样品室(需要超高真空)、分光系统、X 射线测量、记录系统等构成。电子探针用作矿物分析的优点：①具有优良的空间分辨率，通常为 $1\sim2\mu m$；②无损分析，可进行多次重复分析和多种信息的测量；③动态范围宽(Be～U)，能实现对样品多元素的同时检测。对于小于 Na 的轻元素分析，需要选择特殊的分光晶体。

离子探针也称为二次离子质谱(secondary ion mass spectrometry，SIMS)。离子探针集合了质谱的高精度和准确度以及电子探针的细微空间分辨率的优点。它广泛应用于当前的地质年代学，同位素和微量元素地球化学研究。离子探针是以聚焦很细($1\sim2\mu m$)的高能($10\sim20keV$)一次离子束作为激发源照射样品表面，使其溅射出二次离子并引入质量分析器，按照质量与电荷之比进行质谱分析的高灵敏度微区成分分析仪器。

离子探针主要由三部分组成：一次离子发射系统、质谱仪、二次离子的记录和显示系统。离子探针技术的分析优势：①可分析包括氢、锂元素在内的轻元素，特别是氢元素，这是其他仪器所不具备的；②其横向分辨率一般为 $1\sim2\mu m$，深度分辨率为 $5\sim10nm$，可提供包括轻元素在内的三维空间分析图像，有些实验室的离子探针最小分辨率可达 $0.2\sim0.3\mu m$；③可探测痕量元素，通常检出限为 $10^{-15}g$ 以下；④可作同位素分析，同位素比值测定精度一般为 $0.1\%\sim1\%$，有的仪器甚至可达万分之一。

3.5　晶体结构分析

晶体结构分析主要采用 X 衍射方法，通常可以用单晶法和粉晶法。

①单晶法：通常称为 X 射线结构分析，有照相法和衍射仪法之分。目前主要采用四周单晶衍射仪法，其特点是自动化程度高、快速、准确度高。单晶法要求严格挑选无包裹体、无双晶、无连晶和无裂纹的单晶颗粒样品，其大小一般在 $0.1\sim0.5mm$。因此在应用上受到一定限制。单晶法主要用于确定晶体的空间群，测定晶胞参数、各原子或离子在单位晶胞内的坐标、键长和键角等；也可用于物相鉴定，绘制晶体结构图。

②粉晶法：又称为粉末法，也有照相法和衍射仪法之分。根据衍射峰的位置来鉴定物相，衍射峰的强度用于分析物相含量，背景突起用于分析非晶质物质含量，衍射峰的宽度与晶粒粒径有关。粉晶法以结晶质粉末为样品，可以是含少数几种物相的混合样品，粒径一般在 $1\sim10\mu m$。样品用量少，且不破坏样品。照相法只需样品 $5\sim10mg$，最少至 1mg 左右；衍射仪法用样量一般为 $200\sim500mg$。

粉晶衍射仪法简便、快速、灵敏度高、分辨率强、准确度高。根据计数器自动记录的衍射图，能很快查出面网间距 d 并直接得出衍射强度，故目前已广泛用于矿物或混合物之物相的定性或定量研究。其主要用途为：

①矿物(物相)鉴定，可以是针对单一的矿物相，也可以进行混合物相的鉴定。一般来说混合物相中某一物相的含量在 1% 以上，就可以鉴定出来。对细分散矿物，如黏土矿物、火山岩中的隐晶质矿物、地表的土壤和海洋中的现代沉积物中细分散状矿物，用 X 射线分析技术进行鉴定较其他方法更为有效。

②矿物的类质同象研究，通过矿物晶胞参数的精测和某些衍射峰的测量，可以计算

出很多矿物的组分,如长石、橄榄石、尖晶石等矿物的种属,它与电子探针等微区成分分析不同之处在于它得到的是某种矿物的总体成分参数,而不是个别区域内的成分数据。

③同质多象变体的研究。

④矿物结构中有序和无序结构的测定和研究。

⑤纳米—微米级矿物的颗粒大小的测定。

⑥结晶度的测定。

⑦物相定量分析,比如黏土矿物的定量分析,高铝矿物的定量分析,沸石类矿物的定量分析等。

另外,激光拉曼光谱、红外光谱等也利用晶格振动特征快速鉴别矿物相。

第**4**章　地球物质之矿物

矿物是组成岩石和矿石的最基本单元,迄今为止已发现 6000 多种矿物,获国际矿物学会新矿物及矿物命名委员会认可。这些矿物主要分布于地球的岩石圈,少量为陨石矿物。矿物既能够反映矿物本身的形成条件,同时也保存着地球形成与演化过程中的信息,具有重要的地质过程示踪意义。本章主要介绍矿物的分类、命名、化学成分与晶体结构、矿物的形成与演化、各类矿物的矿物学特征及其成因指示等知识。

4.1　矿物概述

4.1.1　矿物的分类与命名

矿物的分类和命名是一项最基础的研究工作,必须建立在精细的化学成分、晶体结构和物理性质分析的基础之上,再根据化学成分、晶体结构、物理性质等进行分类和命名。

（1）矿物的分类

早期矿物主要以化学成分为依据进行系统分类,后来以元素的地球化学特征为依据进行地球化学分类和矿物成因进行分类。目前,最为推崇的方法是根据矿物的化学成分和晶体结构进行的晶体化学分类,这反映了矿物成分和结构统一的本质,也在一定程度上反映了自然界元素的结合规律。矿物的晶体化学分类如表 4-1 所示。

表 4-1　矿物的晶体化学分类

类别	划分依据	举例
大类	晶体化学类型	含氧盐大类、硫化物大类
类	阴离子或络阴离子种类	硅酸盐类、磷酸盐类
（亚类）	络阴离子结构	岛状、架状结构硅酸盐亚类
族	晶体结构型和阳离子性质	长石族、石榴子石族
（亚族）	阳离子种类	碱性长石亚族
种	一定的晶体结构和化学成分	正长石（$KAlSi_3O_8$）
（亚种）	晶体结构相同,成分或物性、形态相异	冰长石（$KAlSi_3O_8$）,其{110}特别发育且沿 a 轴压扁

依据晶体结构由某种离子或原子做最紧密堆积,将这类物质归为"大类",如含氧盐大类、硫化物大类等。依据矿物的阴离子或络阴离子的种类,进一步划分为"类",如硅酸盐类、磷酸盐类、碳酸盐类等。又可根据络阴离子的结构特征,划分亚类矿物,如硅酸盐大类中有岛状、链状结构硅酸盐亚类。依据晶体结构类型和阳离子性质,将亚类矿物进一步划分为矿物族;矿物族中存在阳离子种类不同,可进一步划分为亚族。在矿物亚族中,具有一定晶体结构和化学成分,为矿物种;在相同晶体结构中,化学成分或物性、形态等存在差异时,可以划分为亚种。按照晶体化学分类,自然界的矿物可以分为 5 大类。

第一大类:自然元素矿物,如金刚石(C)。

第二大类:硫化物及其类似化合物矿物,如黄铁矿(FeS_2)。

第三大类:氧化物和氢氧化物矿物,如刚玉(Al_2O_3)。

第四大类:含氧盐矿物,如石榴子石$[Mg_3Al_2(SiO_4)_3]$。

第五大类:卤化物矿物,如石盐($NaCl$)。

(2)矿物的命名

目前,矿物命名方法很多,大部分矿物名由外文翻译而来的,少数为音译名。有的根据矿物本身的特征,如化学成分、形态、物理性质等命名的,有的以发现地点或发现人或研究学者的名字来命名。但多数以矿物的特征来命名,这有助于了解矿物的主要成分和性质。然而,在我国现用的矿物名称中,仍有部分沿用我国古代的某些矿物名称(如水晶、雄黄等)以及传统的命名习惯,呈金属光泽或主要用于提炼金属的矿物称为"××矿",如方铅矿、菱铁矿等;具非金属光泽者称为"××石",如方解石、孔雀石等;宝玉石类矿物常称为"××玉",如刚玉、黄玉、硬玉等;呈透明晶体者称"××晶",如水晶、黄晶等;常以细小颗粒产出的矿物称"××砂",如辰砂、毒砂等;地表次生且呈松散状的矿物称"××华",如钴华、铝华等;易溶于水的硫酸盐矿物称为"××矾",如胆矾、黄钾铁矾等。

目前矿物的命名尚不统一,主要以人名(著名科学家、资助商人名等)、地名、矿物的化学成分、物性来命名。中文名还存在英文翻译等问题,具体如表 4-2 所示。

表 4-2 矿物的命名方法

命名方法	举例
化学成分	自然金、钛铁矿、
物理性质	橄榄石、方解石、重晶石
形态	石榴子石、十字石、方柱石
物理性质+化学成分	方铅矿、黄铜矿、磁铁矿
物理性质+形态	绿柱石、红柱石、滑石
地名	南平石、香花石、包头矿、闽江石、汉江石
人名	鸿钊石、张衡矿、竺可桢石、孟宪民石

4.1.2 矿物的化学成分与晶体结构

矿物的化学成分和晶体结构均由专业仪器分析获得。化学成分和晶体结构分析是矿物和岩石定量化研究的必经之路。化学成分分析结果多以氧化物的重量百分比或元素丰度来表示。化学元素的重量百分比超过 1% 时，为主要元素，在 $1.0\% \sim 0.1\%$ 时为次要元素，小于 0.1% 时为微量元素。微量元素可以用百万分之一（ppm）或十亿分之一（ppb）的形式表示。

（1）矿物的化学式计算

大多数矿物和岩石化学分析的分析结果以元素或氧化物的重量百分比表示。除自然元素矿物外，大多数矿物都是两种或两种以上元素的化合物。定量化学分析为矿物的晶体化学式计算提供数据基础。由于分析中存在微小的分析误差或未测量的一些微量元素，因此化学成分分析的总量不为 100%。

矿物的晶体化学式计算有很多种，根据化学成分的表示方法可以分为元素计算方法和氧化物计算方法。元素计算方法主要针对硫化物的化学式计算，其化学成分以元素的百分含量表示，而氧化物计算方法的化学组成以氧化物来表示。元素计算方法比较简单，如黄铜矿的晶体化学式计算如表 4-3 所示。A_1 为元素的百分含量，A_2 为原子量，A_3 为元素的摩尔量，它们之间的比对应矿物晶体化学式中的系数，其晶体化学式为 $CuFeS_2$。

表 4-3　黄铜矿的晶体化学式计算

元素	$A_1/wt\%$	原子量 A_2	$A_3 = A_1/A_2$	$A_4 = A_3/0.545$
Cu	34.64	63.54	0.545	1
Fe	30.42	55.85	0.545	1
S	34.91	32.07	1.090	2

氧化物计算方法是以氧原子（离子）数为基础计算，如尖晶石的晶体化学计算（表 4-4）。具体步骤如下：A_1 为元素的百分含量，A_2 为原子量，A_3 为该物质的摩尔数，A_4 为阳离子系数，A_5 为氧原子系数，若氧原子数为 4，可以用 4 除以总氧原子系数，获得化学式的氧原子系数，最后用该系数乘以阳离子系数获得各阳离子数，得到尖晶石的晶体化学式为 $(Mg_{0.752}Fe^{2+}_{0.275})_{1.027}(Al_{1.782}Cr^{3+}_{0.201})_{1.983}O_4$。

表 4-4　尖晶石的晶体化学式计算

氧化物	$A_1/wt\%$	分子量 A_2	$A_3 = A_1/A_2$	阳离子系数 A_4	氧原子系数 A_5	阳离子	阳离子数
Al_2O_3	57.89	101.96	0.568	1.136	1.704	Al^{3+}	1.782
Cr_2O_3	9.72	152	0.064	0.128	0.192	Cr^{3+}	0.201
FeO	12.56	71.80	0.175	0.175	0.175	Fe^{2+}	0.275
MgO	19.32	40.31	0.479	0.479	0.479	Mg^{2+}	0.752
合计	99.49				2.55		
					$x = 4/2.55 = 1.569$		

事实上,矿物的化学成分计算非常复杂,有含水矿物的化学成分计算,含 Li、Be、B 等的算法,Fe^{2+}/Fe^{3+} 的算法以及 F、Cl 的算法。

在地球科学领域中,矿物的化学组成通常采用晶体化学式来表示。它既反映各组分的种类及其数量比,又反映它们在晶格结构中的占位情况。具体规则如下:

①基本原则:阳离子在前,阴离子或络阴离子在后,络阴离子用方括号括起来。

②对于复化合物,阳离子按其碱性由强至弱、价态从低到高的顺序排列。

③附加阴离子写在阴离子或络阴离子之后。

④矿物中水分子写在化学式的最末尾,并用圆点隔开,含水量不定时用 nH_2O 表示。

⑤互为类质同象替代的离子,用圆括号括起来,并按含量由多到少的顺序排列,中间用逗号分开。

(2)晶体结构

矿物的晶体结构多看作阴离子做最紧密堆积,阳离子充填于空隙中。事实上,晶体结构的解析是一项非常专业的工作,这里主要介绍典型晶体结构的表述。金红石 TiO_2 的晶体结构信息如下:四方晶系,空间群为 $P4_2/mnm$,$a=0.458nm$,$c=0.295nm$,$Z=2$。这里 P 表示金红石的格子类型,后面是其对称型的国际符号与晶胞参数,Z 为单位晶胞中相当于化学式的分子数。

一些矿物之间若其对应质点的排列方式相同,称它们的结构是等型的;在这些等型结构中,常以其中的某一种晶体为代表而命名这一结构,称之为典型结构。如石盐(NaCl)、方铅矿(PbS)、方镁石(MgO)等晶体的结构等型,以其中的 NaCl 晶体作为代表而命名 NaCl 型结构,方铅矿、方解石等晶体具"NaCl 型"结构。黄铜矿($CuFeS_2$)的晶体结构可视为闪锌矿(ZnS)典型结构的衍生结构。

总体上,在地球物质测定和分析过程中,需要得到准确的化学成分与晶体结构,这是精细研究的开始。

4.1.3　矿物的形成与演化

(1)矿物的形成

在地质过程中,随着环境条件的改变,如温度的下降、压力的改变以及其他因素的变化,某些元素沉淀或析出而形成矿物或矿物集合体。在这些过程中,有气相转变为固相、液相(熔体)结晶、非晶质向晶质转变、固相转变等不同情况。

事实上,矿物的形成过程或生长过程十分复杂,以地质过程中最为普遍的液相结晶为例。热液或熔体必须经历总自由能下降结晶成核,然后逐渐生长形成矿物颗粒。在生长过程中,可按照层生长理论模型生长,若受杂质的影响,可按螺旋生长理论模型进行生长。1958 年,杰克逊从键合能的角度出发提出了双原子层界面结构生长模型,获得矿物的形成与晶面的具体结构及方向有关,同时受体系相变潜热、温度等的影响。整体上,矿物的形成受温度、压力、杂质、黏度、物质的供给速度以及结晶速度等影响。

(2)矿物组合

①矿物的生成顺序

自然界地质体中的各种矿物,可以同时生成,但常常在形成时间上有先后顺序,称为矿物的生成顺序。矿物通常按晶格能降低的顺序依次析出,共生的矿物,其晶格能大体相近。确定矿物生成顺序的标志主要依据有:(a)空间位置关系,位于地质体中心部位的矿物比其外围的矿物形成晚,被穿插或被包围或被充填的矿物生成较早;(b)自形程度,相互接触的矿物晶体,自形程度高者生成较早,斑状结构中斑晶较基质先形成,某些变质岩中变斑晶可能比其周围的矿物生成晚;(c)交代关系,被交代的矿物形成较早。

在矿床中,同种矿物在形成时间上的先后关系成为矿物的世代,它与一定的成矿阶段相对应。矿床往往是经历了多个成矿阶段而形成的。由于各成矿阶段间均有一定时间间隔,其成矿介质的物理化学条件会有所不同,反映在其所形成的同种矿物的形态、物性及成分等方面也会存在某些差异。因此,应按其形成时间的先后顺序,将这些矿物区分为第一世代、第二世代等等。

②矿物的共生和伴生

同一成因、同一成矿期(或成矿阶段)所形成的不同矿物共存于同一空间的现象称为矿物的共生,彼此共生的矿物为共生矿物,它们可能是同时形成的,或者是从同一来源的成矿溶液中依次析出的。各共生矿物构成的组合称为矿物的共生组合。

共生矿物在一起必然是直接接触,其间不存在第三种矿物(即蚀变产物)。不同成因或者不同成矿阶段的各种矿物共同出现在同一空间范围内的现象为矿物的伴生。如在含铜硫化物矿床的氧化带中,常见黄铜矿与孔雀石、蓝铜矿在一起,由于黄铜矿通常系热液作用形成,而孔雀石和蓝铜矿则为表生成因,故它们为伴生关系。

另外,一些矿物或矿物组合只在某种特定的地质作用中形成和稳定,称为标型矿物和标型矿物共生组合,这里强调矿物和矿物组合的成因。实际上,标型矿物或标型矿物共生组合本身就是成因上的标志。例如,斯石英专属于高压冲击变质成因,产于陨石冲击坑,多硅白云母为低温高压变质带的标型矿物。

下面将分别介绍自然元素矿物、硫化物及类似化合物、氧化物及氢氧化物、硅酸盐类矿物、其他含氧盐类矿物、卤化物以及地幔矿物等的矿物学特征及其成因指示。重点强调矿物的化学成分、晶体结构、矿物的物性描述、成因及其指示。

4.2　自然元素矿物

自然元素矿物也称为单质矿物。目前,自然界中发现以单质矿物形式存在的自然元素有 Ag、Au、Al、Sb、As、Bi、Cd、C、Cr、In、Ir、Ni、Os、Pd、S、Ru、Se、Si、Te、Sn、Ti、Cu、W、V、Zn、Pt 等,大部分为金属元素,少数为非金属元素。金属单质矿物中,其原子常呈立方最紧密堆积,具立方面心格子结构,如自然金、自然铂、自然铜等,少数为六方最紧密堆积,具六方格子结构,如自然锇。它们的矿物形态常为等轴粒状或六方板状。由于自然金属元素矿物具有典型的金属键,在物理性质上呈不透明、金属光泽、硬度低、相对密度大、延展性强、导电导热性能好等特性。自然非金属元素矿物中,原子的排列差异较大,同时非金属单质矿物常存在多种同质多象变体,如金刚石和石墨,它们的物理性质也存在极大差异。

4.2.1　自然金属矿物

自然界的金属单质矿物比较多,但较常见的金属单质矿物主要有金、银、铜、铂等(图4-1,表4-5)。化学成分上,这些金属单质矿物通常还含其他少量的金属混入物,如自然铜中常含少量 Au、Ag、Fe 等,自然金中含 Ag,有"金银不分家"之说。在晶体结构上,自然金、银、铜和铂都具有铜型结构(图4-2),Cu、Au、Ag 原子呈立方最紧密堆积,配位数为12。原子占据立方体单位晶胞的角顶及每个面的中心。自然金属矿物通常呈树枝状、片状或致密块状集合体,单晶较少,主要以立方体{100}、八面体{111}、菱形十二面体{110}等为主。

图 4-1　自然金属元素矿物的晶体形态[(a)自然金;(b)自然银;(c)自然铂;(d)自然铜]

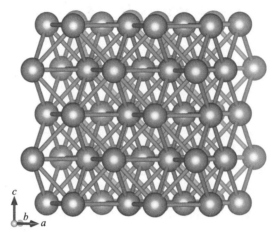

图 4-2　金的晶体结构

表 4-5　自然金属元素矿物的矿物学特征

金属单质矿物	自然金	自然银	自然铜	自然铂
化学组成	Au	Ag	Cu	Pt
晶体结构	等轴晶系，$Fm3m$，铜型结构			
形态	不规则粒状、树枝状、块状、片状等集合体	不规则粒状、树枝状、块状、片状等集合体	不规则粒状、树枝状、块状、片状等集合体	不规则粒状集合体，块状集合体
成因与产状	形成于高、中温热被作用和变质作用过程中；热液脉型金矿、变质砾岩型金矿、古老变质岩中的石英脉型金矿、沉积岩中浸染型金矿和砂金型金矿，砂矿型、风化型	形成于中低温热液环境中，碳酸盐岩石、含有机质页岩、千枚岩及片岩和蚀变的火山岩中的中—低温及低温热液脉状银矿床、金-银矿床、含银的方铅矿矿床和黝铜矿矿床	形成于热液成因，还原环境中，原生热液矿床、含铜硫化物氧化带下部以及砂岩型铜矿中	形成于基性、超基性岩有关的岩浆矿床，如铜镍硫化物矿床中。此外，也常见于砂矿
物理性质	金黄色，强金属光泽，硬度 2.5～3，相对密度 19.3，具有强延展性，化学性质稳定，	银白色，氧化后为黑色，金属光泽，无解理，具有延展性	铜红色，氧化后有锈色，金属光泽，无解理，具有延展性	锡白色、银白色-钢灰色，金属光泽，无解理，硬度 4～4.5，相对密度 21.5，具有微弱磁性
鉴别特征	金黄色，强金属光泽，低硬度，强延展性，化学性质稳定	银白色，氧化后为黑色，延展性强	铜红色，氧化后棕黑色，强延展性	锡白色、银白色，不溶于普通酸

续表

金属单质矿物	自然金	自然银	自然铜	自然铂
研究意义与主要用途	用于货珠宝和币,利用优良的稳定性、导热导电性、延展性而常被用作高级真空管的涂料,计算机、电视机、收录机的涂金集成电路,核反应堆的衬料,喷气发动机和火箭发动机的涂金防热罩或热遮护板,或制造特种精密电子仪器的拉丝导线等	广泛用于珠宝和银器等装饰物品中。在牙科中,它被用于合金汞合金的牙科填充物中。它作为一种涂层应用于需要特殊可见光反射率的镜子,如太阳反射器。在化学工业中也用作催化剂	主要利用其延展性,是良好的导热和导电材料,并且耐腐蚀。应用于供水管道、制冷和空调系统。也用于电气应用和电子领域,如电线、集成电路和印刷电路板。它是陶瓷釉料中的一种成分,为玻璃着色,是许多铜基合金的组成部分,如青铜和黄铜	利用铂的高度化学稳定性和难熔性,制作特种含金。用于人造卫星、核潜艇、火箭、导弹、遥测遥控等国防工业上

4.2.2　自然非金属矿物

自然非金属单质矿物主要有自然硫、金刚石、石墨、自然铋等(表 4-6)。相对于金属单质矿物而言,非金属单质矿物在化学成分上较纯,仅仅含少量的微量元素,如金刚石中含少量 Si、Mg、Ca、Al、Mn、N、B、H 等。在晶体结构上,非金属单质矿物中元素常以共价键或分子键形式相连;同质多象形式较多,如金刚石和石墨,自然硫也有三种同质多象变体 α-硫(斜方晶系)、β-硫(单斜晶系)和 γ-硫(单斜晶系)。金刚石和石墨的晶体结构如图 4-3(a)和图 4-3(b)所示,自然硫和自然铋的晶体结构如图 4-3(c)和图 4-3(d)所示。在成因上,非金属单质矿物差异很大,但多数为热液成因。

As、Sb、Bi 为自然半金属元素,其中 Sb 和 Bi 之间可形成完全类质同象系列,As 和 Sb 仅在高温下才形成固熔体,而 As 和 Bi 甚至在熔融条件下也不相熔。它们形成的矿物主要有自然砷、自然锑、自然铋等。晶体结构均为三方晶系 $R\bar{3}m$,在形式上可视为由 NaCl 型结构沿 L^3 发生畸变而呈略显层状的菱面体格子结构,在平行{0001}方向上原子间结合较弱,具{0001}完全解理。矿物一般呈粒状或片状集合体。新鲜断面呈锡白色或银白色,金属光泽,具抗磁性。随元素的金属性渐强,矿物则更多地显现金属矿物的性质。在自然界中除自然铋较常见外,自然砷、自然锑极少见。

除了自然单质元素矿物外,还存在类似单质元素结构的互化物,由两种或两种以上金属/非金属元素之间相互化合形成的金属互化物。两种或两种以上的金属元素的电子构型、原子半径、化学性质相差较大,化学键为金属键和共价键,各金属元素的含量是确定比例,不能连续变化的。如罗布沙矿($Fe_{0.83}Si_2$)、雅鲁矿$[(Cr_4,Fe_4,Ni)_9C_4]$。

表 4-6 自然非金属单质矿物的矿物学特征

特征	金刚石	石墨	自然硫	自然铋
化学组成	C	C	S	Bi
晶体结构	等轴晶系，$Fd3m$，立方面心结构，$Z=8$	六方晶系，$P6_3/mmc$，六方环网状结构，$Z=4$	斜方晶系，$Fddd$，分子型，共价键组成硫分子，$Z=16$	三方晶系，$R\bar{3}m$，砷型结构，$Z=8$
形态	常见圆粒状或碎粒，八面体、菱形十二面体、立方体等	单晶体呈片状或板状，但完整的却极少见。通常为鳞片状、块状或土状集合体	晶形常呈双锥状或厚板状，通常呈块状、粒状、土状、球状、粉末状、钟乳状等集合体产出	单晶少见，常见呈粒状、片状、致密块状或羽毛状的集合体
成因与产状	形成于高温高压的条件下，为岩浆作用的产物，见产于超基性岩的金伯利岩、钾镁煌斑岩及高级变质岩榴辉岩	石墨是高温变质作用的产物	形成于生物化学沉积作用和火山喷气作用过程中	可形成于高温热液矿床、伟晶矿床中
物理性质	无色透明，黄色、乳白色、浅绿色、天蓝色、褐色和黑色等等；断口呈油脂光泽，{111}解理中等，硬度10，相对密度 3.50～3.52，性脆、具强色散性	银白色，氧化后为黑色，金属光泽，无解理，具有延展性	带有各种不同色调的黄色；晶面呈金刚光泽，而断面呈油脂光泽，不完全解理，贝壳状断口，硬度 1～2，相对密度 2.05～2.08，性脆，不导电，摩擦带负电	新鲜断面呈微带浅黄的银白色，空气中易变成具浅红的锖色，灰色条痕，金属光泽，{0001}完全解理，硬度2～2.5，相对密度9.70～9.83，具弱延展性和逆磁性
鉴别特征	极高的硬度，标准金刚光泽，晶形轮廓常呈浑圆八面体	黑色，硬度低，相对密度小，有滑感	以黄色、油脂光泽、低硬度、性脆、硫臭味和易熔为特征	浅红的锖色，完全的解理，硬度较低和相对密度较大
研究意义与主要用途	用作宝石/钻头、磨料、散热片。包裹体、同位素等信息揭示地球深地质过程	用于制作冶炼用的高温坩埚，可作为机械工业的润滑剂；导电性良好，又可制作电极	主要用于制造硫酸，此外用于化肥、造纸、橡胶生产	用于配制易熔合金，以化合物形态用于医药

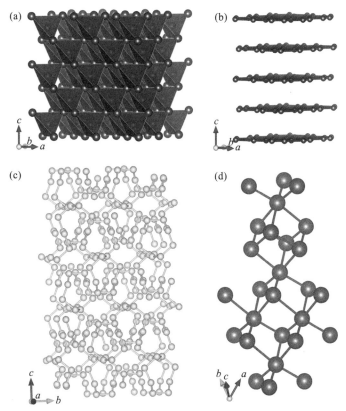

图 4-3　自然非金属元素矿物的晶体结构示意图[(a)金刚石的晶体结构;(b)石墨的晶体结构;
(c)自然硫的晶体结构;(d)自然铋的晶体结构]

4.3　硫化物及类似化合物

　　硫化物指与硫结合形成的化合物,其类似化合物主要指金属元素与硒、碲、砷、锑和铋等结合形成的硒化物、碲化物、砷化物、锑化物、铋化物等。事实上,硫化物的类似化合物相对少见,而硫化物较为常见。

4.3.1　化学组成

　　硫化物中阴离子主要是 S^{2-} 和少量的 Se^{2-}、Te^{2-}、AS^{2-}、Sb^{2-}、Bi^{2-} 等,阳离子主要为铜型离子 Cu^{2+}、Pb^{2+}、Zn^{2+}、Hg^{2+}、Ag^+ 等,部分为过渡型离子 Fe^{2+}、Co^{2+}、Ni^{2+} 等。根据硫化物的化学成分特征,将硫化物分为铁硫化物、铜硫化物和其他硫化物。

　　硫化物中类质同象现象十分普遍,阳离子和阴离子间均可发生类质同象替代,可有完全和不完全的类质同象,也有等价和不等价类质同象。因此,有时所指某类矿物,实质是某矿物族,包含类质同象系列的多种矿物。这些类质同象替代元素的含量和元素对的比值在地质过程中具有一定指示意义。一些稀有分散元素很少与 S 形成独立矿物,但常呈类质同象形式存在于硫化物中,大大提高了硫化物矿床的经济价值。如 Re 常在辉钼矿中作为类质同象替代 Mo,Se 亦可替代 S,但 Re 或 Se 却很少呈独立矿物,以及少量 Ga、In、Tl、Ge、Se 等稀散元素常替代闪锌矿中的 Zn,Au、Ag、Cd 常可替代黄铜矿中的 Cu。因此,硫化物中所含类质同象形式的稀有稀散元素,可作为价值昂贵的稀有稀散金属矿床综合利用,具有重要的经济价值。

4.3.2 晶体结构

硫化物的晶体结构可看作 S 原子或离子做最紧密堆积,阳离子充填于四面体或八面体空隙中。因此,阳离子配位多面体很多是八面体、四面体。从堆积形式上看,硫化物应属于离子化合物,但表现出不同于离子晶体的特点,主要由于硫化物中既存在共价键又有离子键以及含少量金属键。硫化物中阳离子主要为铜型和过渡型离子,具有极化力强、电负性中等特征,而 S 阴离子又易被极化,电负性(相对氧)较小。因而,阴、阳离子电负性差较小,致使硫化物的化学键出现过渡性质。

硫化物中同质多象极为普遍,其变体主要取决于形成时的温度和成矿溶液的酸碱度等。温度升高时,形成对称程度较高的变体。如 $CuFeS_2$ 在温度高于 $550℃$ 时,结晶形成等轴晶系的黄铜矿,低温条件下形成四方晶系的黄铜矿。同时硫化物常见多型现象,如纤维锌矿具 154 种多型变体,辉钼矿具有 2H、3R 或混合型(2H+3R)多型变体。

4.3.3 物理性质

硫化物通常情况下晶形较好,成分简单的硫化物常出现对称程度高的形态,多呈等轴晶系或六方晶系的形态。少量组分复杂的硫化物对称程度较低,主要为斜方晶系和单斜晶系。硫化物主要以粒状或块状集合体产出。绝大多数硫化物呈金属色、金属光泽,条痕色深而不透明,仅少数硫化物如雄黄、雌黄、辰砂、闪锌矿等具金刚光泽、半透明。部分矿物具完好的解理,如闪锌矿和方铅矿等,硬度变化大(2~6.5),与晶体中化学键密切相关。部分硫化物表面发生氧化后,呈现各种锖色。

4.3.4 矿物学特征及其指示意义

大部分硫化物是热液作用的产物,在接触交代变质岩中也有产出,有的形成于高温高压环境中,如基性、超基性岩中的铜镍硫化物。因此,硫化物的形成温压范围大,可以在高温高压形成。硫化物氧化后形成硫酸,会造成土壤污染,如酸化、重金属污染、有毒有害元素污染等。另外,硫化物伴生稀有和稀散元素,可作为伴生稀有稀散元素矿床开采,如辉钼矿型铼(Re)矿床、闪锌矿型铟(In)矿床等。

下面分别介绍铁硫化物、铜硫化物和其他硫化物的矿物学特征及其成因指示。

(1)铁硫化物

铁硫化物主要包括黄铁矿(Pyrite)FeS_2、白铁矿(Marcasite)FeS_2、磁黄铁矿(Pyrrhotite)$Fe_{1-x}S$、陨硫铁矿(Troilite)FeS 和毒砂(Arsenopyrite)FeAsS 等(图 4-4 和表 4-7)。黄铁矿通常呈粒状集合体,少数为致密块状和结核状集合体。单晶呈立方体、五角十二面体或八面体,等轴晶系 $Pa3$,$Z=4$。黄铁矿是 NaCl 型结构的衍生结构[图 4-5(a)],晶体结构与方铅矿相似,哑铃状对硫离子 $[S_2]^{2-}$ 代替了方铅矿结构中简单硫离子的位置,Fe^{2+} 代替了 Pb^{2+} 的位置。但由于哑铃状对硫离子的伸长方向在结构中交错配置,使各方向键力相近,因而黄铁矿解理极不完全,硬度显著增大。白铁矿是黄铁矿的同质多象变体,为斜方晶系矿物。毒砂常为柱状,柱面上有晶面条纹,属于单斜晶系 $P2_1/c$,晶体结构为白铁矿的衍生结构[图 4-5(b)]。磁黄铁矿通常为致密块状、粒状集合体,属于六方晶系 $P6_3/mmc$,具有红神镍矿型结构[图 4-5(c)]。陨硫铁矿属于六方晶系矿物,在地球上少见,多见于月球表面的陨石中,其晶体结构与红神镍矿相似[图 4-5(d)]。

图 4-4　铁硫化物的晶体形态[(a)黄铁矿;(b)磁黄铁矿;(c)陨硫铁矿;(d)毒砂]

表 4-7　铁硫化物的矿物学特征

铁硫化物	黄铁矿	白铁矿	磁黄铁矿	陨硫铁矿	毒砂
晶体化学式	FeS_2	FeS_2	$Fe_{1-x}S$	FeS	$FeAsS$
晶系	等轴晶系	斜方晶系	六方晶系	六方晶系	单斜晶系
成因与产状	产于铜锦硫化物岩浆矿床中;接触交代矿床中,常含有 Co;产于多金属热液矿床中;氧化条件下,黄铁矿分解形成各种铁的硫酸盐和氢氧化物	是 FeS_2 的不稳定变体,高于 350℃ 转变为黄铁矿	产于基性岩体内的铜镍硫化物岩浆矿床中;产于接触交代矿床中;产于热液矿床中;在氧化带,它极易分解而最后转变为褐铁矿	产于蛇纹石、层状超镁铁质侵入体和陨石中。在大量陨石(月球和火星)和行星状星云中发现。在炉渣和燃烧后的煤粉颗粒中也有发现	毒砂形成的温度范围很大,广泛出现于金属矿床中,但以高温和中温热液矿床中更为常见

续表

铁硫化物	黄铁矿	白铁矿	磁黄铁矿	陨硫铁矿	毒砂
物理性质	立方体,立方体与五角十二面体聚形,八面体与五角十二面体聚形,八面体,浅铜黄色,表面带有黄褐的锖色;条痕绿黑色;强金属光泽,不透明。无解理;断口参差,状。硬度6~6.5。相对密度4.9~5.20 性脆	单晶呈板状,有时呈矛头状晶形;淡黄铜色稍带灰或绿的色调,新鲜面近于锡白色(较黄铁矿色浅);条痕暗绿色,不透明,金属光泽。无解理。硬度5~6.5,相对密度4.05~4.9,性脆。弱导电性	通常呈致密块状、粒状集合体或呈漫染状,暗古铜黄毡,表面常具褐色的锖色,金属光泽,不透明。解理不发育,{001}裂开发育。硬度4,相对密度4.6~4.7,性脆。具导电性和弱—强磁性	不透明,金属光泽,黑色-棕色条痕,强各向异性,硬度3.5~4.5,相对密度4.7~4.8	锡白色至钢灰色,表面常带浅黄的锖色,条痕灰黑,金属光泽,不透明,解理不完全,硬度5.5~6,相对密度5.9~6.29,锤击之后,发出蒜臭气味,灼烧后具磁性,性脆
鉴定特征	据其晶形、晶面条纹、颜色、硬度等特征,可与相似的黄铜矿、磁黄铁矿相区别	白铁矿与黄铁矿相似,晶形完好时,可据晶形、颜色相区别,矛头状晶形	暗古铜黄色,硬度中,具弱-强磁性	金属光泽,不常见	锡白色,硬度高,锤击发出蒜臭气味,毒砂条痕加HNO₃研磨分解后,加入钼酸铵后产生砷钼酸铵沉淀
用途与研究意义	为制造硫酸的主要矿物原料,也可用于提炼硫黄。当含Au、Ag或Co、Ni较高时可综合利用	与黄铁矿相似	具有多型性,为制作硫酸的矿石矿物原料,但经济价值远不如黄铁矿;可作为Ni、Cu、Pt矿石综合利用。高温热液指示作用	有多型体Buseck-ite、Keilite、Rudashevskyite	为制造砷及砷化物的矿石矿物。成分中含Co较高时可综合利用,常与金矿共生

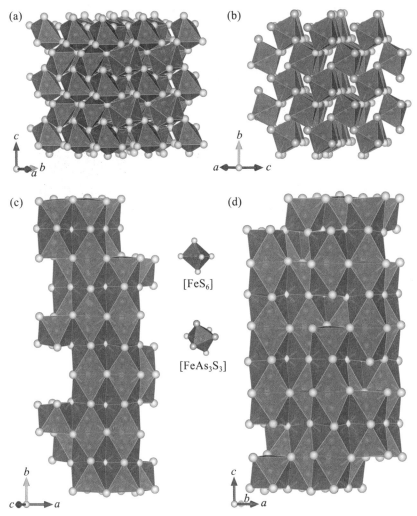

图 4-5　铁硫化物的晶体结构[(a)黄铁矿的晶体结构;(b)毒砂的晶体结构;
(c)磁黄铁矿的晶体结构;(d)陨硫铁矿的晶体结构]

（2）铜硫化物

铜硫化物主要包括辉铜矿（Chalcocite Cu$_2$S）、铜蓝（Covellite）CuS、黄铜矿（Chalcopyrite）CuFeS$_2$ 和斑铜矿（Bornite）Cu$_5$FeS$_4$ 等,其矿物学特征见图 4-6 和表 4-8。化学成分上,辉铜矿含 79.67wt％Cu、20.16wt％S、0.14wt％Fe 和 0.09wt％SiO$_2$,其晶体结构见图 4-7（a）;铜蓝有 66.06wt％Cu、33.87wt％S、0.14wt％Fe,其晶体结构见图 4-7（b）;黄铜矿含 35.03wt％Cu、34.96wt％S、31.00wt％Fe,其晶体结构见图 4-7（c）;斑铜矿有62.99wt％Cu、25.58wt％S、11.23wt％Fe、0.10wt％Pb 以及少量其他元素,其晶体结构见图 4-7（d）。结构上,S 做最紧密堆积,Cu、Fe 等原子分布其空隙中,形成各种结构;在铜硫化物中,注意 Cu 的化学价态,这一定程度上指示了其形成环境。

图 4-6　铜硫化物的晶体形态[(a)辉铜矿;(b)铜蓝;(c)黄铜矿;(d)斑铜矿]

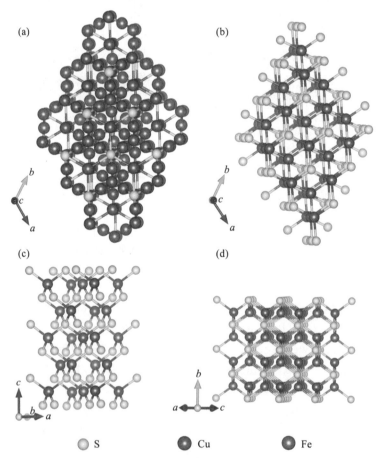

图 4-7　铜硫化物的晶体结构[(a)辉铜矿的晶体结构;(b)铜蓝的晶体结构;
(c)黄铜矿的晶体结构;(d)斑铜矿的晶体结构]

表 4-8　铜硫化物的矿物学特征

铜硫化物	辉铜矿	铜蓝	黄铜矿	斑铜矿
晶体化学式	Cu_2S	CuS	$CuFeS_2$	Cu_5FeS_4
晶系	单斜晶系	六方晶系	四方晶系	四方晶系
成因与产状	见于富 Cu 贫 S 的晚期热液铜矿床中,常与斑铜矿共生;见于含铜硫化物矿床氧化带的下部,为氧化带渗滤下的硫酸铜溶液与原生硫化物进行交代作用的产物	主要形成于外生作用,为含铜硫化物矿床次生富集带中	产于基性岩体内的铜镍硫化物岩浆矿床、接触交代矿床和热液矿床中;在氧化带,易分解为孔雀石、蓝铜矿,黄铜矿被次生斑铜矿、辉铜矿和铜蓝所交代	产于 Cu-Ni 硫化物矿床、矽卡岩矿床及铜硫化物矿床的次生硫化物富集带中;斑铜矿在地表氧化环境中易分解形成孔雀石、蓝铜矿、赤铜矿、褐铁矿等矿物
物理性质	单晶极少见,晶形呈假六方形的短柱状或厚板状。通常呈致密块状、粉末状集合体。新鲜面铅灰色,风化表面黑色,条痕暗灰色,金属光泽,不透明,无解理,硬度 2～3,相对密度 5.5～5.8,电的良导体	靛蓝色;条痕灰黑;金属光泽;不透明,极薄的薄片透绿光。解理平行{0001}完全。硬度 1.5～2。相对密度 4.67,性脆	通常呈致密块状、粒状集合体,单晶少见,颜色为铜黄色,但往往带有暗黄或斑状锖色,条痕绿黑色,金属光泽,不透明,解理不发育,硬度 3～4。相对密度 4.1～4.3,性脆,能导电	通常呈致密块状、粒状集合体,单晶少见;新鲜断面呈古铜红色,表面常呈蓝紫斑状锖色,因此得名,条痕灰黑色,金属光泽,不透明,无解理,硬度 3,相对密度 4.9～5,性脆,具导电性
鉴定特征	暗铅灰色,低硬度,弱延展性,小刀刻之出现光亮沟痕。常与其他铜矿物共生或伴生	靛青蓝色,低硬度。块体呵气后变紫色	黄铜矿与黄铁矿相似,具有黄的颜色和较低的硬度加以区别。与自然金的区别在于绿黑色的条痕,性脆及溶于硝酸	特有的古铜红色和不新鲜表面的蓝紫斑杂的锖色;硬度较低
用途与研究意义	为含铜最富的硫化物.是铜的重要矿石矿物。含 Ag、Co、Ni、Au 等,热液作用成矿;相对富 Cu 贫 S 热液体系,铜具有价态指示	为铜的矿石矿物,常与其他铜矿物一起作为铜矿石利用。指示热液作用、次生富集带	炼铜的主要矿石矿物。含 Ag、Au、Te 较高时可作为矿石综合利用。高温热液指示作用	为铜的主要矿石矿物

（3）其他硫化物

其他硫化物主要有辉银矿（Argentite）Ag_2S、闪锌矿（Sphalerite）ZnS、辉钼矿（Molybdenite）MoS_2、方铅矿（Galena）PbS、雄黄（Realgar）AsS、雌黄（Orpiment）As_2S_3、辉锑矿（Stibnite）Sb_2S_3、辰砂（Cinnabar）HgS等，其矿物学特征见图4-8和表4-9。Ag_2S有两种同质多象变体，α-Ag_2S为螺状硫银矿，属于低温矿物，β-Ag_2S在179℃以上稳定，为高温变体，即为辉银矿。这两种变体多呈不规则状或树枝状集合体。辉银矿具有赤铜矿型晶体结构［图4-9(a)］。辉钼矿具有层状结构，平行于（0001），如图4-9(b)所示。闪锌矿受温压条件、流体/热液性质影响较大，其晶体形态可呈立方体、四面体以及它们的聚形，晶体结构中S^{2-}呈立方最紧密堆积，Zn^{2+}充填于半数的四面体空隙中［图4-9(c)］；{110}面网为S^{2-}和Zn^{2+}的电性中和面，具有平行{110}的6组完全解理。方铅矿具有$NaCl$型结构，Pb充填于八面体空隙中，为6次配位，如图4-9(d)所示。雄黄具有分子型结构，由As_4S_4构成，S与As之间以共价键连接，分子与分子之间以分子键连接［图4-9(e)］；雌黄具有层状结构，S与As连接形成层，层平行于（010）面，层中每个As连接3个S，每个S连接2个As［图4-9(f)］；辰砂的晶体结构为变形的$NaCl$型结构［图4-9(g)］；辉锑矿的晶体结构具有链状结构［图4-9(h)］，链由S和Sb紧密连接而成，链平行于c轴。

图 4-8　其他硫化物的晶体形态[(a)辉银矿;(b)辉钼矿;(c)闪锌矿;(d)方铅矿;
(e)雄黄;(f)雌黄;(g)辰砂;(h)辉锑矿]

表 4-9　其他硫化物的矿物学特征

特征	辉银矿	闪锌矿	辉钼矿	方铅矿	雄黄	雌黄	辉锑矿	辰砂
晶体化学式	Ag$_2$S	ZnS	MoS$_2$	PbS	AsS	As$_2$S$_3$	Sb$_2$S$_3$	HgS
晶系	等轴晶系	等轴晶系	六方晶系	等轴晶系	单斜晶系	单斜晶系	斜方晶系	三方晶系
成因与产状	产于低温热液矿床	产于高、中温热液矿床和接触交代矿床中	产于中高温热液矿床	产于中温热液矿床和接触交代矿床中	产于低温热液矿床	产于低温热液矿床	产于低温热液矿床	产于低温热液矿床标型矿物
物理性质	多呈细脉状、树枝状,铅灰色-铁黑色,金属光泽,贝壳状断口,硬度2～2.5,相对密度7.2～7.4,具有挠性和延展性	粒状集合体,呈各种深色,条痕由浅褐色至褐色,半金属光泽,半透明,解理平行{110},硬度3.5～4,相对密度4.0	通常呈片状、鳞片状集合体,铅灰色,金属光泽,不透明,硬度1,相对密度5.0	常见立方体,粒状集合体,铅灰色,金属光泽,解理平行{100}完全	致密块状和土状集合体,红色,透明至半透明。硬度1.5～2,相对密度3.6,性脆	常见板状或短柱状,黄色,条痕鲜黄色,油脂光泽至金刚光泽,硬度1.5～2,相对密度3.5	单晶呈柱状或针状,柱面具有明显的纵纹,钢灰色,蓝色锖色,条痕黑色,金属光泽,不透明,性脆	单晶常呈菱面体或六方柱状,鲜红色,铅灰锖色,金刚光泽,半透明,硬度2～2.5,相对密度8.2
鉴定特征	铅灰色,比重大,延展性,常与自然银共生	多组完全解理、粒状晶形、硬度中、金刚光泽以及常与方铅矿密切共生	铅灰色,金属光泽,硬度低一组极完全解理	铅灰色,强金属光泽,立方体完全解理,相对密度大,硬度中	橘红色,硬度与辰砂相似,相对密度大	黄色,硬度低,一组极完全解理	铅灰色,柱状晶形,柱面上有纵纹	鲜红的颜色和条痕,相对密度大,硬度低

续表

特征	辉银矿	闪锌矿	辉钼矿	方铅矿	雄黄	雌黄	辉锑矿	辰砂
用途与研究意义	银的重要矿石矿物，低温热液矿物，具有高温等轴晶系多型变体	最重要锌矿石矿物原料。含Cd、In、Ge、Ga、Tl等一系列稀有元素，可综合利用	炼为钼最重要的矿石矿物，亦为提取Re的主要矿石	为铅的主要矿石矿物。含银的方铅矿是提炼银的重要原料之一	为砷及制造各种砷化物的主要矿石矿物	为砷及制造各种砷化物的主要矿石矿物，中药用途	为锑的重要矿石矿物，晶体大或呈美观的晶簇状，具很高的观赏和收藏价值	提炼汞最重要的矿石矿物，单晶可作激光调制晶体，为激光技术的关键材料

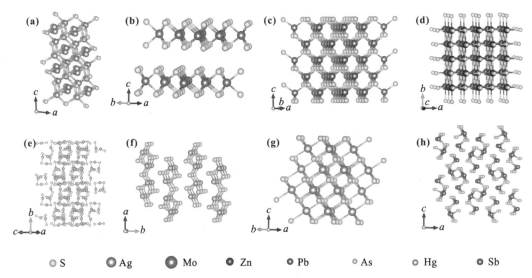

| ◎ S | ◉ Ag | ◉ Mo | ◆ Zn | ◉ Pb | ◉ As | ◎ Hg | ◉ Sb |

图 4-9　其他硫化物的晶体结构[(a)辉银矿的晶体结构;(b)辉钼矿的晶体结构;(c)闪锌矿的晶体结构;(d)方铅矿的晶体结构;(e)雄黄的晶体结构;(f)雌黄的晶体结构;(g)辰砂的晶体结构;(h)辉锑矿的晶体结构]

4.4　氧化物及氢氧化物

氧化物指元素与 O^{2-} 结合形成的化合物，而氢氧化物是指金属元素与 $(OH)^-$ 结合而成的化合物，这些矿物还含其他阴离子或含少数附加阴离子 F^-、Cl^-、H_2O 等。氧化物和氢氧化物占地壳总质量的 17%，其中以石英族矿物为主，约占 12.6%。氧化物和氢氧化物在地球形成与演化过程中扮演着重要的角色，同时具有重要的工业应用价值。

4.4.1　化学组成与分类

根据化学组成和氧原子数及其比例,氧化物分类如图 4-10 所示。

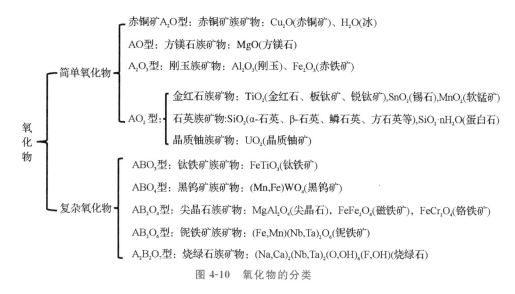

图 4-10　氧化物的分类

阴离子为 O^{2-} 和 OH^-。阳离子主要是惰性气体型离子(如 Si^{4+}、Al^{3+} 等)和过渡型离子(如 Fe^{3+}、Mn^{2+}、Ti^{4+}、Cr^{3+} 等等),较少见铜型离子。少数氧化物还含有 F^-、Cl^- 等附加阴离子和水分子。根据氧离子与阳离子之间种类,将氧化物分为简单氧化物和复杂氧化物,简单氧化物主要由一种阳离子与氧离子结合,而复杂氧化物由多种阳离子与氧离子结合。按照阳离子与氧离子的比例,简单氧化物可以分为 A_2O 型、AO 型、A_2O_3 型、AO_2 型。复杂氧化物包括 ABO_3 型钛铁矿族、ABO_4 黑钨矿族、AB_2O_4 尖晶石族、AB_2O_6 铌铁矿族和 $A_2B_2O_7$ 尖烧绿石族。氢氧化物主要有镁氢氧化物、铁氢氧化物、铝氢氧化物、锰氢氧化物。

4.4.2　晶体化学特征

氧化物晶体结构中,氧的电负性较大,其化学键主要以离子键为主。相对于阳离子半径,氧具有较大的离子半径(1.38Å),氧化物的晶体结构可视为氧离子(O^{2-})作最紧密堆积,阳离子充填于四面体和八面体空隙中,其堆积服从鲍林法则。随着阳离子电价的增加,晶体结构中共价键的成分趋于增多,如刚玉 Al_2O_3 有共价键成分,而石英 SiO_2 晶体结构中共价键占优势,氧难做最紧密堆积。因此,石英晶体呈架状结构,空隙较大。另外,阳离子类型不同,键性亦发生改变,从惰性气体型离子、过渡型离子向铜型离子转变时,共价键趋于增强,阳离子配位数趋于减少,如赤铜矿 Cu_2O,阳离子与阴离子半径比值($r_{Cu}/r_O=0.333$)计算,Cu^+ 的配位数应为 4,但实际上 Cu^+ 的配位数为 2,这主要由晶体结构中共价键增多所致。部分过渡型离子的复杂氧化物还具有金属键的特征,如磁铁矿($[Fe^{3+}]^{IV}[Fe^{2+}Fe^{3+}]^{VI}O_4$)。在氧化物中,类质同象现象极为普遍,阳离子位置常被其他相似的离子替代,导致某些氧化物形成一系列矿物,即矿物族,如尖晶石族。少数氧化物含附加阴离子,如烧绿石含 F^-、OH^- 等。

氢氧化物结构中,OH 或 OH^- 和 O^{2-} 作最紧密堆积,OH 和 O^{2-} 常呈互层分布。因此,氢氧化物的晶体结构主要是层状或链状,与相应的氧化物比较,其对称程度降低。在氢氧化物中除离子键外,还存在氢键。由于氢键的存在以及 OH 的电价较 O^{2-} 低,阳离子与阴离子之间的键强减弱。因此,与相应的氧化物比较,其密度和硬度都较小。

4.4.3 物理性质

通常情况下,氧化物的晶形完好,多呈粒状、致密块状及其他集合体形态;氢氧化物则常见为细分散胶态混合物,晶体常呈板状、细小鳞片状或针状。氧化物具有高的硬度,一般均在 5.5 以上,其中石英、尖晶石、刚玉依次为 7、8、9。氢氧化物的硬度显著低。氧化物仅少数可发育解理,解理级别可为中等至不完全。而氢氧化物因键强较弱,常发育一组完全至极完全解理。部分氧化物的同质多象变体较多,如石英和金红石等,都具有多种同质多象变体。

氧化物的相对密度变化较大,如含 W、Sn、U 等氧化物的相对密度很大,一般大于 6.5,而 α-石英的相对密度小,主要受其键性和架状结构影响。而氢氧化物的相对密度较小,这是由氢氧化物结构较松散所致。

另外,氧化物和强氧化物的光学性质随阳离子类型的不同而变化,惰性气体型离子 Mg、Al、Si 等的氧化物和氢氧化物通常呈浅色或无色,半透明至透明,以玻璃光泽为主。而阳离子为过渡型离子(如 Fe、Mn、Cr 等元素)时,则呈深色或暗色,不透明至微透明,表现出半金属光泽,具有磁性。

4.4.4 矿物学特征及其指示意义

大部分的氧化物既可形成于内生、外生作用条件下,也可以形成于变质作用过程中。仅有少数矿物为单一成因的,例如铬铁矿是典型岩浆成因的矿物,只产于超基性、基性岩中;而 Cu、Sb、Bi 等氧化物(赤铜矿 Cu_2O、锑华 Sb_2O_3、铋华 Bi_2O_3 等),则是硫化物矿床氧化带的次生矿物。氧化物由于物理化学性质较稳定,常保存于砂矿中。

氢氧化物主要为外生成因的,其中尤以 Fe、Mn、Al 的氢氧化物最为典型,它们是由风化作用过程和沉积作用过程中的胶体溶液凝聚而成的。在区域变质作用中,氢氧化物和含水分子的氧化物可转变为无水氧化物。

某些变价元素矿物,如 Fe 在不同的氧化-还原条件下,呈不同价态。如在自然条件下,当氧气的浓度增大时,有 Fe^{2+} 和 Fe^{3+} 的磁铁矿可转变为 Fe^{3+} 的赤铁矿,这可作为判断氧化或还原条件的依据。另外,一些矿物中的元素含量比值可以揭示矿物-岩石的演化程度,如铌铁矿族矿物中,Nb/Ta 比值可以指示伟晶岩和该类矿物的演化程度。

下面分别介绍氧化物和氢氧化物的矿物学特征及其成因指示。

(1)A_2O 型氧化物

A_2O 型氧化物主要包括赤铜矿族(Cuprite)Cu_2O 和冰(Ice)H_2O。

赤铜矿除含 Cu 和 O 外,还含少量 Fe、Si、Al 等元素。晶体结构属于等轴晶系,$Pn3m$,$a=4.27Å$,$Z=2$。赤铜矿通常为粒状集合体或土状集合体,偶尔呈针状和毛发状。单晶体可呈八面体[图 4-11(a)]、立方体和菱形十二面体。暗红至近于黑色,褐红色条痕,金刚光泽至半金属光泽,薄片微透明,解理不完全,硬度 3.5~4.0,相对密度5.85~6.15,性脆。赤铜矿的晶体结构为一种典型结构。在其晶体结构中,O 位于单位晶胞的角顶和中心,Cu 则位于单位晶胞中 8 个小立方体相间分布的相互错开的 4 个小立方体中心[图 4-11(b)]。Cu 和 O 的配位数分别为 2 和 4。主要产于铜矿床的氧化带,为含铜硫化物氧化的产物,属于典型低温热液矿物,常与自然铜、孔雀石等伴生。可以用作指示形成条件和氧化环境条件,产出量大时可作为炼铜的矿物原料。

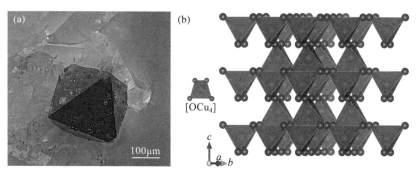

图 4-11　赤铜矿[(a)晶体形态;(b)晶体结构]

冰是自然界中水的常见形式,然而,冰却有很多存在形式,目前冰有 18 种类型[图 4-12(a)],具有不同的晶体结构,从地表到深部地幔以及星球内部具有不同形式的 H_2O。既有六方晶系的冰[图 4-12(b)],也有等轴晶系的冰。OH 键之间的夹角可随着压力的变化而发生改变。

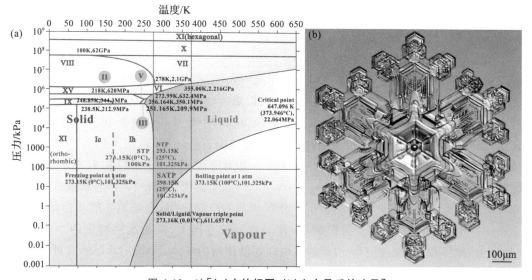

图 4-12　冰[(a)水的相图;(b)六方晶系的冰晶]

水是生命之源,除了对人类的生活和生产具有重要的意义,水在地球形成和演化过程中也扮演着重要的角色。水可以改变熔体、流体的性质,从而影响地质作用和地质过程。

(2)AO 型氧化物

该类型氧化物主要包括方镁石族矿物(Mg,Fe)O、方锰矿 MnO、方镉矿 CdO、石灰 CaO、铍石 BeO、绿镍矿 NiO 等,方镁石族矿物包括方镁石 MgO 和方铁矿 FeO。它们在自然界非常少见,这里仅介绍方镁石。

在方镁石晶体结构中,Mg 常被 Fe(达 6%)、Mn(达 9%)、Zn(达 2.5%)替代。常呈不规则粒状或浑圆状,单晶呈立方体、八面体和菱形十二面体等[图 4-13(a)]。常为灰白色、黄色、棕黄色、绿色,甚至黑色,白色条痕,玻璃光泽,透明-半透明;随成分中 FeO 含量的增加,颜色变深,不透明;解理{100}完全,硬度 5.5~6,相对密度 3.6。晶体结构为等轴晶系,属于典型氯化钠型晶体结构[图 4-13(b)],$Fm3m$,$a=4.1$Å,$Z=4$。方镁石产于变质白云岩或变质石灰岩中,与镁橄榄石、菱镁矿、水镁石等共生。在表生条件下,方镁石易转变为纤维状或鳞片状的水镁石、水菱镁矿和蛇纹石。另外,方镁石是地幔的主要矿物之一,它的物理性质对地幔作用起重要作用。方铁矿形成于非常还原的环境,对环境条件具有指示作用。

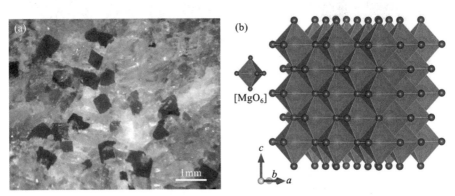

图 4-13　方镁石[(a)晶体形状;(b)晶体结构]

(3)A_2O_3 型氧化物

该类型氧化物主要包括刚玉 Al_2O_3、赤铁矿 Fe_2O_3 和方铁锰矿 Mn_2O_3。

刚玉常含微量的 Fe、Ti、Cr、Mn、V、Si 等,以类质同象形式存在于刚玉中。常见金红石、赤铁矿、钛铁矿包裹体。晶体通常呈腰鼓状、柱状,少数呈板状或片状。一般为灰、黄灰色,含 Fe 者呈黑色;含 Fe 和 Ti 而呈蓝色者称蓝宝石[sapphire,图 4-14(a)],含 Cr 者呈红色者,称红宝石[ruby,图 4-14(b)];硬度 9,相对密度 4.0。晶体结构为三方晶系,对称型为 $R\bar{3}c$,晶胞参数,$a=4.7$Å,$c=13.0$Å,$Z=6$,晶体结构见图 4-15(a)。在垂直三次轴方向上 O^{2-} 呈六方最紧密堆积,而 Al^{3+} 分布于两 O^{2-} 层之间,充填 2/3 的八面体空隙。八面体在平行{0001}方向上共棱成层,在平行 c 轴方向上,共面连接构成两个实心的[AlO_6]八面体和一空心由 O^{2-} 围成的八面体相间排列的柱体,[AlO_6]八面体成对沿 c 轴呈三次螺旋对称。熔点可以到 2000~2030℃,化学性质稳定,不易腐蚀。刚玉可以形成于岩浆作用、接触变质作用和区域变质作用过程中。以桶状晶形、双晶条纹和高硬度作为鉴定特征;主要利用其高硬度作为研磨材料、精密仪器的轴承和激光材料。晶形好、粗大,色泽美丽且无瑕者,可作为高档宝石,如红宝石、蓝宝石、星光红宝石、星光蓝宝石等。刚玉的产出指示富 Al 相对贫 Si 的氧化环境条件。

图 4-14　A_2O_3 型氧化物的晶体形态[(a)蓝宝石;(b)红宝石;(c)赤铁矿;(d)方铁锰矿]

赤铁矿是三方晶系的 $\alpha\text{-}Fe_2O_3$,在自然界中较稳定。$\beta\text{-}Fe_2O_3$ 属于等轴晶系,具有尖晶石结构,称为磁赤铁矿。赤铁矿常含微量 Al、Ti、Mn、Mg、Cu 等元素,以类质同象形式存在,其晶体结构属于三方晶系,$R\bar{3}c$,$a=5.0\text{Å}$,$c=13.8\text{Å}$,$Z=6$。晶体结构与刚玉结构相似。赤铁矿单晶常呈板状,主要由板面(平行双面)与菱面体等所成之聚形。集合体可呈显晶质的有片状、鳞片状或块状[图 4-14(c)],肾状、粉末状和土状等;具金属光泽的片状集合体者称为镜铁矿,具金属光泽的细鳞片状集合体者称为云母赤铁矿,粉末状的赤铁矿称铁赭石。赤铁矿呈铁黑至钢灰色,隐晶质的糊状、肾状和粉末状者呈暗红色,红色条痕,金属光泽至半金属光泽,或土状光泽,不透明,无解理,硬度 5.5~6,土状者显著降低。相对密度 5.0~5.3,性脆。镜铁矿常因含磁铁矿细微包裹体而具较强的磁性,赤铁矿是自然界分布很广的铁矿物之一,它可以形成于各种地质作用之中,但以热液作用、沉积作用和沉积变质作用为主。以樱桃红色条痕为鉴定赤铁矿的最主要特征。赤铁矿是提炼铁的最重要矿石矿物,如含 Ti 和 Co 等含量较高时,可综合利用。同时赤铁矿的存在指示氧化环境,具有很高的氧逸度。另外,正是赤铁矿的存在,让日常生活中的颜色变得更加绚丽,如红壤、丹霞等。

方铁锰矿(bixbyite)Mn_2O_3 是等轴晶系矿物,常含 Fe 和其他微量元素,方铁锰矿单晶常立方体状产于流纹岩晶洞中。钢灰色[图 4-14(d)],金属光泽,解理平行于{111},硬

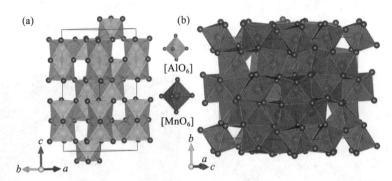

图 4-15　A_2O_3 型氧化物的晶体结构[(a)刚玉的晶体结构；(b)方铁锰矿的晶体结构]

度 6，相对密度为 5.1；方铁锰矿的晶体对称型为 $Ia3$，$a=9.4\text{Å}$，$Z=16$，晶体结构如图 4-15(b)所示。该矿物主要用于铁和锰的原材料，指示富锰的氧化环境。

（4）AO_2 型氧化物

AO_2 型氧化物包括石英族矿物、金红石族（金红石、锡石、软锰矿）矿物、斜锆石、方钍石、晶质铀矿等矿物（表 4-10）。

石英族矿物在自然界中十分普遍，目前已发现 SiO_2 的同质多象矿物有 10 种，α-石英、β-石英、α-鳞石英、β-鳞石英、α-方石英、β-方石英、柯石英等。这些同质多象变体稳定的热力学范围见图 4-16。α-石英是自然界中最普遍的矿物，其颜色各异，形成各种晶体（图 4-17）。在 SiO_2 的同质多象矿物，除了斯石英中 Si^{4+} 为八面体配位外，其余同质多象矿物中 Si^{4+} 均为四面体配位，形成以[SiO_4]四面体角顶相连的三维架状结构，石英、鳞石英、方石英、斜硅石、柯石英、斯石英的晶体结构见图 4-18 所示。在石英、鳞石英及方石英的高、低温变体之间，同质多象转变均不涉及晶体结构中化学键的破裂和重建，转变过程迅速且可逆。但石英与鳞石英之间，鳞石英与方石英之间的转变，都涉及键的破坏和重建，其过程相当缓慢，且当降温时，往往过冷却而并不发生转变，继续以准稳定状态存在，直至最后转变为低温变体。

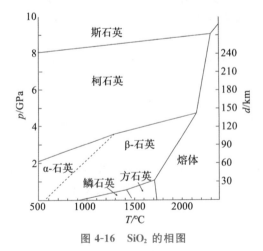

图 4-16　SiO_2 的相图

图 4-17　各种颜色石英晶体

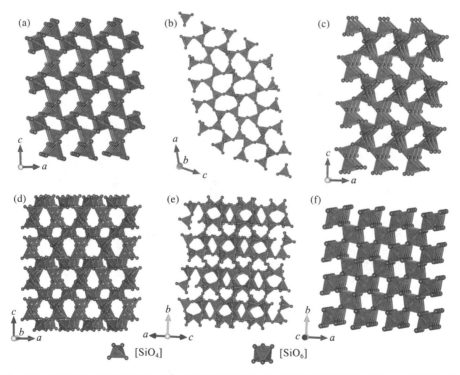

图 4-18　不同 SiO_2 相的晶体结构[(a)石英的晶体结构;(b)鳞石英的晶体结构;(c)方石英的晶体结构;(d)斜硅石的晶体结构;(e)柯石英的晶体结构;(f)斯石英的晶体结构]

在自然界中，TiO_2有3种同质多象变体，金红石、锐钛矿和板钛矿（图4-19），其中以金红石分布最广[图4-20(a)]，锐钛矿和板铁矿较少见。板钛矿仅在Na_2O含量较高的碱性介质中稳定，而锐钛矿只在弱碱性介质环境中形成。金红石的晶体结构如图4-21(a)所示。锡石和软锰矿具有金红石型晶体结构。锡石常具有膝式双晶，软锰矿的单晶较少，常为土状或致密块状集合体。

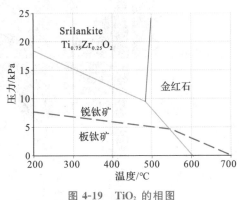

图4-19 TiO_2的相图

图4-20 AO_2型氧化物的晶体形态[(a)金红石;(b)斜锆石;(c)方钍石;(d)晶质铀矿]

斜锆石的晶体通常呈沿c轴延伸呈短柱状或长柱状[图4-20(b)]，可呈黄、棕、红、褐、绿、暗绿、褐黑或黑色，油脂或玻璃光泽。晶体结构为单斜晶系，晶体结构呈假立方晶胞[图4-21(b)]，每个Zr原子与7个氧原子连接，其配位数为7。方钍石呈常呈颗粒状[图4-20(c)]，等轴状，晶体结构具有萤石型结构[图4-21(c)]。晶质铀矿通常呈粒状，立方体或八面体形态[图4-20(d)]，黑色，呈半金属至树脂光泽，晶体具有萤石型结构[图4-21(d)]。

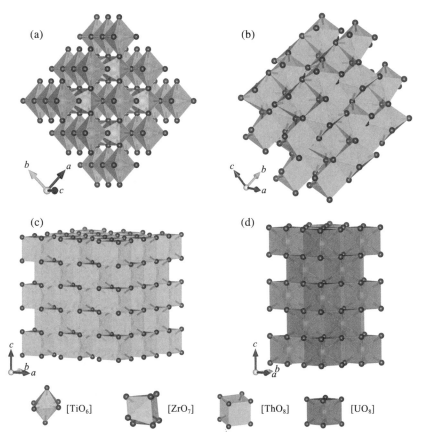

图 4-21　AO₂ 型氧化物的晶体结构[(a)金红石的晶体结构;(b)斜锆石的晶体结构; (c)方钍石的晶体结构;(d)晶质铀矿的晶体结构]

表 4-10　AO₂ 型氧化物的矿物学特征

AO₂ 型氧化物	石英	金红石	锡石	软锰矿	斜锆石	方钍石	晶质铀矿
晶体化学式	SiO_2	TiO_2	SnO_2	MnO_2	ZrO_2	ThO_2	UO_2
晶系	三方晶系	四方晶系	四方晶系	四方晶系	单斜晶系	斜方晶系	等轴晶系
成因与产状	岩浆岩、沉积岩和变质岩的主要造岩矿物,石英是花岗伟晶岩和多数热液脉的主要矿物	形成于高温条件,主要产于石英脉、伟晶岩脉和片麻岩中	与花岗岩和高温热成因的石英脉和锡石硫化物矿床有密切相关	形成于风化作用和沉积作用中	产于镁铁质-超镁铁质岩和碱性岩中,如辉长岩、辉绿岩、碱性正长岩等	形成于低温热液矿床	产于花岗伟晶岩或低温热液矿床中

续表

AO₂型氧化物	石英	金红石	锡石	软锰矿	斜锆石	方钍石	晶质铀矿
物理性质	颜色多,无色、灰色、紫色、黄色、绿色等,玻璃光泽,断口呈油脂光泽,硬度7,无解理,贝壳状断口,相对密度2.65	四方短柱状、长柱状或针状,褐红、暗红色,褐色条痕,金刚光泽,微透明。{110}中等解理。硬度6.5,相对密度4.2,性脆	四方双锥柱状晶形,柱面上有纵纹,膝状双晶,深褐色,金刚光泽,贝壳状断口,硬度7,相对密度6.8	针状、肾状、结核状、块状、放射状集合体,黑色,表面常带浅蓝的锖色,黑色条痕,半金属光泽至土状光泽,{110}完全解理,硬度6,相对密度4.7,性脆	短柱状或长柱状,无色、透明,白色或棕色条痕,油脂-玻璃光泽,透明至半透明。解理{001}完全,{010}不完全,贝壳状断口,硬度5.4~6.0。相对密度5.2	单晶呈柱状或针状,柱面具有明显的纵纹,钢灰色、蓝色锖色;条痕黑色,金属光泽;不透明,性脆	单晶常立方体、八面体等,粒状、肾状集合体,黑色,褐黑色条痕,半金属光泽,无解理,不透明,硬度5.5,相对密度7~9,强放射性
鉴定特征	锥柱晶形、无解理、贝壳状断口、硬度高	以四方柱形、膝状双晶、带红的褐色、柱面解理完全为特征	四方双锥状晶形,金刚光泽,解理不完全,比重大	黑色,黑色条痕,性脆,晶体有完全的柱面解理,隐晶质者硬度低而易污手	晶体细小且易碎,具{001}完全解理,阴极发光极弱	铅灰色,柱状晶形,柱面上有纵纹	黑色、沥青光泽、相对密度大、强放射
用途与研究意义	压电材料,谐振器、光学材料、宝玉石材料,用作玻璃原料、研磨材料、硅质耐火材料及瓷器配料,可用石英中钛的含量计算其形成温度	用于钛原材料、军工,金红石中微量Sn、Nb、Ta、Cr等指示成矿环境,金红石温度计	锡的原材料,用于军工,锡石中微量Nb、Ta、Ti等指示成矿环境,锡石可以用于U-Pb定年	锰的原材料和军工,具有氧化环境指示意义	锆的原材料,可以用于U-Pb定年	钍的原材料,用于军工和核工业,钍是未来核燃料	核工业的原料,并可提取镭和稀土元素,具有指示成矿环境意义

(5)复杂氧化物

复杂氧化物主要是含多种金属阳离子,主要包括尖晶石族、钛铁矿族、钙钛矿族、黑钨矿族、铌铁矿族、烧绿石族等矿物(表 4-11)。尖晶石族矿物包括尖晶石、铁尖晶石、锌尖晶石、磁铁矿、铬铁矿等矿物;钛铁矿族矿物有钛铁矿、镁钛矿,红钛锰矿等;钙钛矿族矿物包含钙钛矿、钡钛矿以及钙钛矿高温相等矿物;铌铁矿族矿物有铌铁矿、铌锰矿、钽铁矿、钽锰矿等;烧绿石族矿物的矿物种非常多,主要有铀烧绿石、铈烧绿石、水烧绿石、铅烧绿石、细晶石等矿物。

图 4-22 复杂氧化物的晶体形态[(a)尖晶石;(b)钛铁矿;(c)钙钛矿;(d)黑钨矿;(e)铌铁矿(f)烧绿石]

①尖晶石族矿物:$(Mg,Fe,Zn)(Al,Fe,Cr)_2O_4$

尖晶石族矿物的化学通式 AB_2O_4,其中 A 为 +2 价阳离子:Mg^{2+}、Fe^{2+}、Zn^{2+}、Mn^{2+}、Ni^{2+} 等,B 主要为 +3 价阳离子:Fe^{3+}、Al^{3+}、Cr^{3+}、Ti^{4+} 等,同时 A 和 B 位均可能存在 Li^+、Al^{3+} 等。因此,该族矿物中类质同象十分复杂,存在很多矿物种以及该种结构

类型衍生的矿物种,有"尖晶石超族"之称。

尖晶石族矿物通常根据 B 类阳离子不同,划分出 3 个亚族:(a)尖晶石亚族,B 类阳离子以 Al^{3+} 为主,主要有尖晶石、铁尖晶石、锰尖晶石、锌尖晶石;(b)磁铁矿亚族,B 类阳离子以 Fe^{3+} 为主,主要矿物有磁铁矿、镁铁矿、锰铁矿、镍磁铁矿等;(c)铬铁矿亚族,B 类阳离子以 Cr^{3+} 为主,主要矿物有铬铁矿、镁铬铁矿、镍铬铁矿、锰铬铁矿、钴铬铁矿等。

尖晶石族矿物在形态上通常呈八面体、菱形十二面体等三向等长晶形[图 4-22(a)],其晶体结构可视为 O^{2-} 作最紧密堆积,阳离子充填周围的四面体和八面体空隙,其结构为[AO_4]四面体和[BO_6]八面体连接而成,每个角顶有一个四面体和三个八面体共享[图 4-23(a)],属于等轴晶系,$Z=8$,其衍射结构可呈斜方晶系和四方晶系。根据二价和三价阳离子在四面体和八面体中的占位情况,尖晶石族结构分为三种类型:(a)正尖晶石型,$A^{2+(IV)}B^{3+(VI)}B^{3+(VI)}O_4$,如尖晶石、铬铁矿等;(b)反尖晶石型,$B^{3+(IV)}A^{2+(VI)}B^{3+(VI)}O_4$,如磁铁矿等;(c)混合型,在四面体位和八面体位具有二价和三价阳离子,如镁铁矿等。

在物理性质上具有硬度高、颜色丰富、玻璃-金属光泽、无解理等特征。部分尖晶石族矿物具有磁性和特殊光学效应。尖晶石族矿物品种较多,产于各种岩浆岩和变质岩中。

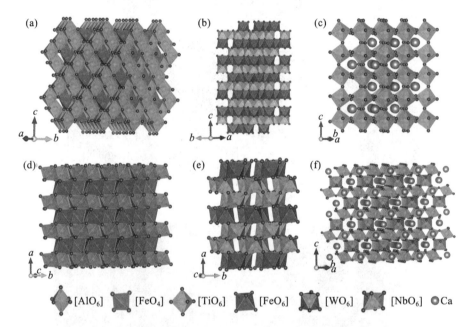

图 4-23　复杂氧化物的晶体结构[(a)尖晶石的晶体结构;(b)钛铁矿的晶体结构;(c)钙钛矿的晶体结构;(d)黑钨矿的晶体结构;(e)铌铁矿的晶体结构;(f)烧绿石的晶体结构]

②钛铁矿族矿物:$(Fe,Mn,Mg)TiO_3$

钛铁矿族中,Fe 呈二价,常被 Mg、Mn 等元素置换,形成完全类质同象系列矿物,如镁钛矿、红太锰矿等。有时出现 Nb、Ta 等元素可以置换晶格中 Ti 的位置,而 $2Fe^{3+}$ 置换 Ti^{4+} 和 Fe^{2+} 形成赤铁矿。钛铁矿族矿物通常呈黑色[图 4-22(b)],金属-半金属光泽,不透明,也无解理,具有弱磁性。钛铁矿族矿物的晶体结构与刚玉的晶体结构相似,Ti^{4+} 和 Fe^{2+} 分别占据八面体位置[图 4-23(b)],配位数为 6,属于三方晶系,$Z=2$。

③钙钛矿族矿物:$(Ca,Ba)TiO_3$

钙铁矿族矿物虽然较少,然而,钙钛矿型结构具有极大的科学研究意义和应用价值,在地幔矿物学和材料学领域具有广泛的应用,如超导体、铁电体、离子导体和磁阻等功能材料。

钙钛矿族矿物的晶体结构通常为斜方晶系,高温(900℃以上)为等轴晶系。矿物晶体多呈立方体晶形,褐色至灰黑色,金刚光泽[图 4-22(c)]。在高温变体结构中,Ca^{2+} 位于立方晶胞的中心,为 12 个 O^{2-} 包围成配位立方体-八面体,配位数为 12;Ti^{4+} 位于立方晶胞的角顶,被 6 个 O^{2-} 包围形成配位八面体,配位数为 6。$[TiO_6]$ 八面体以共角顶的方式相连。整个结构可视为 Ca^{2+} 和 O^{2-} 共同组成六方最紧密堆积,Ti^{4+} 充填于其八面体空隙中[图 4-23(c)]。而斜方晶系钙钛矿结构仍然是 $[TiO6]$ 八面体以共角顶的方式相连,Ca^{2+} 位于八面体空隙中,配位数为 12。

④黑钨矿族矿物:$(Fe,Mn)WO_4$

黑钨矿族矿物晶体结构可视为 O 做最紧密堆积,W 以及其他阳离子充填其八面体空隙,因此,黑钨矿族矿物属于氧化物。其中 Fe 和 W 可分别被 Mg、Mn、Zn、Sc、Co 等和 Ta、Nb、Ti 等替代,形成黑钨矿族矿物。

黑钨矿多为红褐色至黑色[图 4-22(d)],树脂光泽至半金属光泽,硬度 4~4.5,相对密度大,7.12~7.51,具弱磁性。其晶体结构中,由 $[(Mn,Fe)O_6]$ 八面体以共棱形式相连,平行 c 轴形成折线状链;$[WO_6]$ 八面体沿 c 轴呈链状排列,分布于 $[(Mn,Fe)O_6]$ 八面体链体之间,以其 4 个角顶与上下链体相连接,其晶体结构可视为链状结构,亦可看成沿 {100} 呈似层状结构[图 4-23(d)]。

⑤铌铁矿族:$(Fe,Mn)(Nb,Ta)_2O_6$

根据化学成分和结构特征,铌铁矿族矿物主要包括铌铁矿、铌锰矿、钽铁矿和钽锰矿(图 4-24)。通常情况下,铌铁矿族矿物中含少量 Ti、Sn、W 和 Sc 等元素,以类质同象形式存在。晶体结构为斜方晶系,属于板钛矿型。晶体呈薄板状、厚板状、柱状、针状等,多数为不规则集合体。铁黑色至褐黑色,条痕为暗红色至黑色,半金属至金属光泽[图 4-22(e)],不透明,解理平行于{010}中等,{100}不完全,硬度为 4.2(铌铁矿)~7(钽锰矿),相对密度随化学成分变化,为 5.36~8.17;晶体结构如图 4-23(e)所示。铌铁矿族矿物主要产于花岗岩以及花岗伟晶岩中,其形成与钠长石结晶密切相关,常与石英、长石、白云母、锂云母、绿柱石、黄玉、锆石、锡石等共生。以板状晶形、黑色、比重大、光泽比锡石强、硬度变化较大为鉴别特征。铌铁矿族矿物是铌和钽的重要原材料。

⑥烧绿石族矿物 $(Na,Ca)_2(Nb,Ta)_2(O,OH)_6(F,OH)$

烧绿石族矿物的晶体化学通式为 $A_2B_2X_7$,其中 A 主要为 Na、Ca、Ba、U 等离子,B 主要为 Nb、Ta 和 Ti 离子,X 阴离子主要为 O、OH、F 等。由于替代比较多,其晶体的颜色也较多,可以呈现各种颜色[图 4-22(f)]。根据 B 位的阳离子分为:烧绿石(以 Nb 为主)、细晶石(以 Ta 为主)和贝塔石(以 Ti 为主)。还可以根据 A 位阳离子类型,分为若干种变种。烧绿石族的晶体结构为等轴晶系,$[NbO_6]$ 八面体共棱沿[110]方向形成链,链之间由 $[CaO_8]$ 立方体连接,$[NbO_6]$ 与 $[CaO_8]$ 之间彼此共棱相连[图 4-23(f)]。晶体主要呈暗棕色、浅红棕色、黄绿色等,金刚光泽至油脂光泽,可见{111}不完全解理,硬度 5~5.5,相

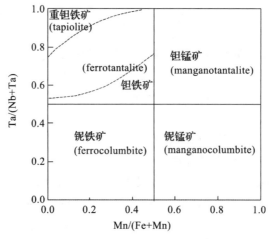

图 4-24　铌铁矿族矿物的分类图解

对密度为 4.03～5.40；主要产于霞石正长岩、碱性正长岩、伟晶岩、钠长岩等，与钠长石、锆石、磷灰石、钛铁矿、楣石、易解石、铌钙矿等共生。可以根据烧绿石的晶形、颜色和产状做初步鉴定，是提取铌钽稀土的原材料。

表 4-11　复杂氧化物的矿物学特征

复杂氧化物	尖晶石族矿物	钛铁矿族矿物	钙钛矿族矿物	黑钨矿族矿物	铌铁矿族矿物	烧绿石族矿物
晶体化学式	(Mg,Fe,Zn) $(Al,Fe,Cr)_2O_4$	(Fe,Mn,Mg) TiO_3	$(Ca,Ba)TiO_3$	(Fe,Mn) WO_4	$(Fe,Mn)(Nb,$ $Ta)_2O_6$	$(Na,Ca)_2(Nb,$ $Ta)_2(O,OH)_6$ (F,OH)
矿物种	尖晶石、铁尖晶石、锌尖晶石、磁铁矿、铬铁矿等	钛铁矿、镁钛矿，红钛锰矿等	钙钛矿、钡钛矿等	黑钨矿、钨锰矿、钨镁矿、钨锌矿等	铌铁矿、铌锰矿、钽铁矿、钽锰矿等	铀烧绿石、铈烧绿石、水烧绿石、铅烧绿石、细晶石等
晶系	等轴晶系	三方晶系	斜方晶系	单斜晶系	斜方晶系	等轴晶系
成因与产状	主要形成于内生作用和变质作用中，作为副矿物见于基性、超基性岩浆岩中	产于岩浆作用和伟晶岩作用过程中，为各类岩浆岩的副矿物，偶见变质岩中	产于碱性岩和超基性岩中，有时在蚀变的辉石岩中富集，与铁磁铁矿共生	产于高温热液石英脉或云英岩化花岗岩中，与锡石、辉钼矿萤石等共生	产于花岗岩和伟晶岩中，常与石英、钠长石、锂辉石、绿柱石等矿物共生，少量铌铁矿产于碱性岩中	产于霞石正长岩或碱性正长岩、花岗岩和伟晶岩中，常与钠长石、锆石、磷灰石楣石等矿物共生，少量产于碳酸盐岩中

续表

复杂氧化物	尖晶石族矿物	钛铁矿族矿物	钙钛矿族矿物	黑钨矿族矿物	铌铁矿族矿物	烧绿石族矿物
物理性质	八面体晶形,颜色和相对密度与阳离子种类和含量有关,玻璃光泽,无解理,硬度8	钢灰至铁黑色,黑色条痕,金属至半金属光泽,不透明,硬度5～6,相对密度4.72,具弱磁性	褐至灰黑色;白至灰黄色条痕,金刚光泽。{001}解理不完全,参差状断口。硬度5.5～6。相对密度3.97～4.04	板状或短柱状晶形,黑色-红褐色,黄褐色-褐黑色条痕,半金属光泽至树脂光泽,{010}完全解理,硬度4.5,相对密度7.5,性脆,弱磁性	板状或短柱状晶形,黑色-褐黑色,金属光泽,{010}中等解理,硬度4～7,相对密度5.4～8.2,性脆	八面体晶形,暗棕色-黄绿色,黑色等,金刚光泽,{111}不完全解理,硬度5.5,相对密度4.03～6.4
鉴定特征	八面体晶形、无解理、硬度高;磁铁矿有磁性;铬铁矿有弱磁性	晶形、条痕和弱磁性	假立方晶形,金刚光泽,解理不完全	板状晶形,褐黑色,{010}完全解理,比重大	板状晶形,黑色,金属光泽,{010}解理,比重大	八面体晶形,暗棕色—黄绿色,产于在花岗岩/伟晶岩或碱性岩中,常与铌钽矿共生
用途与研究意义	铁矿、铬矿等原材料,透明尖晶石可为宝石用,含Cr等具有成岩成矿指示意义	用于钛原材料,指示成矿环境,利用钛铁矿和磁铁矿计算温度和氧逸度	提炼铁、稀土的原料,应用于超导、铁电体、离子导体等领域,指示深部环境	钨的原材料,用于军工等尖端科技领域,可以用于U-Pb定年	铌和钽的原材料,用于国防军工等尖端科技领域,可以用于U-Pb定年	为铌、钽和稀土以及放射性元素的原材料,用于国防军工等尖端科技领域

除了上述氧化物外,其他的氧化物还有褐钇铌矿族矿物(Y,Ce)(Nb,Ta)O_4、金绿宝石 $MgAl_2O_4$、假蓝宝石 $Mg_2Al_4SiO_{10}$、赭石类氧化物(As_2O_3、Sb_2O_3、Bi_2O_3、MoO_3、PbO等)等矿物。

(6)氢氧化物

氢氧化物的阴离子主要为 OH 和 O,阳离子主要为 Mg^{2+}、Fe^{2+}、Fe^{3+}、Al^{3+}、Mn^{2+}等,除此之外,还可以含水分子,主要形成镁的氢氧化物、铝的氢氧化物、铁的氢氧化物、锰的氢氧化物等。氢氧化物的晶体结构可以视为(OH)$^-$作近似于最紧密堆积,形成链状和层状结构(图 4-25)。由于 OH 的存在,其价键力比氧要弱,OH 与相邻阳离子之间的距离较大,容易形成氢键和氢氧键。

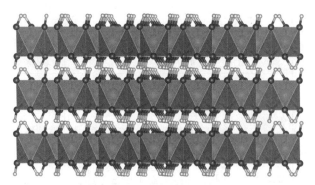

图 4-25　氢氧化物的结构层

　　氢氧化物主要呈三方、六方、斜方和单斜晶系,晶体多呈板状、片状或针状。光学性质上与氧化物相似。阳离子为惰性气体型离子时,颜色较浅,玻璃光泽;为过渡型阳离子时,颜色较深,金刚-半金属光泽。氢氧化物常具有一组完全-极完全解理,相比氧化物,其比重、硬度和折射率均较低。

　　氢氧化物主要形成于风化和化学沉积等过程中,集中分布于岩石风化壳和金属矿床的氧化带和湖泊沼泽中,形成较大的沉积矿床,少数氢氧化物形成于热液脉中。氢氧化物由于颗粒极细、含水等特点,在鉴定时应多考虑热分析法和 X 射线分析等方法。氢氧化物在条件改变的情况下,可以发生转变,甚至转变为氧化物,如一水软铝石可以转变为刚玉。主要的氢氧化物的矿物学信息如表 4-12 所示。

表 4-12　氢氧化物的矿物学特征

氢氧化物	镁的氢氧化物	铝的氢氧化物	铁的氢氧化物	锰的氢氧化物
晶体化学式	$Mg(OH)_2$	$AlO(OH)$,$Al(OH)_3$	$FeO(OH)$,FeO $(OH) \cdot nH_2O$	$MnO(OH)$
矿物种	水镁石	硬水铝石、一水铝石和三水铝石	针铁矿、纤铁矿、水针铁矿、水纤铁矿	水锰矿
晶系	三方晶系	单斜和斜方晶系	斜方晶系	单斜晶系
成因与产状	低温热液产物,主要产于蛇绿岩有关矿床和接触变质矿床中,与方解石、菱镁矿等伴生	主要产于铝的硅酸盐矿物蚀变有关,为低温蚀变产物	颗粒较细,主要组成"褐铁矿",形成铁帽,为含铁矿物风化蚀变而成或热液作用形成	呈鲕状或致密块状,产于沉积型锰矿床
物理性质	白色、灰色,玻璃光泽,{0001}极完全解理,硬度 2.5,有挠性和柔性	白色、灰色,玻璃光泽,{010}完全解理,三水铝石{001}完全解理	暗红、褐黑色,片状,金刚光泽,红色条痕,硬度 4~5	暗钢灰色,红棕色条痕,半金属光泽,{010}完全{110}、{001}中等解理,硬度 3.5
鉴定特征	易溶于盐酸,不起泡	硬水铝石强热生水,颗粒极细用结构分析	可呈片状、红色条痕,比重较赤铁矿小	红棕色条痕
用途与研究意义	低温热液蚀变的标型矿物,炼镁的原料	炼铝原材料,制造人工磨料等	提炼铁原料,指示低温蚀变环境	炼锰原材料,指示氧不足的生长环境

4.5 硅酸盐类矿物

含氧盐矿物是指由含氧酸根的络阴离子与金属阳离子所组成的化合物。络阴离子主要有 $[SiO_4]^{4-}$、$[SO_4]^{2-}$、$[AsO_4]^{3-}$、$[PO_4]^{3-}$、$[CO_3]^{2-}$、$[BO_3]^{3-}$、$[MoO_4]^{2-}$，它们主要呈四面体、平面三角形等各种配位多面体，比简单化合物的阴离子（O^{2-}、S^{2-}、Cl^- 等）的离子半径大得多。络阴离子的中心阳离子常具有较小的半径和较高的电荷，与其周围 O^{2-} 结合的价键力大于 O^{2-} 与络阴离子外部阳离子结合的价键力。因此，络阴离子在晶体结构中可看作为独立的构造单位。络阴离子与外部阳离子结合以离子键为主，通常具有离子晶格的性质。无水的含氧盐一般具有较高的硬度和熔点，常不溶于水。

根据络阴离子的种类，含氧盐矿物可分为硅酸盐、碳酸盐、硫酸盐、磷酸盐、硼酸盐等。硅酸盐矿物是构成地壳和地幔的主要物质，是岩浆岩、变质岩、沉积岩以及地幔岩等的主要组成。同时，硅酸盐矿物是金属矿产和非金属矿产的主要来源，具有重要的科研和应用价值。

下面先介绍硅酸盐类矿物。

4.5.1 化学组成

硅酸盐矿物是金属阳离子与各种硅酸根结合而成的矿物，其中阳离子主要为惰性气体型离子和部分过渡型离子，铜塑型离子少见。除各种形式的硅酸根络阴离子外，叫含附加阴离子，如 F^-、Cl^-、$(OH)^-$、O^{2-}、S^{2-}、$[CO_3]^{2-}$、$[SO_4]^{2-}$ 等，有时还含结晶水 H_2O。

4.5.2 晶体结构

在硅酸盐矿物中，$[SiO_4]$ 四面体是最基本的结构单元。除了少数地幔矿物中 Si 与 O 为六次配位形成 $[SiO_6]$ 八面体外，不同硅酸盐中 $[SiO_4]$ 四面体基本保持不变。

然而，在硅酸盐矿物中，$[SiO_4]$ 四面体以不同形式组合，形成各种硅氧骨干。目前所发现的硅氧骨干形式有数十种，但主要的或基本的硅氧骨干如图 4-26 和表 4-13 所示。

在晶体结构上，硅酸盐可以看着 O 做最紧密堆积，阳离子充填于周围的空隙。按照硅氧骨干的晶体结构特征，硅酸盐矿物可分为岛状硅酸盐、环状硅酸盐、链状硅酸盐、层状硅酸盐和架状硅酸盐等。部分层状和架状硅酸盐中，$[SiO_4]$ 四面体中部分 Si 被 Al 替代，形成铝硅酸盐，如钠长石 $Na(AlSi_3O_8)$、白云母 $KAl_2(AlSi_3O_{10})(OH)_8$ 等。

硅酸盐矿物中，类质同象替代十分常见，导致硅酸盐矿物种非常多，颜色和光泽变化较大。发生类质同象的难易程度与硅氧骨干形式和离子半径及其性质有关。附加阴离子及"H_2O"主要用于平衡电价，充填于空隙或结构单元之间（如层间）。

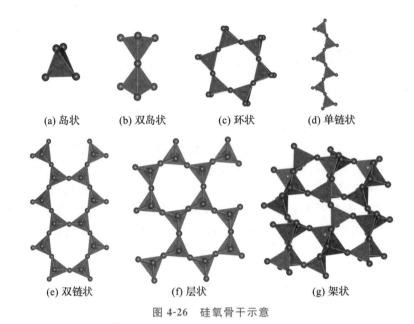

(a) 岛状　　(b) 双岛状　　(c) 环状　　(d) 单链状

(e) 双链状　　　　(f) 层状　　　　(g) 架状

图 4-26　硅氧骨干示意

表 4-13　硅氧骨干及其物理性质

硅氧骨干	特征	亚类	典型矿物	形态	颜色与光泽	解理	硬度	比重
$[SiO_4]^{4-}$	孤立$[SiO_4]$四面体	岛状硅酸盐	橄榄石	粒状	与阳离子类型有关	平行于强键方向	6～8	较大
$[Si_2O_7]^{6-}$	两个$[SiO_4]$四面体相连	岛状硅酸盐	异极矿	短柱状	与阳离子类型有关	平行于强键方向	6～8	中等
$[Si_nO_{3n}]^{2n-}$	3个及3个以上$[SiO_4]$四面体相连形成环	环状硅酸盐	蓝锥矿、绿柱石、整柱石等	柱状	与阳离子类型有关	平行于环的底面	6～8	中等
$[Si_2O_6]^{4-}$	$[SiO_4]$四面体连接形成单链	链状硅酸盐	透辉石、硅灰石、蔷薇辉石	柱状	与阳离子类型有关	平行于链方向	5～6	中等
$[Si_4O_{11}]^{6-}$	$[SiO_4]$四面体连接形成双链	链状硅酸盐	普通角闪石、透闪石	针状	与阳离子类型有关	平行于链方向	5～6	中等
$[Si_4O_{10}]^{4-}$	$[SiO_4]$四面体角顶相连沿二维延伸	层状硅酸盐	白云母、滑石、	片状	与阳离子类型有关	平行于层方向	较小	小
$[Al_xSi_{n-x}O_{2n}]^{x-}$	$[SiO_4]$四面体角顶相连形成架状	架状硅酸盐	钠长石、钙长石等	板柱状	与阳离子类型有关	平行于强键方向	3.5～6	较小

4.5.3　物理性质

硅酸盐矿物的物理性质受其晶体结构制约。如表 4-13 所示。形态总体上受其硅氧骨干的影响,硅酸盐矿物分别呈粒状、短柱状、柱状、片状和板柱状等,颜色和比重受晶体结构中阳离子类型或替代的影响,颜色和比重的变化范围较大。解理主要平行于强键方向和硅氧骨干方向。

4.5.4　矿物学特征及其指示意义

内生、外生和变质作用均可生成硅酸盐矿物。在岩浆作用中,随着岩浆分异,硅酸盐矿物从岛、链、层、架的顺序逐渐结晶,有贫硅富铁镁的硅酸盐矿物向富硅贫铁镁的硅酸盐矿物发展的趋势。硅酸盐矿物形成的温压范围较大,既可以是表生生成,也可在高温高压条件下结晶。一些典型的矿物或矿物组合可以指示成岩成矿条件。可以利用它们的微量元素、同位素等特征示踪或揭示地质过程。

(1)岛状硅酸盐矿物

岛状硅酸盐矿物主要包括锆石族、橄榄石族、石榴子石族、红柱石族、黄玉族、十字石族、绿帘石族等矿物。

①锆石族(zircon):(Zr,Hf,Ce,Th)SiO$_4$

锆石族矿物主要包括锆石、铪石、钍石、铈石等。这些矿物具有相同的晶体结构,仅仅物理参数有变化,这里主要介绍锆石。锆石常含 Hf、Ce、Th、U 等,以类质同象形式存在于锆石中。部分锆石中可以含少量 P,替代晶格中的 Si。晶体常呈四方双锥状、柱状、板状[图 4-27(a)],可见膝状双晶。颜色与其阳离子类型含量有关,玻璃至金刚光泽,断口油脂光泽,透明至半透明,解理不完全,断口不平坦或贝壳状,硬度 7.5~8,相对密度 4.4~4.8,性脆。晶体结构属于四方晶系,$I4_1/amd$,$a=6.6$Å,$c=6.0$Å,$Z=4$。晶体结构见图 4-27(b),由[SiO$_4$]四面体和[ZrO$_8$]多面体相互连接而成,其中[SiO$_4$]四面体呈孤立状,与[ZrO$_8$]多面体相连,沿 c 轴方向相间排列。Zr^{4+} 为 8 次配位,呈畸变的[ZrO$_8$]配位多面体。当锆石含有较高量的 Th、U 等放射性元素时,具放射性,常引起非晶质化。锆石形成于岩浆、热液和变质作用,是中酸性和碱性岩浆岩中常见的副矿物,在一些基性岩中也可出现,锆石的物理化学性质较稳定,是碎屑岩中的常见重砂矿物。锆石以锥柱状晶形、硬度大、金刚光泽为鉴别特征。锆石是锆的主要原材料,用于陶瓷和颜料。然而,由于锆石富含 Th、U 等放射性元素,其物理性质稳定,是地球科学领域重要的研究对象,主要用于 U-Pb 定年、裂变径迹、U-Th/He 定年、Hf 和 O 同位素、Ti 温度计、稀土微量元素等研究。透明的锆石还可作为宝石利用。

②橄榄石族(olivine):(Mg,Fe)$_2$SiO$_4$

橄榄石族矿物主要为镁橄榄石、铁橄榄石和 CaFeSiO$_4$-CaMgSiO$_4$ 系列,镁橄榄石与铁橄榄石属于完全类质同象系列,CaFeSiO$_4$ 与 CaMgSiO$_4$ 属于完全类质同象系列,这里主要介绍橄榄石系列。橄榄石中常含 Mn、Ca、Al、Ti、Ni 等微量元素,它们主要以类质同象形式存在于橄榄石中。橄榄石的晶体结构属于斜方晶系,$Pbnm$,$a=4.7$Å,$b=10.2$Å,

图 4-27　锆石[(a)晶体形态(b)晶体结构]

$c＝5.9Å$，$Z＝4$。橄榄石呈柱状、板柱状,常见不规则粒状集合体。镁橄榄石为白色、淡黄色或淡绿色[图 4-28(a)],随成分中 Fe 含量的增高,颜色变为深黄色至墨绿色甚至黑色,常橄榄绿色,玻璃光泽,透明至半透明,贝壳状断口,硬度 6.5～7,相对密度 3.27～4.37。橄榄石的晶体结构见图 4-28(b),由[SiO_4]四面体和[MgO_6]八面体相互连接而成,[MgO_6]八面体以棱相连形成"Z"字型链,链与链之间由[SiO_4]四面体以角顶相连。橄榄石以其橄榄绿色、粒状和解理差、贝壳状断口为鉴别特征。橄榄石主要产于富 Mg 贫 Si 的超基性、基性岩浆岩及矽卡岩、变质岩中,同时橄榄石是地幔岩和陨石的主要组成。橄榄石受热液作用和风化作用容易蚀变,常见产物是蛇纹石。橄榄石的化学成分可以估算矿物形成的温度、压力、水的含量,与 Cr 尖晶石平衡的橄榄石中的 Al 含量可作为地质压力计。镁橄榄石可作镁质耐火材料,透明、晶粒粗大者可作宝石。

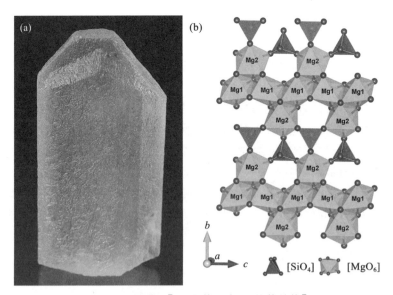

图 4-28　橄榄石[(a)晶体形态(b)晶体结构]

③石榴子石族(garnets):$A_3B_2(SiO_4)_3$ A＝Mg^{2+}、Fe^{2+}、Mn^{2+}、Ca^{2+} 以及 K^+、Na^+;
B＝Al^{3+}、Fe^{3+}、Cr^{3+}、V^{3+} 以及 Ti^{4+}、Zr^{4+} 等

　　石榴子石是一超族矿物,因晶体外形极像石榴中的籽而得名。由于石榴子石族矿物中类质同象形式非常复杂,因此石榴子石族矿物种较多。在自然界中,较为常见的石榴子石主要为铝系列和钙系列矿物,即为镁铝榴石、铁铝榴石、锰铝榴石,钙铝榴石、钙铁榴石、钙铬榴石、钙钒榴石等(图 4-29 和表 4-14)。由于它们的组分较复杂,自然界中纯端元组分的石榴子石较少见。常见完好晶形,有菱形十二面体、四角三八面体及聚形,集合体呈致密粒状或块状;石榴子石族矿物的晶体结构属于等轴晶系,$Ia3m$,$a=11.4\sim12.5$Å,$Z=8$,其晶体结构见图 4-30。

图 4-29　石榴子石族矿物的晶体形态[(a)镁铝榴石;(b)锰铝榴石;(c)铁铝榴石;(d)钙铁榴石;(e)钙铝榴石;(f)钙铬榴石;(g)钙钒榴石;(h)锰铁榴石]

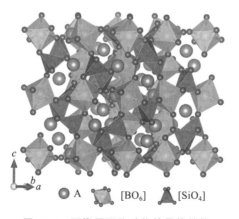

$\bullet$ A　　[BO₆]　　[SiO₄]

图 4-30　石榴子石族矿物的晶体结构

　　由孤立的[SiO₄]四面体和[BO₆]八面体相互连接,A类阳离子半径较大,充填于八次配位空隙中,形成[AO₈]畸变的立方体配位多面体;[BO₆]八面体与 6 个[SiO₄]四面体以角顶相连,与 1 个[AO₈]畸变立方体共棱相连。颜色可呈红色、黄色、绿色以及相应色调,与其化学成分有关,玻璃光泽,断口油脂光泽,无解理,硬度 6.5~7.5,相对密度 3.5~

4.2,有脆性。以特殊的晶形、光泽、无解理和高硬度为鉴别特征。石榴子石主要产于岩浆岩和变质岩中,也见于地幔岩石中。当石榴子石受后期热液蚀变和遭受强烈的风化作用时可转变成绿泥石、绢云母、褐铁矿等矿物。石榴子石具有重要的研究价值:利用生长环带揭示物理化学条件的变化或多世代性;还可以利用其 Sm-Nd 和 Lu-Hf 同位素揭示地质过程;某些石榴子石是高压变质矿物的特殊相,具有重要的标型意义。石榴子石具有高硬度的特点,可作研磨材料。晶粒粗大、透明、色泽美丽者,可以用作宝石。

表 4-14　石榴子石族矿物的矿物学特征

矿物种	镁铝榴石	铁铝榴石	锰铝榴石	钙铁榴石	钙铝榴石	钙铬榴石	钙钒榴石
晶体化学式	Mg_3Al_2 $(SiO_4)_3$	Fe_3Al_2 $(SiO_4)_3$	Mn_3Al_2 $(SiO_4)_3$	Ca_3Fe_2 $(SiO_4)_3$	Ca_3Al_2 $(SiO_4)_3$	Ca_3Cr_2 $(SiO_4)_3$	Ca_3V_2 $(SiO_4)_3$
成因与产状	产于橄榄岩、蛇纹岩、橄榄岩,榴辉岩中	产于区域变质岩、花岗岩和火山岩中	产于花岗岩和伟晶岩中	产于矽卡岩或热液矿床中	产于矽卡岩或热液矿床中	产于超基性岩和矽卡岩中	产于碱性岩和角岩中
物理性质	常见完好晶形,紫红-橙红色,玻璃光泽,断口呈油脂光泽,无解理,硬度7,相对密度3.6	常见完好晶形,褐红-粉红色,玻璃光泽,断口呈油脂光泽,无解理,硬度7,相对密度4.3	常见完好晶形,深红-褐色,玻璃光泽,断口呈油脂光泽,无解理,硬度7,相对密度4.2	常见完好晶形,黄绿-褐黑色,玻璃光泽,断口呈油脂光泽,无解理,硬度7,相对密度3.9	常见完好晶形,红褐-黄绿色,玻璃光泽,断口呈油脂光泽,无解理,硬度7,相对密度3.6	常见完好晶形,褐鲜绿色,玻璃光泽,断口呈油脂光泽,无解理,硬度7,相对密度3.9	常见完好晶形,翠绿色,玻璃光泽,断口呈油脂光泽,无解理,硬度7,相对密度3.7
鉴定特征	以特殊的晶形、颜色、光泽、无解理和高硬度为鉴别特征	以特殊的晶形、颜色、光泽、无解理和高硬度为鉴别特征	以特殊的晶形、颜色、光泽、无解理和高硬度为鉴别特征	以特殊的晶形、颜色、光泽、无解理和高硬度为鉴别特征	以特殊的晶形、颜色、光泽、无解理和高硬度为鉴别特征	以特殊的晶形、颜色、光泽、无解理和高硬度为鉴别特征	以特殊的晶形、颜色、光泽、无解理和高硬度为鉴别特征
主要用途与研究意义	作为宝石,揭示温压条件,指示超高压环境	作为宝石,揭示温压条件,指示高压环境	作为宝石,揭示温压条件	作为宝石,揭示温压条件	作为宝石,揭示温压条件	作为宝石,揭示温压条件	作为宝石,揭示温压条件

④红柱石族(andalusite):$Al_2[SiO_4]O$

红柱石族矿物的化学成分为 Al_2SiO_5,有 3 种同质多象变体:蓝晶石、红柱石和夕线石[图 4-31(a)(b)(c)和表 4-15],它们的主要区别在于其中一个 Al 的配位数不相同,红柱石中 Al 分别为 5 次和 6 次配位[图 4-31(d)],夕线石中 Al 的配位数为 4 和 6[图 4-31(e)],而蓝晶石中 Al 均为 6 次配位[图 4-31(f)]。蓝晶石和红柱石属于岛状硅酸盐矿物,而夕线石则为链状硅酸盐矿物。

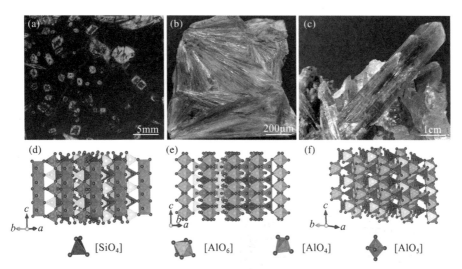

图 4-31　红柱石族的晶体形态与晶体结构[(a)红柱石;(b)夕线石;(c)蓝晶石;(d)红柱石的晶体结构;(e)夕线石的晶体结构;(f)蓝晶石的晶体结构]

表 4-15　红柱石族矿物的矿物学特征

矿物种	蓝晶石	红柱石	夕线石
晶体化学式	$Al_2[SiO_4]O$	$Al_2[SiO_4]O$	$Al_2[SiO_4]O$
晶系	三斜晶系	斜方晶系	斜方晶系
成因与产状	主要产于区域变质岩中,形成于高压和较低温度环境	主要产于区域变质岩中,形成于较低温度和压力条件	主要产于区域变质岩中,形成于高温条件
物理性质	常见柱状和片状晶形,灰色-蓝色-黑色,玻璃光泽,{100}完全解理,硬度随方向有变化 4.5~7,相对密度 3.6	常见柱状晶形,横断面近正方形,中间为黑十字,白色-肉红色,玻璃光泽,{110}两组中等解理,硬度 7,相对密度 3.2	常见长柱状或针状晶形,集合体为放射状和纤维状,白色-浅褐色,玻璃光泽,{010}完全解理,硬度 7,相对密度 3.2
鉴定特征	以片状晶形、明显的硬度差异以及{100}完全解理和产于结晶云母片岩中为鉴别特征	柱状晶形,肉红色,近正方形横截面,黑十字,{110}两组中等解理	以长柱状和针状晶形和产于接触变质岩中为鉴别特征
主要用途与研究意义	制造高级耐火材料及高强度轻质硅铝合金材料,指示高压变质环境	制造高级耐火材料和宝石,指示低压低温变质环境	制造高级耐火材料,指示高温中压变质环境

⑤黄玉（topaz）：$Al_2(SiO_4)(F,OH)_2$

理想情况下，黄玉含 55.40wt% Al_2O_3、32.60wt% SiO_2、20.70wt% F 和水。通常呈柱状晶形，柱面有纵纹[图 4-32(a)]，常为不规则粒状和块状集合体。晶体常为无色-黄色-黄褐色等，透明，玻璃光泽，平行于{001}底面完全解理，硬度为 8，相对密度为 3.52。晶体结构属于斜方晶系，$Pbnm$，$a=4.6$Å，$b=8.8$Å，$c=8.4$Å，$Z=4$，其晶体结构见图 4-33(a)。黄玉形成于高温并有挥发组分作用的条件下，是典型的气成热液矿物，主要产于花岗伟晶岩、云英岩、高温气成热液矿脉中，以柱状晶形，横断面为菱形，柱面有纵纹，{001}底面完全解理和高硬度为鉴别特征。黄玉主要用于宝石原料和磨料等，在地质环境中，指示富 F 的热液环境。

图 4-32 其他岛状与双岛状硅酸盐矿物的晶体形态[（a）黄玉；（b）榍石；（c）十字石；（d）绿帘石]

⑥榍石（titanite）：$CaTi(SiO_4)O$

榍石除了含 CaO、TiO_2 和 SiO_2 外，还存在少量 Na、REE、U、Th、Pb、Sr、Ba 等，它们主要以类质同象形式替代 Ca，Ti 可以被 Fe、Nb、Ta、Sn 等置换，O 可被 OH^-、F^-、Cl^- 代替。通常呈楔形截面的扁平信封状晶形[图 4-32(b)]。褐-绿-褐色，金刚光泽，透明，{110}中等解理，硬度为 6，相对密度为 3.6。榍石可形成与岩浆、变质和热液作用，是中-基性岩浆岩、伟晶岩和变质岩中常见的副矿物。晶体结构属于单斜晶系，$C2/c$，$a=6.5$Å，$b=8.7$Å，$c=7.4$Å，$Z=4$，其晶体结构见图 4-33(b)。Ca 的配位数为 7，晶体结构由[SiO_4]四面体和[TiO_6]八面体和[CaO_7]多面体联结，结构中有一种 O^{2-}，不与 Si 联结，可被 OH、F 或 Cl 代替。榍石主要以扁平信封状晶形，楔形截面为鉴别特征。榍石可以用作 U-Pb 定年，也可以利用 Zr 的含量计算其形成的温度、压力，以及根据 REE 含量示踪其形成过程或条件，具有重要的矿物学和岩石学意义。漂亮的榍石可以用作宝石原料。

⑦十字石（staurolite）：$Fe_2Al_9Si_4O_{23}(OH)$

十字石除了含 FeO、Al_2O_3、SiO_2、H_2O 外，还存在少量 Mg、Co 和 Zn 等替代 Fe。通常呈短柱状晶形，常见穿插双晶，形成"十字"[图 4-32(c)]或两个单体斜交近 60°。深褐-黄褐色，玻璃光泽，{010}中等解理，硬度为 7.5，相对密度为 3.8。十字石主要是区域变质及少数接触变质作用的产物。晶体结构属于斜方晶系，$Ccmn$，$a=7.8$Å，$b=16.6$Å，$c=5.6$Å，$Z=2$，其晶体结构见图 4-33(c)。十字石主要为短柱状，横断面为菱形，"十字"双晶，深褐、红褐色，硬度大为鉴别特征。十字石具有矿物学和岩石学意义，指示接触变质作用过程或条件。

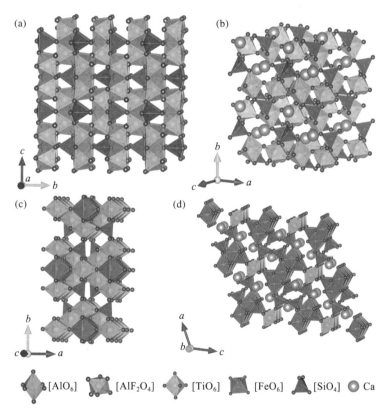

图 4-33　其他岛状与双岛状硅酸盐矿物的晶体结构[(a)黄玉的晶体结构；(b)榍石的晶体结构；(c)十字石的晶体结构；(d)绿帘石的晶体结构]

⑧绿帘石族（epidote）：$A_2B_3(SiO_4)(Si_2O_7)O(OH)$

绿帘石族的晶体化学式为 $A_2B_3(SiO_4)(Si_2O_7)O(OH)$，其中 A＝$Ca^{2+}$、$K^+$、$Na^+$、$Mg^{2+}$、$Mn^{2+}$、$Sr^{2+}$ 等，B＝Al^{3+}、Fe^{3+}、Mn^{3+}、Cr^{3+}、V^{3+} 等，且 A 和 B 之间可相互置换。由于化学成分极为复杂，类质同象替代较多，矿物种极为丰富。根据化学成分特征，绿帘石族矿物主要包括绿帘石 $Ca_2Fe^{3+}Al_2(SiO_4)(Si_2O_7)O(OH)$、黝帘石 $Ca_2Al_3(SiO_4)(Si_2O_7)O(OH)$、斜黝帘石 $Ca_2AlAl_2(SiO_4)(Si_2O_7)O(OH)$、褐帘石 $(Ca,Ce)_2(Fe^{3+},Fe^{2+})(Al,Fe^{3+})_2(SiO_4)(Si_2O_7)O(OH)$ 等矿物（表 4-16）。绿帘石的晶体见图 4-32(d)所

示。绿帘石族矿物的晶体结构相似，$[AlO_5(OH)]$八面体以共棱形式沿 b 轴形成链，该链又与$[FeO_6]$八面体相连形成折状链，链与链之间由$[SiO_4]$四面体和双四面体$[Si_2O_7]$连接，链之间的大孔隙由 Ca^{2+} 等大半径离子充填[图 4-33(d)]。

表 4-16 绿帘石族矿物的矿物学特征

矿物种	绿帘石	黝帘石（坦桑石）	褐帘石
晶体化学式	$Ca_2Fe^{3+}Al_2(SiO_4)(Si_2O_7)$ $O(OH)$	$Ca_2Al_3(SiO_4)(Si_2O_7)$ $O(OH)$	$(Ca,Ce)_2(Fe^{3+},Fe^{2+})(Al,Fe^{3+})_2$ $(SiO_4)(Si_2O_7)O(OH)$
晶系	斜方晶系	斜方晶系	斜方晶系
成因与产状	主要产于中等变质岩中，尤其是在变质的镁铁质岩浆岩中	主要形成于中等低变质作用，通常是斜长岩变质的产物	主要产于花岗闪长岩、正长岩、伟晶岩，变质岩、矽卡岩中，形成于富稀土的环境
物理性质	常见柱状晶形，灰色-黄色-黄绿-绿黑色，玻璃光泽，{001}完全解理，硬度位 6，相对密度3.4	常见柱状、板柱状晶形，白色-绿褐-红色-蓝色-紫色，玻璃光泽，透明，{010}完全解理，硬度位 6.5，相对密度3.3	常见板状、柱状晶形，褐色，玻璃光泽，{001}完全解理，硬度位6，相对密度4.2
鉴定特征	以柱状晶形、黄绿色、明显晶面条纹及{001}完全解理为鉴别特征	以板柱状晶形、颜色鲜艳及{010}完全解理为鉴定特征	以板柱状晶形、褐色及{001}完全解理为鉴别特征
主要用途与研究意义	可以作为有效的地质压力计，反映岩体固结侵位的深度，还可用于估算岩浆上升侵位速率	可以指示形成环境条件，透明、颜色鲜艳者可作宝石原料	含稀土，可以指示花岗岩的类型

(2)环状硅酸盐矿物

环状硅酸盐矿物主要是硅氧骨干形成封闭环状的矿物，硅氧骨干主要有三元环、四元环、六元环、九元环以及它们的双环等结构单元。多数环状硅酸盐矿物较少见，这里主要介绍绿柱石、电气石和董青石。

①绿柱石(beryl)：$Be_3Al_2(Si_6O_{18})$

绿柱石除了 $67.07wt\%SiO_2$、$18.97wt\%Al_2O_3$、$13.96wt\%BeO$ 外，还含其他碱金属元素，如 Na、K、Li、Cs、Rb 等。Al 位可以被 Sc 和 Fe 等替代，Be 位可以被 Li 和 B 等置换，形成其他绿柱石族矿物。绿柱石呈柱状晶体见图 4-34(a)，其晶体结构属于六方晶系，$P6/mcc$，$a=9.21\text{Å}$，$c=9.19\text{Å}$，$Z=2$。绿柱石晶体结构由$[SiO_4]$四面体组成的六方环垂直 c 轴平行排列，上下两个环错动25°，环与环之间由$[AlO_6]$八面体和$[BeO_4]$四面体连接，环中心平行 C 轴形成孔道，可容纳大半径的离子 K^+、Na^+、Cs^+、Rb^+ 以及水分子。绿柱石常呈柱状、长柱状晶体，富碱条件下可呈短柱状或板状晶体，柱面常有平行于 c 轴的条纹。其晶体结构见图 4-34(b)。绿柱石的颜色受其化学成分影响,常为无色,也有绿色、黄绿色、粉红色、深的鲜绿色等。天蓝至海蓝色的绿柱石极为海蓝宝石,其成色可能由 Fe^{2+} 致色。碧绿-翠绿艳的绿柱石称为祖母绿,是一种非常珍贵的宝石,其颜色可能由其中 Cr 造成。若含 Cs,绿柱石可呈粉红色。玻璃光泽,解理不完全,硬度 7.5～8,相对密度为 2.6～2.9。绿柱石主要产于花岗伟晶岩、云英岩以及高温热液石英脉中,也可以见变质岩中,主要形成祖母绿。绿柱石以柱状晶体、特殊的颜色、高硬度以及解理不发育为鉴别特征。绿柱石可为铍的主要矿石原料,颜色鲜艳、透明无瑕者可作宝石原料。绿柱石的形成可以贯穿整个花岗岩或花岗伟晶岩,其微量 Na、Cs、Fe、Mg 等含量可以用于指示花岗岩和伟晶岩的演化程度。

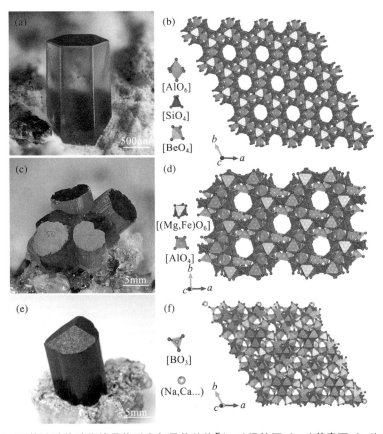

图 4-34 环状硅酸盐矿物的晶体形态与晶体结构[(a-b)绿柱石;(c-d)堇青石;(e-f)电气石]

②堇青石(cordierite):$(Mg,Fe)_2Al_3(AlSi_5O_{18})$

堇青石的晶体结构和化学式均与绿柱石相似,多形成于富镁环境中,是一种典型的变质矿物,产于片麻岩、结晶片岩以及蚀变岩浆岩中。除了含 MgO、FeO、Al_2O_3 和 SiO_2 外,还含 Na、K、Ca 和水等,它们位于结构通道中。堇青石常为假六方柱状晶体,呈无色-浅蓝色,玻璃光泽,透明,{010}中等解理,可见贝壳状断口,硬度为 7.5,相对密度为 2.6。以其假六方晶形、{010}中等解理以及产于变质岩中未鉴别特征[图 4-34(c)]。堇青石的晶体结构可以看作为[SiO_4]四面体组成的六方环中部分 Si 被 Al 置换,环与环之间由

［AlO$_6$］八面体和［MgO$_4$］四面体连接。由于硅氧骨干中 Si 被 Al 替代，晶体结构的对称程度降低，为斜方晶系，$Cccm$，$a=17.1$Å，$b=9.8$Å，$c=9.3$Å，$Z=4$，其晶体结构见图 4-34 (d)。董青石常用于陶瓷、玻璃业，提高其抗热冲击的能力，也可以指示变质环境条件。

③电气石(tourmaline)：Na(Mg,Fe,Mn,Li,Al)$_3$Al$_6$(Si$_6$O$_{18}$)(BO$_3$)$_3$(OH,F)$_4$

电气石是一族硼硅酸盐矿物，由于化学成分复杂，类质同象置换较多，其晶体化学通式为：XY$_3$Z$_6$(BO$_3$)$_3$(Si$_6$O$_{18}$)(OH,O)$_3$(F,OH,O)，众多的端元矿物组成电气石族。电气石族矿物非常多，其分类可以按照 X、Y、Z 以及 F、OH 位来划分(图 4-35)，因此，电气石族矿物种众多，如镁电气石、黑电气石、锂电气石、钠锰电气石等，在电气石单晶体上可能存在几种不同的电气石。电气石晶体常呈柱状［图 4-34(e)］，晶体两端的晶面不同，柱面上常见纵纹，横截面呈球面三角形。集合体呈棒状、放射状、束状，或致密块状。颜色随化学成分的不同呈较大的差异，可呈无色、绿色、红色、蓝色、黄色等，颜色多呈条带状或端色状。玻璃光泽，无解理，硬度为 7.5，相对密度为 3.03～3.25。晶体结构属于三方晶系，$R3m$，$a=15.8$Å，$c=7.2$Å，$Z=3$；由［SiO$_4$］四面体组成的六方环，［BO$_3$］三角形和［MgO$_4$(OH)$_2$］八面体相连，六元环上方容纳阳离子半径较大的 Na$^+$ 和 Ca^{2+} 等离子［图 4-34(f)］。电气石晶体具有压电效应和热释电效应。电气石主要形成富挥发组分的气成热液作用过程中，产于与伟晶岩有关的气成热液矿床中，变质矿床中也有电气石产出。以柱状晶形、柱面有纵纹、横截面为球面三角形、无解理、高硬度为鉴别特征。电气石的压电性可用于无线电工业，热释电性可用于红外探测、制冷业。色泽鲜艳、透明者可作宝石原料。电气石可以用于指示矿床形成的环境条件，揭示流体/热液中成矿物质的来源。

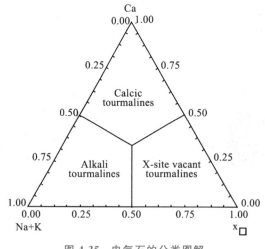

图 4-35　电气石的分类图解

(3)链状硅酸盐矿物

链状结构硅酸盐中，［SiO$_4$］四面体以共角顶相连沿某方向无限延伸形成链状硅氧骨干，常平行链状骨干形成柱状、板状、针状晶形，具有平行链方向的解理，玻璃光泽，颜色随化学成分变化。链状硅氧骨干的种类及形式十分复杂，有二节链、三节链等多节链，也有单链、双链、多链之分,下面主要介绍辉石族和角闪石族矿物。

①辉石族矿物

辉石族矿物的晶体化学式为 $XY(T_2O_6)$,其中 $X=Na^+$、Ca^{2+}、Mn^{2+}、Fe^{2+}、Mg^{2+}、Li^+ 等,占晶体结构的 M_2 位,$Y=Mn^{2+}$、Fe^{2+}、Mg^{2+}、Fe^{3+}、Cr^{3+}、Al^{3+}、Ti^{4+} 等,占晶体结构的 M_1 位置,T 位为四次配位,主要为 Si^{4+} 和 Al^{3+},偶见 Fe^{3+}、Cr^{3+}、Ti^{4+} 等占据。整体上,自然界产出的大部分辉石族矿物可将看成为 $Mg_2(Si_2O_6)$-$CaMg(Si_2O_6)$-$CaFe(Si_2O_6)$ 体系,$NaAl(Si_2O_6)$-$NaFe(Si_2O_6)$-$CaAl(AlSiO_6)$-$Ca(Mg,Fe)(Si_2O_6)$ 体系的成员(图 4-36)。根据辉石族晶体结构中 M_1 和 M_2 位的阳离子种类及其对结构产生的影响,辉石族矿物可以分为斜方辉石亚族和单斜辉石亚族(表 4-17),斜方辉石亚族主要包括顽火辉石、古铜辉石、紫苏辉石、斜方铁辉石等,晶体结构如图 4-37 所示;单斜辉石亚族主要有易变辉石、透辉石、钙铁辉石、普通辉石、绿辉石、硬玉、霓石、霓辉石、锂辉石等,晶体结构如图 4-38 所示。

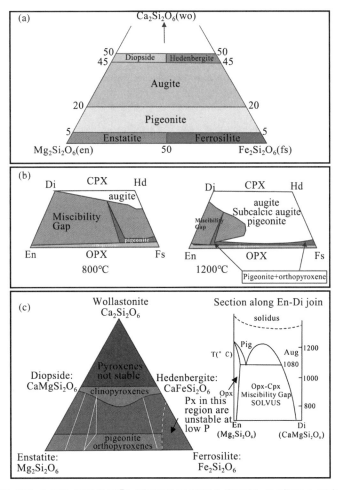

图 4-36　辉石族矿物之间的相图关系[(a)辉石的三角形分类图解;(b)辉石之间在不同温度下的相容与出溶关系;(c)斜方辉石与单斜辉石之间的出溶关系]

表 4-17　辉石族矿物的矿物学特征

辉石族矿物	顽火辉石	透辉石	钙铁辉石	普通辉石	硬玉	锂辉石	霓石
晶体化学式	$Mg_2(Si_2O_6)$	$CaMg(Si_2O_6)$	$CaFe(Si_2O_6)$	$Ca(Mg,Fe,Ti,Al)(Si_2O_6)$	$NaAl(Si_2O_6)$	$LiAl(Si_2O_6)$	$NaFe^{3+}(Si_2O_6)$
晶系	斜方晶系	单斜晶系	单斜晶系	单斜晶系	单斜晶系	单斜晶系	单斜晶系
成因与产状	产于玄武岩中橄榄石包体中以及超基性岩包体中,有四种同质多象变体	产于基性和超基性岩中	产于钙矽卡岩和区域变质岩中	主要形成于基性侵入岩、喷出岩和凝灰岩中	产于碱性变质岩中	产于富锂花岗岩和伟晶岩中	产于碱性岩浆岩中
物理性质	呈粒状,无色-黄色-灰褐色,玻璃光泽,{210}完全解理,夹角87°硬度6,相对密度3.3	呈柱状,无色,玻璃光泽,{110}完全解理,夹角87°硬度6,相对密度3.3	呈柱状,绿色,玻璃光泽,{110}完全解理,夹角87°硬度6,相对密度3.5	短柱状,褐色-绿黑色,{110}完全解理,夹角87°硬度6,相对密度3.5	粒状或纤维状,无色、白色、绿色、玻璃光泽,透明至半透明。{110}完全解理,夹角87°硬度6.5,相对密度3.4	呈柱状,柱面具有纵纹,白色-紫色、灰绿色,{110}完全解理,夹角87°硬度6.5,相对密度3.2	呈针状、柱状,暗绿色,{110}完全解理,夹角87°硬度6,相对密度3.6
鉴定特征	粒状晶形、{210}解理,夹角87°,产于超基性、基性岩包体中	柱状晶形、绿色,{110}解理,夹角87°,产于超基性、基性岩中	柱状晶形、绿色,{110}解理,夹角87°,产于变质岩中	绿黑色,短柱状晶形,{110}解理,夹角87°	致密块状、高硬度和极具韧性,鉴于碱性变质岩中	白色-紫色,柱状晶形,柱面具有纵纹,产于伟晶岩中	绿色,长柱状晶形,{110}解理,夹角87°,产于碱性岩中
用途与研究意义	可以揭示温度、压力等成因信息	揭示温度、压力等成因信息	揭示温度、压力等成因信息	揭示温度、压力等成因信息	高压低温的指示矿物,作为宝石原料	锂矿的原材料	指示碱性环境

辉石族矿物晶体结构中，$[SiO_4]$四面体以共角顶相连沿 c 轴方向无限延伸形成单链（图 4-37），每两个$[SiO_4]$四面体为一个重复周期，即为$[Si_2O_6]^{4-}$。除了硅氧骨干链外，M_1 位为 6 次配位八面体，同样沿 c 轴方向共棱形成链。离子半径较大的阳离子位于 M_2 位，为八次配位。辉石族常见的晶体结构属于 $Pbca$，$Pbcn$，$C2/c$，$P2_1/c$。然而，由于 M_1 和 M_2 位阳离子的相似性与差异性，在温度较高情况下，有利于形成斜方辉石，较低温度下则常形成单斜辉石。如高温下呈固溶体辉石矿物，随着温度降低会产生出溶现象，形成辉石片晶[图 4-36(b)(c)]。

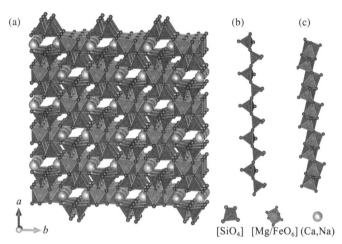

图 4-37 斜方辉石[(a)晶体结构；(b)硅氧骨干单链；(c)阳离子链]

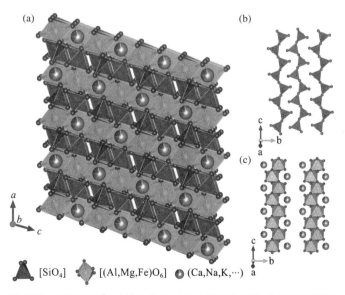

图 4-38 单斜辉石[(a)晶体结构；(b)硅氧骨干单链；(c)阳离子链]

辉石晶体常沿其硅氧骨干方向发育成柱状晶形,其横截面呈假正方或八边形,平行于链延伸方向的{210}或{110}解理,其解理夹角为87°和93°,近于90°,与硅氧骨干链的排列方式有关,解理沿着链的间隙处产生。辉石族矿物的颜色随成分而异,含Fe、Ti、Mn者,颜色变深,具玻璃光泽,硬度为5~6,相对密度中等(3.1~3.6),且亦随成分的变化而变化。

辉石族矿物是基性、超基性岩浆岩、地幔岩中的主要造岩矿物之一,也是一些钙质、镁质中高级变质岩(如角闪岩、片麻岩、麻粒岩、基性-超基性变粒岩等)的主要造岩矿物,透辉石-钙铁辉石是构成接触交代矽卡岩的特征矿物,其中靠近富镁端员的产于镁矽卡岩中,靠近富铁端员的产于钙矽卡岩中。

辉石族矿物的化学成分、离子占位情况与其结晶的温度、压力条件相关,根据辉石及其共生矿物(如石榴子石、橄榄石、角闪石等)的化学成分,利用有关的矿物地质温压计,可估算岩石形成的温度、压力等成因信息,还可判别岩石的成因类型,提供找矿信息等,如金伯利岩中的富镁单斜辉石是找金刚石矿的指示矿物。

②角闪石族矿物

角闪石族矿物的晶体化学式为$A_{0-1}X_2Y_5(T_4O_{11})(OH,F,Cl)$,其中$A=Na^+$、$Ca^{2+}$、$K^+$等,$X=Na^+$、$Li^+$、$K^+$、$Ca^{2+}$、$Mn^{2+}$、$Fe^{2+}$、$Mg^{2+}$等,占晶体结构的$M_4$位,$Y=Mg^{2+}$、$Fe^{2+}$、$Al^{3+}$、$Mn^{2+}$、$Fe^{3+}$、$Cr^{3+}$、$Ti^{4+}$等,占晶体结构的$M_1$、$M_2$、$M_3$位置,T位为四次配位,主要为$Si^{4+}$、$Al^{3+}$和$Ti^{4+}$等占据。角闪石族矿物的类质同象替代非常普遍,可以形成众多的类质同象系列矿物,其分类和命名方法较多。目前,通常按照类似辉石族矿物分类方案,根据其成分、结构特点,分为斜方角闪石亚族、单斜角闪石(图4-39),主要有直闪石、透闪石、阳起石、普通角闪石、蓝闪石、钠铁闪石以及角闪石族石棉等,其矿物学特征见表4-18。

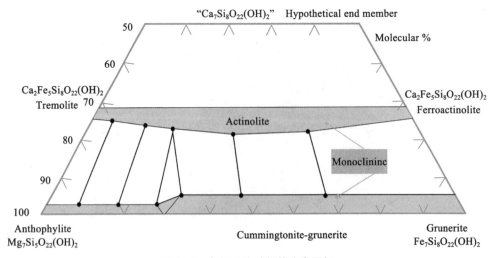

图4-39 角闪石族矿物的分类图解

表 4-18　角闪石族矿物的矿物学特征

角闪石族	直闪石	镁铁闪石	透闪石	阳起石	普通角闪石	蓝闪石	角闪石石棉
晶体化学式	$Mg_7(Si_4O_{11})_2(OH)_2$	$(Mg,Fe^{2+})_7(Si_4O_{11})_2(OH)_2$	$Ca_2Mg_5(Si_4O_{11})_2(OH)_2$	$Ca_2(Mg,Fe^{2+})_5(Si_4O_{11})_2(OH)_2$	$Ca_2Na(Mg,Fe^{2+})_4(Al,Fe^{3+})[(Si,Al)_4O_{11}]_2(OH)_2$	$Na_2Mg_3Al_2(Si_4O_{11})_2(OH)_2$	$NaMg_2Fe_4^{2+}Fe^{3+}(Si_4O_{11})_2(OH)_2$
晶系	斜方晶系	单斜晶系	单斜晶系	单斜晶系	单斜晶系	单斜晶系	单斜晶系
成因与产状	产于结晶片岩中	主要产于区域变质岩的角闪岩中	主要产于接触变质岩中	主要产于接触变质岩中	产于中酸性侵入岩,基性喷出岩和变质岩中也可见	产于蓝闪石片岩、云母片岩中	形成于各种变质作用和热液作用过程中
物理性质	呈柱状和板状,无色-灰色-绿色,玻璃光泽,{210}完全解理,夹角125.5°,硬度6,相对密3.2	呈针状和纤维状,深绿-棕色,玻璃光泽,{110}完全解理,夹角125°,硬度6,相对密度3.3	呈块状、放射状、纤维状,白色,玻璃光泽,{110}完全解理,夹角124°,硬度6,相对密度3.2	呈块状、放射状、纤维状,绿色,玻璃光泽,{110}完全解理,夹角124°,硬度6,相对密度3.4	呈柱状,横截面为假六边形,绿-绿黑色,玻璃光泽,{110}完全解理,夹角124°,硬度6,相对密度3.2	呈放射状、纤维状,蓝-蓝黑色,{110}完全解理,硬度6.5,相对密度3.21	呈纤维状,放射状,各种颜色
鉴定特征	柱状晶形,{210}解理,产于结晶片岩中	针状、纤维、{110}解理,产于结晶片岩和变质岩中	致密块状、白色,{110}解理,夹角124°,产于变质岩中	致密块状、绿色,{110}解理,夹角124°,产于变质岩中	绿-绿黑色、柱状晶形和两组解理及夹角,横截面为假六边形	放射状、蓝色-蓝黑色,产于变质岩中	纤维状,放射状,产于变质岩中
用途与研究意义	可揭示温度、压力等成因信息,石棉可作为工业应用	可揭示温度、压力等成因信息,石棉可作为工业应用	可揭示温度、压力等成因信息,可作为玉石原料	可揭示温度、压力等成因信息,可作为玉石原料	可揭示温度、压力等成因信息	可揭示温度、压力等成因信息	石棉可作为工业应用

角闪石族矿物晶体结构中，两条[SiO₄]四面体链相连沿 c 轴方向无限延伸（图4-40），每 4 个[SiO₄]四面体为一个重复周期，即[Si_4O_{11}]$^{6-}$，存在两种[SiO₄]四面体位。M_1、M_2、M_3 位由小半径阳离子 Mg^{2+}、Fe^{2+} 等占据，均为六次配位八面体，以共棱形式相连，沿 c 轴方向形成链带[图4-40(b)]；M_4 位为 X 类阳离子，若为小半径阳离子 Mg^{2+}、Fe^{2+} 等，为扭曲的八面体，形成斜方晶系角闪石；若为大半径阳离子 Ca^{2+}、Na^{2+} 等时，为八次配位多面体，晶体结构为单斜晶系角闪石；A 类阳离子通常为大离子半径阳离子，充填于链带之间。

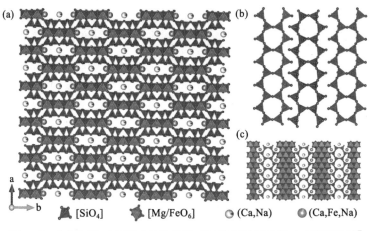

$[SiO_4]$ $[Mg/FeO_6]$ (Ca,Na) (Ca,Fe,Na)

图 4-40 角闪石族矿物[(a)晶体结构；(b)硅氧骨干双链；(c)阳离子链]

角闪石晶体常沿其硅氧骨干方向发育成长柱状、针状以及纤维状，其横截面呈假正方或八边形，{210}或{110}完全解理，其解理夹角为 56°和 124°，这是区分角闪石与辉石主要依据。角闪石族矿物的颜色和比重随成分而异，含 Fe、Ti、Mn 者，颜色变深，具玻璃光泽，硬度 5～6。

角闪石族矿物可以产于中基性岩浆岩，也可以产于花岗岩中，部分角闪石族矿物为变质成因，产于低级基性变质岩和中高级区域变质岩和矽卡岩中。角闪石族矿物的化学成分、结构与其结晶的温度、压力条件相关，可以指示岩石的成因、变质岩的变质程度。可以根据角闪石中 Al 的含量计算矿物形成的压力，也可研究角闪石及其共生矿物（如斜长石、辉石等）的化学成分，计算矿物形成的温度。色泽艳丽、透明-半透明、质地好的角闪石，可以作为玉石原料。角闪石族石棉在工业上也有很好的应用。

（4）层状硅酸盐矿物

层状硅酸盐中，[SiO₄]四面体以共角顶相连沿二维空间无限延伸形成层状硅氧骨干，层状硅氧骨干呈六方网层，同一网层中[SiO₄]四面体的角顶指向相同，此角顶 O 为活性氧，氢与活性氧相连，位于六方网格中心；两次活性氧(OH)呈最紧密堆积，上下层位置错开，由此形成 3 个八面体空隙，由 Mg^{2+}、Fe^{2+}、Al^{3+} 等阳离子充填，形成八面体层；若 3 个八面体空隙被二价阳离子充填，则为三八面体结构；若仅有 2 个八面体空隙被三价阳离子填充，形成二八面体结构。在层状硅酸盐结构中，八面体层（O 层）与硅氧骨干层（T 层）相互交生，可以按照 1∶1 或 2∶1 形式，分布形成 TO 和 TOT 型结构单元。如结构单元层电荷不平衡,层间可以容纳一定量的 K、Na 以及水分子或其他阴离子。

结构单元层在垂直面网方向呈周期性重复排列,形成层状结构晶格;结构单元层之间存在一定空隙,称为层间域。若结构单元层内部电荷达平衡,层间域不存在其他阳离子,仅有少量吸附水分子或有机分子。而结构单元层内部电荷未达平衡时,部分阳离子将充填层间域,如云母、蒙脱石等矿物的晶体结构中充填少量 Na^+、K^+、Ca^{2+} 等,以及水分子或有机分子。这些阳离子、水分子等的存在将影响矿物的硬度、解理、弹性、离子交换性及晶胞参数等。

另外,层状结构单元层叠置方式不同,造成层状硅酸盐矿物具有多型性质。如云母结构单元层的两层 T 层的活性氧发生位移并相对旋转各种角度,形成不同多型的变体:$1M$、$2O$、$3T$ 等。同时不同结构单元层之间可以相互连生,形成混层矿物或间层矿物,这在黏土矿物中极为常见。

层状硅酸盐矿物常呈假六方板、片状或短柱状。在物理性质上,通常具一组极完全的底面解理,硬度低,薄片具弹性或挠性,少数具脆性,玻璃光泽或珍珠光泽,相对密度较小。此外,一些层状硅酸盐矿物具有吸附性、离子交换性、吸水膨胀性、加热膨胀性、可塑性、烧结性等,具有特殊的工业应用价值。尤其是黏土矿物(粒度小于 2 微米的层状结构硅酸盐矿物集合体),在工业中具有广泛应用。层状硅酸盐矿物在各种地质作用中均可以形成。

①云母族(mica)

云母族矿物呈假六方板、片状,细者为鳞片状,也可呈柱状,颜色随化学成分变化而变化,玻璃光泽、珍珠光泽,解理{001}极完全,{110}、{010}不完全,硬度 2～3,相对密度 2.7～3.1,解理片有弹性,硬度稍大(比滑石大)及解理片的弹性都与层间阳离子有关。

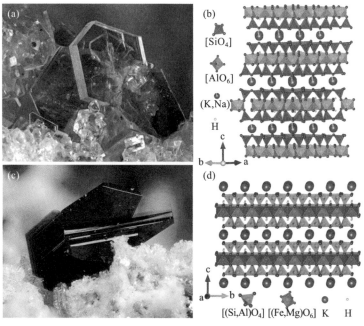

图 4-41　云母族矿物的晶体形态与晶体结构[(a-b)白云母;(c-d)黑云母]

云母族矿物晶体结构为 TOT 型,由于 T 层中有 Al 置换 Si,其电荷未平衡,因此,层间存在大半径阳离子如 K^+、Na^+ 等填充,形成二八面体型[图 4-41(b)]、三八面体结构[图 4-41(d)]。根据化学成分和结构特征,云母族矿物主要包括白云母 $KAl_2(Si_3Al)O_{10}(OH)_2$[图 4-41(a)]、海绿石 $(K,Na)(Al,Fe^{3+},Mg)_2(Si,Al)_4O_{10}(OH)_2$、黑云母 $KFe_3(Si_3Al)O_{10}(OH)_2$[图 4-41(c)]、金云母 $KMg_3(Si_3Al)O_{10}(OH)_2$、锂云母 $KLi_2Al(Si_3Al)O_{10}(F,OH)_2$、铁锂云母 $KLiFeAl(Si_3Al)O_{10}(F,OH)_2$ 等。其晶体化学通式为 $X\{Y_{2-3}[Z_4O_{10}](OH)_2\}$,其中 X 为 K^+、Na^+、Rb^+、Cs^+ 等大半径阳离子,为 12 次配位;Y 为八面体配位,主要由 Al^{3+}、Fe^{2+}、Mg^{2+}、Li^+、Cr^{3+} 等占据;Z 为四面体配位,由 Si^{4+}、Al^{3+}、Fe^{3+} 等占据,附加阴离子主要为 OH^-、F^-、Cl^- 等。云母族矿物的矿物学特征见表 4-19。

表 4-19 云母族矿物的矿物学特征

云母族矿物	白云母	黑云母	金云母	锂云母	铁锂云母	海绿石
晶系	单斜晶系	单斜晶系	单斜晶系	单斜晶系	单斜晶系	单斜晶系
成因与产状	产于中酸性岩浆岩中,常出现在云英岩和变质片岩和片麻岩中	产于接触变质,区域变质,基、中、酸、碱性侵入岩及伟晶岩等中	产于接触变质岩或超基性岩中	主要产于花岗伟晶岩中	主要产于酸性岩中	产于海洋环境和陆相沉积岩中
物理性质	呈片状,无色－彩色,玻璃光泽,{001}完全解理,硬度 2～3,相对密度 2.7	呈片状,黑色－深褐色,玻璃光泽,{001}完全解理,硬度 2～3,相对密度 3.0	呈片状,棕色－浅黄色,玻璃光泽,{001}完全解理,硬度 2～3,相对密度 2.8	呈片状,紫红色,玻璃光泽,{001}完全解理,硬度 2～3,相对密度 2.7	呈片状,深绿色,玻璃光泽,{001}完全解理,硬度 2～3,相对密度 2.7	呈细粒状和土状,绿色,玻璃光泽,{001}完全解理,硬度 2～3,相对密度 2.4
鉴定特征	片状、白色,{001}解理	片状、黑色,{001}解理	片状、棕色,{001}解理	片状、紫红色,{001}解理	片状、棕色,{001}解理	绿色集合体、产于沉积岩中
用途与研究意义	K-Ar 定年、Rb-Sr 定年,良好绝缘体	K-Ar 定年、Rb-Sr 定年,填料	K-Ar 定年、Rb-Sr 定年,填料	锂原料,玉石,揭示酸性岩演化程度	锂原料,揭示酸性岩演化程度	K-Ar 定年、Rb-Sr 定年,涂料和颜料

②高岭石族(kaolinite group):$Al_4(Si_4O_{10})(OH)_8$

高岭石族矿物的晶体结构为 TO 型(二八面体型),层间无大半径阳离子。由于结构单元层的堆垛方式不同,高岭石族可以细分为高岭石、迪开石、珍珠石、埃洛石等矿物,其中埃洛石呈卷曲的球状或管状,与蛇纹石类似。

高岭石名称来源于我国江西景德镇高岭山名。化学成分上,除了含 41.02wt% Al_2O_3、48.00wt% SiO_2 和 10.80wt% H_2O 外,还含少量 Mg、Fe、Cu 等元素,主要置换八面体位中 Al 的位置,常见碱金属以及碱土金属元素机械混入。高岭石常见多型为 1Tc 型、1M 型、2M 型等,三斜晶系,P1,a=15.4Å,b=8.9Å,c=7.4Å,Z=1;晶体结构见图 4-42(a)所示。高岭石多为隐晶质致密块状或土状集合体,多为白色,由于杂质的原因可呈其他各种颜色,具有土状光泽和蜡状光泽,{001}极完全解理,但肉眼不可见,硬度 2~3.5,相对密度 2.6,具有吸水性、湿态具有可塑性。以土状集合体、手捏碎状、吸水后具可塑性为鉴别特征。高岭石主要为铝硅酸盐矿物的蚀变产物,在陶瓷工业、电器、建材、涂料等领域有广泛应用。高质量高岭石是印章石的主要矿物成分。

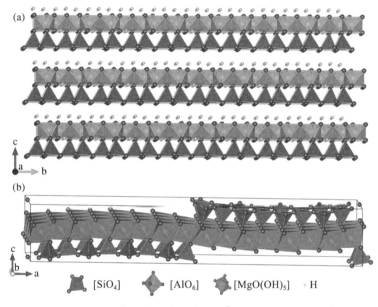

[SiO_4] [AlO_6] [MgO(OH)_5] ·H

图 4-42 滑石与蛇纹石的晶体结构[(a)滑石;(b)蛇纹石]

③蛇纹石族(serpentine group):$Mg_6(Si_4O_{10})(OH)_8$

蛇纹石族矿物晶体结构属于 TO 型,层间无阳离子等,主要有 5 种同质多象变体:正一、斜一、副一纤蛇纹石、利蛇纹石和叶蛇纹石,它们之间的结构差异主要在于四面体片与八面体片的不同程度变形。

化学成分上,蛇纹石除了含 43.60wt% MgO、43.40wt% SiO_2 和 13.00wt% H_2O 外,还含少量 Mn、Fe、Al 等元素,主要置换八面体位中 Mg 的位置。蛇纹石的晶体结构为单斜晶系,Cm 或 C2/m 型,a=5.3Å,b=9.2Å,c=n×7.3Å(n 为不同多型结构中的重复层数),β=90°~93°,Z=2;蛇纹石的晶体结构中,八面体片中半径较小阳离子代替半径较大者,四面体片中半径较大阳离子代替半径较小的 Si 时,有利于形成利蛇纹石,呈平坦的板状;如八面体片与四面体片交替反向波状弯曲,形成叶蛇纹石;如四面体片在内,八面体片在外,形成结构单元层卷曲,有利于形成纤蛇纹石[图 4-42(b)]。蛇纹石多是致密块状或纤维状、叶片状集合体,纤维状为蛇纹石石棉,颜色多为不同色调的绿色,受 Fe 的含量影响较大,油脂光泽或蜡状光泽,纤维状者为丝绢光泽,{001}完全解理,硬度 2～3.5,相对密度 2.6。以其颜色、纤维状、致密块状、硬度低为鉴别特征。蛇纹石主要为超基性岩的蚀变产物,蛇纹石棉主要用于建筑、化工、医药和冶金等行业;致密块状的上等蛇纹石可以作为玉石原料,高档的蛇纹石为岫玉。

④其他

其他层状硅酸盐矿物主要包括滑石 $Mg_3(Si_4O_{10})(OH)_2$、叶腊石 $Al_2(Si_4O_{10})(OH)_2$、蒙脱石$(Na,Ca)_x(H_2O)_4(Al_{2-x},Mg_x)_2[(Si,Al)_4O_{10}](OH)_2(x=0.2-0.6)$、蛭石$(Mg,Ca)_{0.3-0.45}(H_2O)_n(M,Fe^{3+},Al)_3[(Si,Al)_4O_{10}](OH)_2$、绿泥石 $A_{5-6}T_4Z_{18}(A=Al,Fe^{2+},Fe^{3+},Li,Mg,Mn,Ni,T=Al,Fe^{3+},Si,Z=O$ 和 $OH)$ 和葡萄石 $Ca_2Al(AlSi_3O_{10})(OH)_2$ 等矿物。相关信息见表 4-20,其中葡萄石的晶体结构由层状结构向架状结构过渡,为葡萄石架状层结构(图 4-43)。

表 4-20　其他层状硅酸盐矿物的矿物学信息

特征	滑石	叶腊石	蒙脱石	蛭石	绿泥石	葡萄石
晶系	单斜晶系	单斜-三斜晶系	单斜晶系	单斜晶系	单斜晶系	斜方晶系
成因与产状	典型的热液矿物,是镁质超基性岩与碳酸岩热液交代产物	产于酸性岩的热液蚀变带中	主要为基性火山岩在碱性环境蚀变产物,是膨润土的主要矿物成分	主要为黑云母和金云母或基性岩的热液蚀变产物	主要为热液蚀变产物,在各种蚀变岩石均可出现	在岩浆岩、变质岩和沉积岩中均可出现,主要为热液蚀变产物
物理性质	呈微细晶体、片状和致密块状,白色,玻璃光泽,{001}极完全解理,有滑感,硬度1,相对密度2.7	呈微细晶体、片状和致密块状,白色-其他浅色调,油脂光泽,{001}极完全解理,有滑感,硬度1～1.5,相对密度2.7,解理片有挠性	呈片状,白色-其他浅色调,土状光泽,{001}完全解理,硬度2～3,相对密度2～2.7,有滑感和加水膨胀现象	呈片状,颜色随成分变化,油脂-珍珠光泽,{001}完全解理,硬度1.5,相对密度2.5,解理片不具弹性,加热膨胀	呈片状,各种色调绿色,玻璃光泽,{001}完全解理,硬度2.5,相对密度2.6～3.3,解理片具有挠性	呈柱状,葡萄状、致密块状等,白色-浅黄色或各种色调绿色,玻璃光泽,{001}完全-中等解理,硬度6～6.5,相对密度2.8～2.95
鉴定特征	低硬度、片状、滑感、白色及{001}解理	低硬度、片状、滑感及{001}解理,解理片有挠性	加水膨胀,片状、{001}解理	片状,{001}解理,解理片不具弹性,加热膨胀	片状、绿色、{001}解理,解理片具有挠性	葡萄状、绿色等形态的集合体

续表

特征	滑石	叶腊石	蒙脱石	蛭石	绿泥石	葡萄石
用途与研究意义	主要用于电绝缘、绝热、润滑剂,在陶瓷、造纸、化妆品等行业广泛应用	在陶瓷、造纸、化妆品等行业应用较广;质量好的叶腊石可作为印章石	主要用于离子交换剂,在粮油、净化石油、核废物处理、污水处理等行业应用较广	主要用于隔声、隔热、绝缘等,广泛用于建筑、农业、环境保护行业	在沸石的商业生产中用作催化剂或原料,具有重要的矿物学和岩石学研究意义	可作为宝玉石的原料

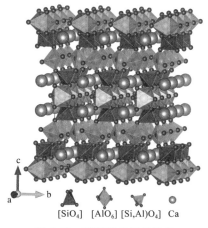

图 4-43　葡萄石的晶体结构

(5)架状结构硅酸盐矿物

架状结构硅酸盐矿物中,[SiO₄]四面体之间共角顶,彼此相连,形成架状结构(图 4-44),类似于石英的架状结构,石英的架状结构内电荷中和,而在架状结构硅酸盐中,部分 Si^{4+} 被 Al^{3+} 代替,多余电荷需要其他阳离子来中和。常为电价低、离子半径大、配位数高的阳离子,如 K^+、Na^+、Ca^{2+}、Ba^{2+} 和少量 Rb^+、Cs^+ 等。Si^{4+} 与 Al^{3+} 之间的同时替代有限,导致架状硅酸盐的阳离子种类有限且类质同象少,其成分也较简单。

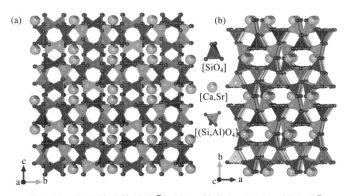

图 4-44　长石的晶体结构[(a)沿 a 轴方向;(b)沿 c 轴方向]

架状结构中,存在大量的通道(图 4-44),主要被附加阴离子 F^-、Cl^-、OH^-、S^{2-}、$[SO_4]^{2-}$、$[CO_3]^{2-}$ 等占据,这些附加阴离子与 K^+、Na^+、Ca^{2+}、Ba^{2+} 和等阳离子相连,平衡结构中电荷。另外,沸石矿物中"沸石水"常占据在孔道中,它们的逸出和进入并不改变矿物的晶体结构。

$[SiO_4]$ 四面体在三维空间的不同方向上的排列方式存在一定差异,导致多种架状结构类型。因此,架状结构类型决定其物理性质。如架状结构中化学键各方向无明显差异,呈粒状,解理差,如白榴石之类的矿物;若架状结构中各方向化学键存在明显差异,则呈片、板状或柱状、针状,出现解理,如长石、沸石等。由于架状结构中化学键较强,其硬度较大,仅次于岛状硅酸盐矿物,颜色多呈浅色,相对密度较小,折射率也较低。架状结构硅酸盐主要包括长石族矿物和似长石族矿物。

①长石族矿物

长石族矿物在地壳矿物中约占 50%,具有重要的研究意义和价值。长石族矿物主要有 4 种:钾长石 $KAlSi_3O_8$、钠长石 $NaAlSi_3O_8$、钙长石 $CaAl_2Si_2O_8$ 和钡长石 $BaAl_2Si_2O_8$。然而,自然界中的长石多为固溶体,少见端元矿物,尤其是钾长石、钠长石和钙长石(图 4-45)。通常情况下,钾长石与钙长石之间存在不混溶,钾长石和钠长石为碱性系列长石,存在不同程度的混溶,可存在的形成有透长石、歪长石。钙长石和钠长石为斜长石系列,根据 Na 与 Ca 组分的比例,斜长石细分为钠长石(100%～90% Ab,0%～10% An)、奥长石(90%～70% Ab,10%～30% An)、中长石(70%～50% Ab,30%～50% An)、拉长石(50%～30% Ab,50%～70% An)、培长石(30%～10% Ab,70%～90% An)和钙长石(10%～0% Ab,90%～100% An)。其中,钠长石和奥长石主要出现在酸性岩中,属于酸性斜长石,而拉长石、培长石和钙长石主要出现在基性岩中,属于基性斜长石。

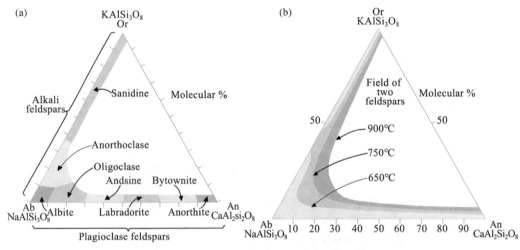

图 4-45　长石族矿物[(a)分类;(b)相图]

(a)晶体结构

长石族矿物的架状晶体结构中 $[(Si,Al)O_4]$ 四面体分别沿近垂直于 a 轴和 b 轴方向形成四元环[图 4-44(a)],其中四面体位可分为 T_1 和 T_2。这些四元环分别沿 a 轴和 c 轴形成较强键链,四元环之间构成八元环,整体上构成长石族的架状结构。K^+、Na^+、

Ca^{2+}、Ba^{2+} 等大半径阳离子充填于八元环中。相对而言,大半径阳离子充填于八元环的空隙是晶体结构中较薄弱的位置,容易产生 $\{010\}$ 和 $\{001\}$ 两组解理。其阳离子越大,晶体结构的对称性越高,如钾长石 $KAlSi_3O_8$ 为单斜晶系;阳离子越小,对称性变低,如钠长石 $NaAlSi_3O_8$ 为三斜晶系。

在长石的晶体结构中,$[(Si,Al)O_4]$ 四面体四元环的 Al^{3+} 和 Si^{4+} 存在有序和无序现象,其有序-无序程度直接影响晶体的对称性和晶体常数。在钾长石、钠长石和钙长石中,均存在有序-无序现象。

在钾长石晶体结构中,$Al:Si=1:3$,即 $[(Si,Al)O_4]$ 四面体四元环中,有 1 个四面体位被 Al 所占据。Al 在四面体四元环的有序化,其晶体结构向三斜晶系演变,可以用三斜度来表示。若 Al 在四元环中的占位率相同时,晶体结构为单斜晶系,为透长石;若 Al 在四元环中的部分有序化时,晶体结构仍为单斜晶系,为正长石;随着 Al 在四面体四元环的完全有序化,晶体结构中的对称面和二次轴被破坏,晶体结构转变为三斜对称结构,即微斜长石。正长石与透长石之间的转变是可逆的,而正长石与微斜长石之间的转变是不可逆的,微斜长石形成的温度是钾长石结晶温度最高的矿物种。

在钠长石中,有序化与钾长石有序化类似,但钠长石晶体中 Al 的有序化均是在三斜晶系中发生的。主要由于 Na 的离子半径较小,造成晶体结构对称程度降低。

钙长石的晶体结构中,$Al:Si=2:2$,$[AlO_4]$ 四面体与 $[SiO_4]$ 四面体必须相间排列,形成有序结构,因此,纯的钙长石结构中 Al 与 Si 是有序的。若要使钙长石中 $[AlO_4]$ 四面体与 $[SiO_4]$ 四面体无序,温度需要大于 2000℃。事实上,在斜长石中,钠长石与钙长石可以无序-有序,即 $Na^+ + Si^{4+} \Longleftrightarrow Ca^{2+} + Al^{3+}$ 之间发生置换。

图 4-46　长石族矿物的晶体形态[(a)钾长石;(b)钠长石;(c)钙长石;(d)天河石]

(b)形态与物理性质

长石族矿物常呈板状或短柱状晶形,如图 4-46 所示。然而,在长石族矿物中,双晶现象极为普遍,如钠长石律、曼尼巴律、卡斯巴律、钠长石-卡斯巴律、肖钠长石律等双晶(表 4-21)。

表 4-21　长石族矿物常见双晶律

双晶律名称	简图	双晶轴	双晶接合面	主要特点
钠长石律	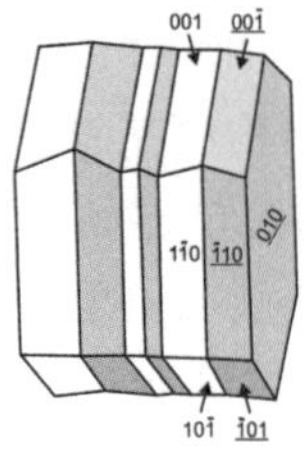	垂直于(010)	(010)	聚片双晶,在三斜晶系钠长石中出现
曼尼巴律	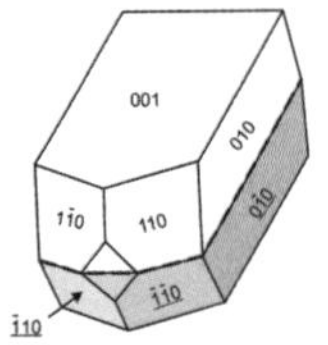	垂直于(001)	(001)	简单双晶,变质岩中长石较常见
巴维诺律	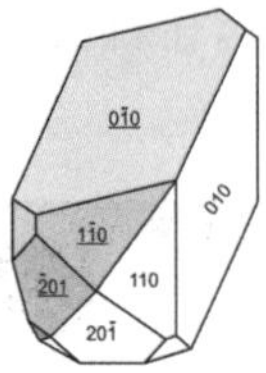	垂直于(021)	(021)	简单双晶,常见于火山岩长石中
卡斯巴律	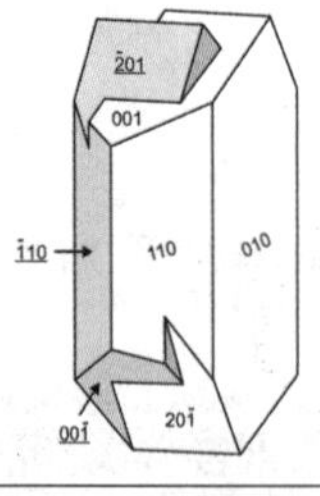	平行于[001]	(010)	简单双晶,常见
肖钠长石律	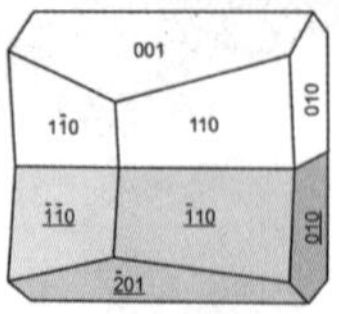	平行于[010]	(h0l)	简单或聚片双晶,在三斜晶系长石中出现
钠长石-肖钠长石律	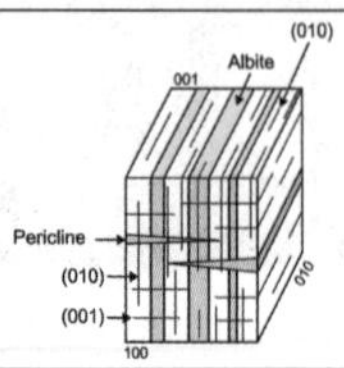	一组平行于[010],另一组垂直于(010)	一组为(h01),另一组为(010)	复合双晶,较常见

长石族矿物的颜色通常呈浅色,较常见的为灰色、白色、肉红色和蓝绿色等,具有 $\{010\}$ 和 $\{001\}$ 两组解理,解理夹角近于 $90°$,硬度 $6\sim6.5$,相对密度 $2.5\sim2.7$。

(c)成因与产状

长石族矿物广泛产于各种类型岩石中,主要为岩浆作用和变质作用的产物,是岩浆岩和变质岩等的造岩矿物,在伟晶岩中可出现多种长石,并形成巨大的晶体。长石经风化作用或热液蚀变可形成高岭石、绢云母、伊利石、蒙皂石、沸石、黝帘石、葡萄石等矿物。

长石族矿物主要用于玻璃和陶瓷工业,色泽美丽者可作宝石或玉石,亦可作工艺美术细工石料,含这种长石的岩石可用作建材和装饰石料。

●碱性长石

碱性长石包括钾长石和以钠长石为主的歪长石。钾长石有三种变种:透长石、正长石和微斜长石,其中透长石和正长石属于单斜晶系,微斜长石为三斜晶系;歪长石属于三斜晶系(表 4-22)。纯的钾长石含 $16.90wt\%\ K_2O$,$18.40wt\%\ Al_2O_3$,$64.70wt\%\ SiO_2$,还含少量 Fe、Sr、Mn、Pb、Ca、Ba 等。通常情况下,钾长石随着结晶温度降低,形成透长石、正长石和微斜长石,形态由板状向柱状演变。钾长石中,透长石和正长石常见卡斯巴双晶,微斜长石可见卡斯巴双晶、曼尼巴双晶、巴维诺双晶以及由钠长石律-肖钠长石组合的格子双晶。在形成和物理性质上,钾长石还可以分为冰长石、天河石(富 Rb)、条纹长石(钾长石与钠长石嵌晶)和月光石(钾长石与钠长石显微晶片层)等。在花岗岩和伟晶岩中,常见有石英与微斜长石或正长石组成的规则连生,俗称"文象结构"(图 4-47)。歪长石 $(Na,K)AlSi_3O_8$ 是高温钠长石与高温钾长石的固熔体相,以钠长石为主。

表 4-22　碱性长石的主要矿物学特征

碱性长石	透长石	正长石	微斜长石	歪长石
晶体化学式	$KAlSi_3O_8$	$KAlSi_3O_8$	$KAlSi_3O_8$	$(Na,K)AlSi_3O_8$
晶系	单斜晶系	单斜晶系	三斜晶系	三斜晶系
成因与产状	常见中酸性火山岩中,粗面岩中也较常见	常见中酸性和碱性火山岩中,可见变质岩中	常见中酸性和碱性火山岩中	常见中酸性和碱性火山岩中,作为斑晶和基质产出
物理性质	板状,无色透明,玻璃光泽,$\{010\}$ 和 $\{001\}$ 两组解理,硬度 $6\sim6.5$,相对密度 $2.5\sim2.63$。含 Rb 时,呈蓝绿色	柱状,肉红色,玻璃光泽,$\{010\}$ 和 $\{001\}$ 两组解理,硬度 $6\sim6.5$,相对密度 $2.5\sim2.63$。	柱状,灰白色-浅黄色,璃光泽,$\{010\}$ 和 $\{001\}$ 两组解理,硬度 $6\sim6.5$,相对密度 $2.5\sim2.63$,具有卡斯巴双晶、由钠长石律-肖钠长石组合的格子双晶	板状,无色透明,玻璃光泽,$\{010\}$ 和 $\{001\}$ 两组解理,硬度 $6\sim6.5$,相对密度 $2.5\sim2.63$,具有极细的格子双晶

续表

碱性长石	透长石	正长石	微斜长石	歪长石
鉴定特征	无色透明,玻璃光泽,{010}和{001}两组解理,硬度6～6.5,常见卡斯巴双晶	无色透明,玻璃光泽,{010}和{001}两组解理,硬度6～6.5,常见卡斯巴双晶	无色透明,玻璃光泽,{010}和{001}两组解理,硬度6～6.5,具有卡斯巴双晶、由钠长石律-肖钠长石组合的格子双晶	无色透明,玻璃光泽,{010}和{001}两组解理,硬度6～6.5,具有典型的极细的格子双晶
用途与研究意义	主要用于陶瓷和玻璃行业	主要用于陶瓷和玻璃行业	主要用于陶瓷和玻璃行业	主要用于陶瓷和玻璃行业

5mm

图 4-47　长石与石英的文象结构

●斜长石

斜长石是由钠长石和钙长石组成的固熔体,其中奥长石、中长石、拉长石、培长石均为钠长石和钙长石组按照不同组分构成,具有一定岩石学意义。斜长石的晶体结构属于三斜晶系,钙长石和钠长石相似,仅有晶体常数 c 值相差 1 倍。在斜长石中,常见钠长石双晶和肖钠长石双晶。晶体常呈白色或灰白色,玻璃光泽,具有{010}和{001}两组解理,硬度6～6.5,相对密度2.61～2.76。斜长石广泛分布于各种岩石中,酸性、中性、基性、超基性岩石以及碱性岩石中,均有斜长石产出。

②似长石族矿物

除了长石外,架状结构硅酸盐矿物还有霞石族、白榴石族、方钠石族、日光榴石族、方柱石族和沸石族等(图 4-48),常统称为似长石矿物。似长石具有如下特征:(a)K 或 Na 与 Si＋Al 的含量比较长石大,多形成于富碱贫硅的环境中,常不与石英共生,相应的晶体化学式可以由长石族矿物晶体化学式减去 $nSiO_2$。(b)架状结构较大,内部存在较大的空隙,能够容纳半径大的 K^+、Na^+、Ca^{2+}、Li^+、Cs^+ 等阳离子,以及 F^-、Cl^-、OH^-、$[CO_3]^{2-}$ 等较大的阴离子或络阴离子。(c)与长石族矿物相比,似长石的相对密度较低,一般在 2.3～2.6,硬度较小,5～6.5。各种似长石类矿物的矿物学信息见表 4-23,晶体结构如图 4-49所示。

图 4-48　似长石族矿物的晶体形态[(a)白榴石;(b)霞石;(c)方钠石;(d)日光榴石]

表 4-23　似长石的主要矿物学特征

似长石	白榴石	霞石	方钠石	日光榴石	方柱石	沸石
晶体化学式	$KAlSi_2O_6$	$KNa_3[AlSiO_4]_4$	$Na_4(Al_3Si_3)O_{12}Cl$	$Be_3Mn_4(SiO_4)_3S$	$Na_4[AlSi_3O_8]_3Cl$	$A_xB_yO_{2y} \cdot nH_2O(A=Na、K、Ca;B=Si、Al)$
晶系	四方晶系	六方晶系	等轴晶系	等轴晶系	四方晶系	单斜、斜方、三方、等轴等晶系
成因与产状	产于富钾贫硅的喷出岩和浅成岩中,常以斑晶出现	产于 Na 贫 Si 的碱性岩中,主要与正长石有关的侵入岩、火山岩和伟晶岩	常见富 Na 贫 Si 的碱性岩中	常见酸性和碱性岩中,部分产于花岗岩与围岩接触带以及矽卡岩中	主要产于气成热液、接触交代、变质作用等的各种岩石中	常产于玄武岩晶洞中,作为热液结晶产物,也可以产于沉积岩中

续表

似长石	白榴石	霞石	方钠石	日光榴石	方柱石	沸石
物理性质	粒状,假四角三八面体晶形,白色、灰色,透明,玻璃光泽,无解理,硬度5.5～6,相对密度2.5,高温时,可转变为等轴晶系变体	六方柱状或板状,无色-白色以及各种浅色调,透明,玻璃光泽,断口呈油脂光泽,无解理,硬度5～6,相对密度2.5～2.6	粒状、块状和结核状,蓝色,少数为绿色、红色和紫色,璃光泽,{110}解理,硬度5.5～6,相对密度2.14～2.30	粒状或致密块状集合体,黄-绿-红-红棕色、玻璃光泽,{111}不完全解理,硬度6～6.5,相对密度3.2	常见四方柱状和锥状,晶面有纵纹,浅黄-深黄色,玻璃光泽,透明-不透明,柱面解理不完全,硬度6～6.5,相对密度2.5～2.7	常呈纤维状、柱状、板状等,无色-白色,可呈其它各种色调,常具有一组完全解理,硬度3.5～5.5,相对密度1.9～2.3,
鉴定特征	假四角三八面体晶形,灰白色	断口油脂光泽,无解理	菱形十二面体晶形,天蓝色,{110}解理,产于碱性岩中	粒状,黄色,{111}不完全解理,常见四面体晶形	四方柱状,晶面有纵纹,具有较大双折射现象	与相似矿物,硬度小,比重轻,一组完全解理,准确鉴别需借助仪器
用途与研究意义	主要用于提钾和铝	用于陶瓷和玻璃行业	主要用于宝玉石、装饰和颜料,指示富Cl环境	提Be原料,指示还原环境	主要用于宝玉石,指示富Cl环境	主要用于离子交换材料、分子筛

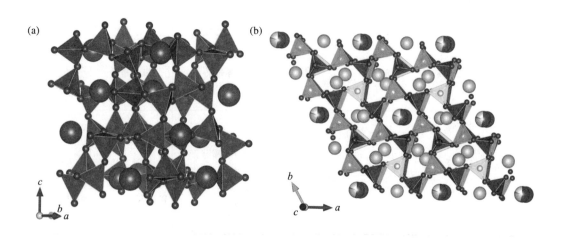

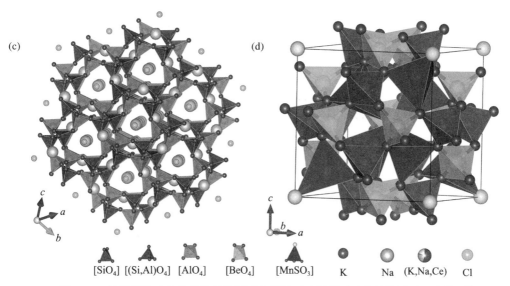

[SiO₄]　[(Si,Al)O₄]　[AlO₄]　[BeO₄]　[MnSO₃]　　K　　Na　(K,Na,Ce)　Cl

图 4-49　似长石族矿物的晶体结构[(a)白榴石;(b)霞石;(c)方钠石;(d)日光榴石]

4.6　其他含氧盐类矿物

其他含氧盐矿物主要包括碳酸盐、硫酸盐、磷酸盐、硼酸盐等矿物。

4.6.1　碳酸盐矿物

碳酸盐矿物是指含碳酸根$(CO_3)^{2-}$的矿物,其中阳离子主要为Ca^{2+}、Mg^{2+}、Fe^{2+}、Mn^{2+}、Sr^{2+}、Ba^{2+}、Cu^{2+}、Pb^{2+}以及稀土元素离子。碳酸盐矿物主要有方解石、文石、白云石、菱铁矿、菱锰矿、菱锌矿、菱镁矿等,它们可出现在岩浆岩、变质岩和沉积岩中,具有重要的工业价值,同时可以作为提取某些金属的原材料。

碳酸盐矿物中,除了碳酸根$(CO_3)^{2-}$外,还可能含一些附加阴离子,如$(OH)^-$、Cl^-、F^-、$(SO_4)^{2-}$、$(PO_4)^{3-}$等。碳酸盐矿物的晶体结构可视为 O 做最紧密堆积,$[CO_3]$呈平面三角形,阳离子充填于周围空隙中,其晶体结构大部分属于三方晶系,少数碳酸盐矿物属于单斜和斜方晶系。碳酸盐矿物中类质同象现象极为普遍,Ca、Mg、Fe、Mn 等之间常发生置换,容易形成类质同象系列矿物,如菱铁矿-菱锰矿、菱镁矿-菱锌矿等。在一些碳酸盐矿物中,晶变现象较明显,如菱钴矿、菱锌矿、菱镁矿、菱铁矿、菱锰矿等系列矿物中,它们具有相同的晶体结构,但其结构中菱面体的面角呈有规律变化,即随着阳离子半径的增大,其菱面体的面角变大,这主要由于阳离子半径差异造成。

碳酸盐矿物中存在同质多象现象,如方解石和文石,方解石的结构可视为 NaCl 型结构的衍生结构,即Na^+和Cl^-分别被Ca^{2+}和$(CO_3)^{2-}$取代[图 4-50(a)]。$[CO_3]$平面三角形垂直于三次轴呈层排列,导致其对称程度降低。相邻$[CO_3]$层中$[CO_3]$三角形方向相反。每个Ca^{2+}被 6 个$[CO_3]$环绕,Ca^{2+}与其中 6 个 O 连接成键,具有 6 次配位,沿电性中和面$\{10\overline{1}1\}$方向,容易产生完全解理。文石的结构与方解石的区别在于Ca^{2+}和$(CO_3)^{2-}$按照六方最紧密堆积进行堆垛,每个Ca^{2+}被 6 个$[CO_3]$环绕,Ca^{2+}与其中 9 个 O 连接成键,具有 9 次配位[图 4-50(b)],晶体结构属于斜方晶系。

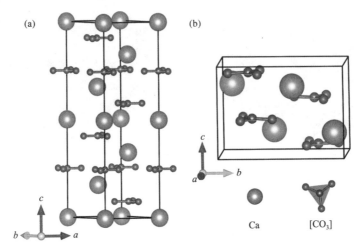

图 4-50   方解石与文石的晶体结构[(a)方解石;(b)文石]

碳酸盐矿物多呈块状、粒状、放射状、纤维状,颜色多数为浅色色调,少数具有鲜艳的颜色,主要由 Mn、Cu、Co 等致色,形成红色或绿色等,阳离子种类决定其比重大小。通常为玻璃光泽,具有菱面体解理。遇酸会起泡可作为鉴别碳酸盐的一种简易方法。

按照晶体结构和化学成分特征,碳酸盐矿物主要包括方解石族、文石族以及含附加阴离子碳酸盐矿物。

图 4-51   方解石族矿物的晶体形态[(a)方解石;(b)菱镁矿;(c)菱锰矿;(d)白云石]

方解石族矿物晶体见图 4-51,属于三方晶系,除白云石外,其对称型均为 $L^3 3L^2 3PC$,白云石的晶体对称型为 L^3C,它们的晶体结构均为方解石型,类质同象置换普遍,因此,方解石族矿物的化学成分通常在一定范围变化。晶体形态上,仅有方解石发育较好的晶形,呈菱面体和复三方偏三角面体。该族其他矿物晶形多呈粒状、土状、致密块状集合体,有的呈胶体状、肾状、结核状等。除菱锰矿呈红色外,其余矿物多为无色、白色和灰色,颜色受混入物影响,玻璃光泽,具有三组平行于{101}解理,硬度为3,相对密度受化学成分影响较大。方解石族矿物的具体信息如表 4-24 所示。

表 4-24　方解石族矿物的主要矿物学特征

方解石族	方解石	菱镁矿	菱铁矿	菱锰矿	菱锌矿	白云石
晶体化学式	$Ca(CO_3)$	$Mg(CO_3)$	$Fe(CO_3)$	$Mn(CO_3)$	$Zn(CO_3)$	$CaMg(CO_3)_2$
晶系	三方晶系					
成因与产状	形成于各种环境中,有沉积型、热液型、岩浆型和风化型方解石	主要产于含Mg热水溶液交代白云岩或超基性岩和超基性岩风化过程以及海相沉积岩	形成于热液和沉积作用,容易分解,形成铁的氧化物,可以呈胶体、鲕状、结核状	形成于热液和沉积以及变质作用条件下,产于硫化物矿床、热液交代和接触变质矿床	主要产于铅锌矿床氧化带,常与异极矿、白铅矿、褐铁矿等共生	形成于热液和沉积作用,可见海盆地的沉积物和石灰岩、白云质石灰岩热液蚀变产物中
物理性质	完好晶形呈菱面体和复三方偏三角面体,常具有(0001)接触双晶,无色或白色、灰色、透明,玻璃光泽,{101}三组解理,硬度3,相对密度2.6~2.9	晶体较少见,可见菱面体,常为粒状、致密块状,白色、灰色等,透明,玻璃光泽,{101}三组解理,硬度3.5~4.5,相对密度2.9~3.1	晶体呈菱面体,常为粒状、土状、致密块状,白色-黄白,风化后呈褐色,半透明,玻璃光泽,{101}三组解理,硬度45,相对密度3.7~4	晶形呈菱面体,晶面弯曲,常为粒状、土状、致密块状,玫瑰红色或紫色,玻璃光泽,{101}三组解理,硬度3.5~4.5,相对密度3.6~3.7	晶体较少见,常为胶体状、肾状、葡萄状皮壳状集合体,白色,常被染色,玻璃光泽,透明-半透明,菱面体解理,硬度4.5~5,相对密度4~4.5	晶体较少见,可见菱面体,晶面弯曲,呈马鞍状,常为粒状、致密块状,白色、暗褐色等,玻璃光泽,{101}三组解理,硬度3.5~4,相对密度2.85
鉴定特征	菱面体和复三方偏三角面体晶形,{101}三组解理,硬度3,遇酸起泡	常为粒状,{101}三组解理,遇酸起泡极慢	风化后呈褐色,比重较大,遇酸起泡缓慢	玫瑰红色,氧化后呈褐黑色,晶体具有{101}三组解理低硬度,遇酸起泡缓慢	胶体状、皮壳状等,硬度大,比重大,遇酸起泡	晶面弯曲,呈马鞍状,常为粒状、致密块状,白色、暗褐色等,遇酸起泡较慢

续表

方解石族	方解石	菱镁矿	菱铁矿	菱锰矿	菱锌矿	白云石
用途与研究意义	主要用于化工、冶金、建筑行业,好的晶体可用于光学元件	主要用于建筑材料和提镁	可做铁矿石用	提 Mn 原料,好的晶体可以作为宝石	可做提锌矿石	主要用于耐火材料、冶金溶剂等

文石族矿物晶体属于斜方晶系,其对称型为 $3L^2 3PC$,晶体结构中阳离子与 $(CO_3)^{2-}$ 呈六方最紧密堆积。晶体多为柱状,但少见,常为纤维状、柱状、皮壳状等集合体。颜色多呈浅色调,玻璃光泽,通常无解理,硬度为 3.5～4.5,比重受化学成分影响较大。文石族矿物的具体信息如表 4-25 所示。文石、碳酸钡矿、白铅矿和钡解石晶体见图 4-52。钡解石的晶体结构属于方解石与文石结构的过渡类型,其阳离子配位数为 7,降低其晶体对称型,为单斜晶系。

表 4-25 文石族矿物的矿物学信息

文石族	文石	菱锶矿	碳酸钡矿	白铅矿	钡解石
晶体化学式	$Ca(CO_3)$	$Sr(CO_3)$	$Ba(CO_3)$	$Pb(CO_3)$	$CaBa(CO_3)_2$
晶系	斜方晶系	斜方晶系	斜方晶系	斜方晶系	单斜晶系
成因与产状	通常在低温热液和外生作用条件下形成,属于低温矿物,容易转变为方解石	属于中低温热液成因,产于石灰岩和泥灰岩中,在沉积岩中与石膏、天青石等形成结核	常见于低温热液脉中,与重晶石、方解石、白云石等共生	主要产于铅锌矿床氧化带,是方铅矿风化蚀变产物	主要产于热液脉中,与重晶石共生
物理性质	呈柱状,集合体呈纤维状、钟乳状等,白色或黄白色,透明,玻璃光泽,硬度 3.5～4.5,相对密度 2.6～3.3	晶体少见,常为致密块状,白色-灰色,被杂质染为绿色、褐色等,玻璃光泽,{110} 中等解理,硬度 3.5～4,相对密度 3.6～3.8	晶体少见,常为致密块状,白色-灰色,被杂质染为黄褐色等,玻璃光泽,{010} 中等解理,硬度 3.5,相对密度 4.2～4.3	晶体呈板状、片状,集合体呈致密块状、粒状、钟乳状,白色-灰色-黑色,玻璃-金刚光泽,{110} 和 {021} 中等-不完全解理,硬度 3.5,相对密度 6.4～6.6	晶体少见,晶面 {100} 上有条纹,集合体呈致密块状,带灰、黄、绿的白色,玻璃光泽,透明-半透明,{110} 完全解理,硬度 4,相对密度 3.6

续表

文石族	文石	菱锶矿	碳酸钡矿	白铅矿	钡解石
鉴定特征	遇酸起泡,不具菱面体解理,晶体呈柱状	晶体呈柱状,遇酸起泡,{110}中等解理	与重晶石相似,遇酸起泡	{110}和{021}中等-不完全解理,比重大,光泽强,遇酸起泡	晶面{100}上有条纹,{110}完全解理,遇酸起泡
用途与研究意义	文石是珍珠主要矿物组成	主要用于提锶的原料	用于化工、玻璃、陶瓷等行业	提 Pb 原料,铅的找矿标志	具有矿物学和岩石学意义

图 4-52　文石族矿物的晶体形态[(a)文石;(b)碳酸钡矿;(c)白铅矿;(d)钡解石]

含附加阴离子碳酸盐矿物主要包括孔雀石 $Cu_2(CO_3)(OH)_2$、蓝铜矿 $Cu_3(CO_3)_2(OH)_2$、氟碳铈矿$(Ce,La,\cdots)(CO_3)F$ 等矿物(图 4-53)。孔雀石以孔雀绿色,形态常呈肾状、葡萄状为典型特征[图 4-53(a)],产于铜矿床氧化带,与蓝铜矿、辉铜矿等共生。蓝铜矿呈天蓝色,晶体为短柱状[图 4-53(c)],集合体为致密粒状或薄膜状等,主要产于铜矿床氧化带,是一种次生矿物;它以天蓝色、遇酸起泡等为鉴别特征。氟碳铈矿是稀土矿物中分布最广的矿物[图 4-53(c)],主要产于碱性花岗岩、正长岩等岩石中。

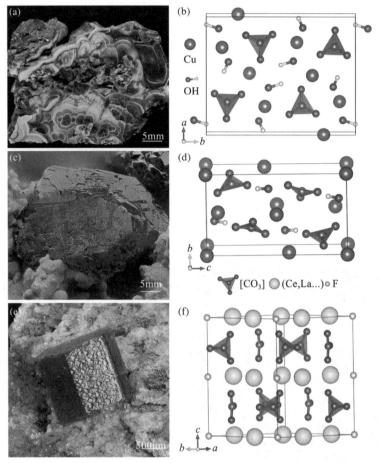

图 4-53 其他碳酸盐矿物的晶体形态与晶体结构

[(a-b)孔雀石；(c-d)蓝铜矿；(e-f)氟碳铈矿]

4.6.2 硫酸盐矿物

在地壳中，硫酸盐矿物分布不均，主要为表生作用产物，其次为热液后期的产物。硫酸盐主要有重晶石、石膏、硬石膏、明矾石、芒硝等矿物，它们是重要的建材和化工原材料，部分硫酸盐矿物可以作为金属元素的矿物原料。

硫酸盐矿物中，除了硫酸根（SO_4）$^{2-}$外，阳离子主要为惰性气体型和过渡型离子，少数为铜型离子，主要有 Fe^{3+}、Na^+、K^+、Cu^{2+}、Mg^{2+}、Al^{3+}、Ca^{2+}、Pb^{2+}、Mn^{2+}、Ba^{2+}、Sr^{2+}、Zn^{2+} 等。硫酸盐矿物通常在表生条件下形成，晶体中发生类质同象的现象相对其他含氧盐类矿物较少，仅有 Mg-Fe 和 Ba-Sr 之间的完全类质同象替代。硫属于变价元素，在自然界中存在多种化合价。然而，在硫酸盐矿物中，硫以 S^{6+} 形式出现，形成于较氧化的环境。

硫酸盐矿物中，络阴离子团呈[SO_4]四面体形式，其半径较大，约 2.95Å。因此，[SO_4]四面体与大半径阳离子结合相对较稳定，如 Pb^{2+}、Ba^{2+}、Sr^{2+} 等；如与半径较小的阳离子 Fe^{2+}、Ca^{2+} 等结合，还需要部分水分子填充，形成含水硫酸盐矿物。硫酸盐矿物的晶体结构可以看做 O 做最紧密堆积,[SO_4]四面体呈各种形式排列,阳离子充填于周围空隙中。阳离子的配位数通常较高,硫酸盐矿物中 Pb^{2+}、Ba^{2+}、Sr^{2+} 等的配位数为 12,K^+ 为 9 或 10,Ca^{2+} 为 8 或 9,Na^+、Mg^{2+}、Cu^{2+} 等为 6。同时还可能含一些附加阴离子,如 $(OH)^-$、Cl^-、F^-、O^{2-}、$(CO_3)^{2-}$ 等。

硫酸盐矿物的晶体结构主要属于单斜和斜方晶系,其次为三方晶系。矿物的颜色主要有阳离子类型决定,通常为白色、灰色,如含 Cu、Fe 时呈蓝色和绿色。玻璃光泽、少数为金刚光泽,透明-半透明,硬度一般小于 3.5。

硫酸盐矿物主要为化学沉积,其主要在钙镁碳酸盐沉积之后氯化物晶出之前沉淀形成的,硫酸盐矿物的晶出顺序大致为 Ca(Ba、Sr)、Mg、Na、K 的硫酸盐。金属硫化物经过氧化常形成含水硫酸盐,即矾类矿物。主要的硫酸盐矿物的矿物学信息见表 4-26。重晶石、天青石、石膏、硬石膏、芒硝和明矾石的晶体和晶体结构分别见图 4-54 和图 4-55。

表 4-26　主要硫酸盐矿物的矿物学信息

硫酸盐矿物	重晶石	天青石	石膏	硬石膏	芒硝	明矾石
晶体化学式	$Ba(SO_4)$	$Sr(SO_4)$	$Ca(SO_4)\cdot 2H_2O$	$Ca(SO_4)$	$Na_2(SO_4)(H_2O)_{10}$	$KAl_3(SO_4)_2(OH)_6$
晶系	斜方晶系	斜方晶系	单斜晶系	斜方晶系	单斜晶系	三方晶系
成因与产状	主要产于低温热液矿床中,与方铅矿、闪锌矿、黄铜矿等共生	主要产于沉积型矿床中,一般沉积顺序为碳酸盐-天青石-石膏	主要为化学沉积作用产物,产于石灰岩、页岩、砂岩、泥灰岩和黏土岩层之间	主要为化学沉积作用产物,形成于盐湖中,常与石膏共生,可见热液脉和火山熔岩孔洞中	主要为化学沉积作用产物,形成于干涸盐湖中,常与石膏、石盐等共生	形成于低温热液蚀变过程,主要见中酸性火山岩蚀变产物
物理性质	板柱状晶形,粒状、纤维状集合体,无色或白色,透明,{001}完全解理,{210}中等解理,玻璃光泽,硬度 3～3.5,相对密度 4.3～4.5	板柱状晶形,粒状、钟乳状、纤维状集合体,天蓝色,透明,{001}完全解理,{210}中等解理,玻璃光泽,硬度 3～3.5,相对密度 3.9～4	板柱状晶形,晶面{110}、{010}上有纵纹,可呈纤维状集合体,可见燕尾双晶,白色-无色,透明,解理{010}、{100}和{011}完全-中等,解理片呈菱形,具有挠性,玻璃光泽,硬度 1.5～2,相对密度 2.3	板柱状晶形,可呈纤维状、致密块状集合体,白色-浅蓝色,透明,解理{010}、{100}和{001}完全-中等,玻璃光泽,硬度 3～3.5,相对密度 2.8～3	短柱状、针状晶形,可呈纤维状、致密块状集合体,无色透明,解理{100}完全,玻璃光泽,硬度 1.5,相对密度 1.49	晶体较少见,可呈纤维状、致密块状集合体,白色,透明,解理{0001}中等,玻璃光泽,硬度 3.5,相对密度 2.6～2.8

续表

硫酸盐矿物	重晶石	天青石	石膏	硬石膏	芒硝	明矾石
鉴定特征	比重大，板状晶形，三组中等-完全解理，部分解理夹角为90°	与重晶石相似，天蓝色，比重比重晶石小	低硬度，具有一组极完全解理，解理片呈菱形，具有挠性	比重小，解理相互垂直，硬度比石膏大，指甲刻不动	易溶于水，比重小，解理{100}完全	解理{0001}中等，加入硝酸钴溶液后灼烧呈蓝色，加酸不起泡
用途与研究意义	主要用于化学试剂和医药上，可作为提Ba原料	可作为提Sr原料，指示沉积环境	用于塑造模型，制造水泥、农肥，还可以用于光学仪器	用于制造胶结物和硫酸盐铵，具有矿床成因指示意义	用于化学制碱工业	提取明矾和硫酸铝的原料

图 4-54　硫酸盐矿物的晶体形态［(a)重晶石；(b)天青石；(c)石膏；(d)硬石膏；(e)芒硝；(f)明矾石］

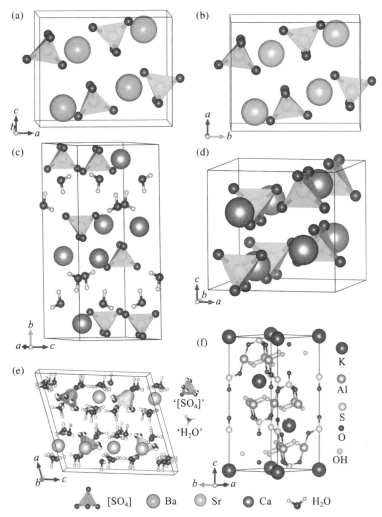

图 4-55 硫酸盐矿物的晶体结构[(a)重晶石;(b)天青石;(c)石膏;(d)硬石膏;
(e)芒硝;(f)明矾石]

除了上述硫酸盐矿物外,还有胆矾、水绿矾、黄钾铁矾、泻利盐、无水芒硝、铅矾等硫
酸盐矿物。

4.6.3 磷酸盐矿物

磷酸盐矿物可以形成于地球深部、浅部,甚至可作为表生作用产物。磷酸盐矿物主
要有磷灰石(族)、独居石、磷钇矿、磷锂铝石、磷氯铅矿、绿松石、铀云母(族)等矿物,它们
是重要的矿石原料,同时具有找矿意义。独居石、磷钇矿、磷灰石、绿松石、磷锂铝石、铜
铀云母的晶体和晶体结构分别见图 4-56 和图 4-57。

在磷酸盐矿物中,磷酸根为$(PO_4)^{3-}$形式,与阳离子结合主要有几种类型:①与半径
较大的三价稀土元素阳离子结合,形成稳定的无水磷酸盐矿物,如独居石、磷钇矿等;②

与半径较大二价阳离子（Pb^{2+}、Ba^{2+}、Sr^{2+}等）结合，常有附加阴离子$(OH)^-$、Cl^-、F^-、O^{2-}等，如磷灰石、磷氯铅矿等；③与半径较小二价阳离子（Mg^{2+}、Fe^{2+}、Cu^{2+}等）结合，容易形成含水磷酸盐矿物，如绿松石、蓝铁矿、铜铀云母等；④与一价金属阳离子（Li^+、K^+、Na^+）结合，只能与Al^{3+}一起化合，形成铝磷酸盐矿物，如磷锂铝石等。由于磷酸盐矿物的阳离子种类较多，发生类质同象现象较为普遍，形成较多的矿物种，如磷灰石族中氟磷灰石、羟磷灰石、氯磷灰石等矿物种；甚至 P 与 V 之间发生完全替代，形成磷酸盐-钒酸盐系列矿物。由于磷酸盐矿物可以含稀土元素和附加阴离子，它们在形成过程中记录了各种地质过程和形成条件，具有重要的研究价值。磷酸盐矿物可以形成于花岗岩、伟晶岩、热液脉以及陨石中，主要磷酸盐矿物的矿物学信息见表 4-27。

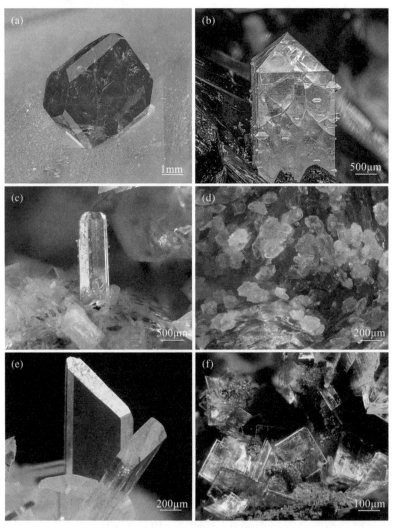

图 4-56　磷酸盐矿物的晶体形态[(a)独居石；(b)磷钇矿；(c)磷灰石；(d)绿松石；(e)磷锂铝石；(f)铜铀云母]

表 4-27 主要磷酸盐矿物的矿物学信息

信息	独居石	磷钇矿	磷灰石	绿松石	磷锂铝石	铜铀云母
晶体化学式	(Ce,La,…)(PO₄)	Y(PO₄)	Ca₅(PO₄)₃(F,OH)	Cu(Al,Fe)₆(H₂O)₄(PO₄)₄(OH)₈	LiAl(PO₄)(F,OH)	Cu(H₂O)₈[UO₂(PO₄)]₂·nH₂O
晶系	单斜晶系	四方晶系	六方晶系	三斜晶系	三斜晶系	四方晶系
成因与产状	作为副矿物,产于花岗岩、正长岩、片麻岩和伟晶岩中,与磷钇矿、锆石、磷灰石等共生	主要产于花岗岩、伟晶岩、碱性岩以及相关矿床中,与独居石等共生	产于花岗岩、伟晶岩、碱性岩以及各种变质岩、沉积岩和陨石中,生物化学作用以及表生作用也可形成	主要为干热环境下含铜溶液与黏土反映而成,常与褐铁矿、高岭石、玉髓等共生,常出现于铜矿地表	主要为花岗伟晶岩、高温锡矿以及云英岩中的副矿物出现,常与磷灰石、锂辉石、锂云母等共生	常为次生矿物,主要为热液脉或伟晶岩中铀矿物的风化产物,与砷铀矿、高岭石等共生
物理性质	板状晶形,粒状集合体,棕红色、黄色等,油脂光泽,{100}、{010}完全-不完全解理,硬度5.5,相对密度4.9~5.5,含U、Th有放射性	锥柱状晶形,粒状集合体,黄、红褐、棕或黄绿色,{100}完全解理,玻璃-油脂光泽,硬度5,相对密度4.6,部分有磁性	柱状晶形,粒状、胶体状集合体,白色-各种色,透明-不透明,解理{0001}不完全,硬度5,相对密度3.18~3.21	晶体少见,常呈致密块状、纤维状、皮壳状集合体,天蓝色,不透明,晶体{001}解理完全,油脂光泽,硬度5~6,相对密度2.6~2.8	常粒状集合体,白色,解理{100}完全、{110}良好,{001}不完全,玻璃光泽,硬度5.5,相对密度3.1	板状、短柱状晶形,黄色-绿色,{001}、{100}完全-中等解理,玻璃光泽,硬度2.5,相对密度3.2~3.6,具有放射性,紫外光下发黄绿色荧光
鉴定特征	比重大,化学性质稳定,{100}完全解理,与磷钇矿等共生	四方锥柱状,比重大,柱面{100}完全解理,部分有磁性	六方柱状晶形,硬度比相似矿物绿柱石低,具有{0001}不完全解理	特殊的蓝绿色,硬度高,油脂光泽,有铁线(黑色细脉)	白色,解理发育,常与锂矿物共生,不稳定,容易发生蚀变	四方柱状晶形,具有放射性,紫外光下发黄绿色荧光
用途与研究意义	提取稀土元素的原料,可用于独居石U-Pb定年	提取钇的原料	提磷的原料,微量、同位素等具有指示意义,可用作定年	用作玉石,具有找矿指示意义	可以作为提锂原料,具有锂矿找矿指示意义	提取明矾和硫酸铝的原料

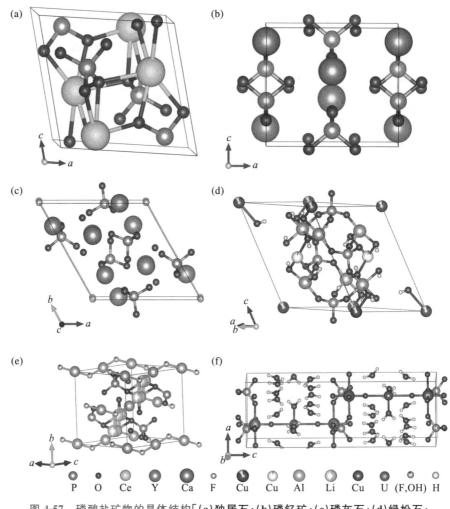

图 4-57 磷酸盐矿物的晶体结构[(a)独居石;(b)磷钇矿;(c)磷灰石;(d)绿松石;
(e)磷锂铝石;(f)铜铀云母]

除了上述磷酸盐矿物外,还有磷铝石、蓝铁矿、钙铀云母等磷酸盐矿物。

4.6.4 硼酸盐矿物

在硼酸盐矿物晶体结构中,其络阴离子与硅酸盐中的络阴离子排列类似,可呈岛状、环状、链状、层状和架状等结构,分别形成岛状、环状、链状、层状、架状硼酸盐矿物。然而,硼酸盐中络阴离子更为复杂,络阴离子中 B 可呈三角形配位,也可呈四面体配位,且两种络阴离子可同时出现在同种矿物结构中;B 既可与 O^{2-} 配位,也可与 $(OH)^{-}$ 配位,即存在 $[B(O,OH)_3]$ 和 $[B(O,OH)_4]$ 的配位。从结构组合上看,硼酸盐矿物晶体结构比硅酸盐矿物晶体结构更为复杂。正因为如此,许多硼酸盐矿物具有特殊的光学性质,可用于材料科学、国防军工等领域。硼酸盐矿物晶体的研究有助于发展新的功能材料。

目前,硼酸盐矿物没有严格按照结构进行分类。多数硼酸盐矿物呈白色或无色,透明,玻璃光泽,少数硼酸盐矿物因含过渡型离子呈黑色、棕色,半透明-不透明。硼酸盐矿物的硬度一般介于 2～5,少数硼酸盐矿物硬度达 7～7.5,如方硼石,相对密度在 2.9～3.1,主要硼酸盐矿物的矿物学信息见表 4-28。硼砂、钠硼解石、硼镁石和方硼石的晶体和晶体结构分别见图 4-58 和图 4-59。

硼酸盐矿物广泛用于玻璃、讨论、电讯、化学、医药、农业和冶金等行业,在国防尖端科技领域也有不少用途,是重要的战略物资。

除了上述含氧盐矿物外,还有钨酸盐、钼酸盐、砷酸盐、钒酸盐、硝酸盐等矿物,其中较常见或重要的矿物见表 4-29。

表 4-28　主要硼酸盐矿物的矿物学特征

硼酸盐矿物	硼砂	钠硼解石	硼镁石	方硼石
晶体化学式	$Na_2(B_4O_5)(OH)_4 \cdot 8H_2O$	$NaCa(B_5O_6)(OH)_6 \cdot 5H_2O$	$MgBO_2(OH)$	$Mg_3(B_7O_{13})Cl$
晶系	单斜晶系	三斜晶系	单斜晶系	斜方晶系
成因与产状	主要产于干旱地区盐湖和蒸发沉积物中,与石盐、无水芒硝、石膏等伴生	主要产于干旱地区内陆湖相化学沉积,常与石盐、芒硝、石膏等共生	常见接触交代矽卡岩和热液交代脉中,偶见沉积硼酸盐矿物脱水而成	常产于海相盐类沉积矿床中,与硬石膏、石盐、钾盐等共生
物理性质	短柱状晶形,常见粒状、块状集合体,白色-无色,玻璃光泽,解理{100}完全、{110}不完全,硬度 2.5,相对密度 1.7,易溶于水	晶形少见,常为针状、毛发状、放射状集合体,无色-白色,玻璃光泽,透明,解理{010}、{10}完全,硬度 2.5,相对密度 1.96	常为针状、板状、毛发状、放射状集合体,白色-灰色,丝绢-土状光泽,解理{110}完全,{100}、{010}和{001}不完全,硬度 3～4,相对密度 2.6	常具有等轴晶系假象,粒状或致密块状集合体,无-白色,玻璃-金刚光泽,无解理,硬度 7.5,相对密度 2.9～3.1
鉴定特征	短柱状晶形,低硬度,易溶于水	白色、透明、丝绢光泽集合体,溶于热水中	根据产状、颜色、解理和硬度与其他矿物相区别	根据等轴晶系假象,强玻璃光泽,硬度大与其他硼酸盐矿物进行区分
用途与研究意义	主要用于工业硼矿物	主要用于工业硼矿物	用于工业硼矿物	提 B 原料

图 4-58　硼酸盐矿物的晶体形态[(a)硼砂;(b)钠硼解石;(c)硼镁石;(d)方硼石]

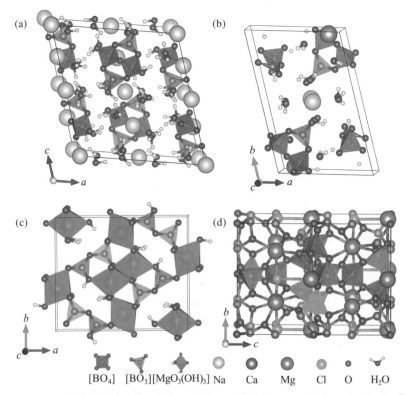

图 4-59　硼酸盐矿物的晶体结构[(a)硼砂;(b)钠硼解石;(c)硼镁石;(d)方硼石]

表 4-29　其他较常见或重要的含氧盐矿物的矿物学特征

含氧盐矿物	钨酸盐矿物	钼酸盐矿物	砷酸盐矿物	钒酸盐矿物	硝酸盐矿物
	白钨矿	钼铅矿	臭葱石	钒铅矿	钠硝石
晶体化学式	$CaWO_4$	$Pb(MoO_4)$	$Fe(AsO_4)\cdot2H_2O$	$Pb_2Pb_3(VO_4)_3Cl$	$Na(NO_3)$
晶系	四方晶系	四方晶系	斜方晶系	六方晶系	三方晶系
成因与产状	主要产于花岗岩、伟晶岩以及中高温热液矿床和矽卡岩中,与石榴子石、透闪石、黄铁矿、闪锌矿、方铅矿等共生	主要产于铅锌矿的氧化带中,常交代白钨矿、与白铅矿等伴生	产于富砷的硫化物矿床氧化带中	主要产于铅矿床的氧化带,作为次生矿物出现,与各种铅矿物伴生	主要产于干燥的沙漠地带,常与石膏、石盐、芒硝等共生
物理性质	锥状、板状晶形,粒状集合体,白色-无色,油脂-金刚光泽,{111}中等解理,硬度5,相对密度5.8～6.2,具有发光性	板状、锥状晶形,粒状集合体,各种黄色,{111}完全解理,金刚光泽,硬度3,相对密度6.5～7	锥状晶形,粒状集合体,各种绿色,解理{201}完全,硬度3.5,相对密度3.3,性脆	六方柱状晶体,与磷灰石相似,常呈致密块状、粒状集合体,鲜红-褐黄色,透明-半透明,金刚光泽,无解理,硬度3,相对密度6.6～6.8	菱面体晶形,常呈粒状集合体,白色,解理{100}完全,玻璃光泽,硬度1.5,相对密度2.5,极易溶于水
鉴定特征	锥状晶形,金刚-油脂光泽,比重大,{111}中等解理,紫外光下有荧光	黄色、板状或锥状晶形,金刚光泽,比重大以及解理发育	锥状晶形,硬度比相似矿物低,具有{201}完全解理,产于硫化物矿床氧化带	黄色,六方柱状晶形,金刚光泽,比重大,无解理	根据晶形、解理、低硬度和极易溶于水进行区别
用途与研究意义	提取钨的原料,可用于U-Pb定年	提取钼和铅的原料,可作为铅矿的找矿标志	可用作提砷原料,作为找矿标志	作为铅矿找矿标志	用于制造氮肥、硝酸等

4.7　卤化物

卤化物指卤族元素(F、Cl、Br、I)与其他元素络合形成的矿物。阳离子主要为碱金属和碱土金属阳离子,如 K^+、Na^+、Ca^{2+}、Mg^{2+}、Rb^+、Cs^+ 等,少数为稀土元素阳离子,如 Ce^{3+}、La^{3+}、Y^{3+} 等。由于卤族阴离子 F^-(1.23Å)、Cl^-(1.72Å)、Br^-(1.88Å)、I^-(2.13Å)半径差异大,结晶时对阳离子具有选择性,形成矿物的物理性质存在较大差异。F^- 常与半径较小的阳离子结合,形成化学性质稳定、熔点和沸点高、溶解度低、硬度大的矿物;而 Cl^-、Br^-、I^- 结合阳离子半径较大的元素,形成的矿物往往具有熔点和沸点低、易溶于水、硬度小的特点。

卤化物类型主要有 AX 和 AX_2 型,结构较简单,结构类型可以分为氯化钠型、氯化铯型、萤石型、闪锌矿型,其结构类型与阴阳离子半径比和键性有关。氯化钠型是 Cl^- 做立方最紧密堆积,Na^+ 充填八面体空隙,阴阳离子配位数均为 6,除了 Cs^+ 外,其他碱金属离子的卤化物均属于这种结构类型,方铅矿、黄铁矿、方解石也是氯化钠型或其衍生结构。

氯化铯型结构中,由于阳离子半径较大,阴离子不做最紧密堆积,Cl^- 和 Cs^+ 各占据一套立方原始格子,一套格子的点恰好位于另一套格子的立方晶胞中心,阴阳离子配位数均为 8。

闪锌矿结构型以共价键为主,共价键的方向性和饱和性使得配位数降低,若阳阴离子半径比小于 0.414,离子键化合物也易形成这种结构,如 Cu^+ 的卤化物等。

萤石型结构是 Ca^{2+} 分位于立方晶胞的角顶与面中心,若将晶胞分为 8 个小立方体,F^- 则分布于小立方体的中心,Ca^{2+} 的配位数为 8,F^- 的配位数为 4,也可以看成 Ca^{2+} 作立方最紧密堆积、F^- 填充所有四面体空隙,$\{111\}$ 面网具有相邻同号离子层,导致其八面体完全解理。石盐、钾盐、萤石、氟镁石、光卤石和氟铈矿的晶体和晶体结构分别见图 4-60 和图 4-61。

图 4-60　卤化物的晶体形态[(a)石盐;(b)钾盐;(c)萤石;(d)氟镁石;(e)光卤石;(f)氟铈矿]

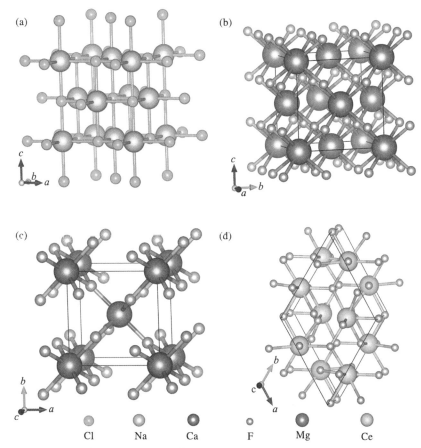

图 4-61　卤化物的晶体结构[(a)石盐;(b)萤石;(c)氟镁石;(d)氟铈矿]

　　卤化物在岩浆-热液作用和外生作用过程中均可形成,如在岩浆-热液过程中大量挥发分富含 F⁻ 和 Cl⁻ 时,容易络合其他金属阳离子,有利于金属富集、迁移等过程。卤化物在干旱的内陆盆地、湖泊、海湾中沉淀形成石盐。萤石是地壳上分布最广的也是最主要的卤化物,在花岗岩、伟晶岩、碱性岩以及相关矿床中都有出现;主要的卤化物的矿物学信息见表 4-30。

表 4-30 卤化物的矿物学特征

卤化物	石盐	钾盐	萤石	氟镁石	光卤石	氟铈矿
晶体化学式	NaCl	KCl	CaF_2	MgF_2	$KMgCl_3 \cdot 6H_2O$	$(Ce,La)F_3$
晶系	等轴晶系	等轴晶系	等轴晶系	四方晶系	斜方晶系	三方晶系
成因与产状	产于干旱的内陆盆地盐湖中,火山喷发凝华也可以形成	产于干旱的内陆盆地盐湖中,位于石盐、石膏等之上	分布较广,可以形成于岩浆岩、变质岩和沉积岩,火山岩和花岗岩周围可存在大量萤石脉或矿床	主要产于火山熔岩和火山喷出物中,与赤铁矿、钙长石等共生,盐类矿床、热液矿床和矽卡岩中也有产出	为富 Mg 和 K 盐湖最后形成的矿物之一,与钾盐、石盐等伴生	常产于花岗岩和碱性岩以及稀土矿床中,与褐帘石、硅铈矿等共生
物理性质	立方体、八面体晶形,白色-无色,透明,玻璃光泽,{100}完全解理,硬度 2.5,相对密度 2.1,性脆,易溶于水	立方体、八面体晶形,白色-无色,透明,玻璃光泽,{100}完全解理,硬度 2,相对密度 1.99,性脆,易溶于水	立方体、八面体晶形,各种色调,透明,玻璃光泽,{111}完全解理,硬度 4,相对密度 3.18,性脆,部分萤石因含稀土元素具有荧光	柱状晶形,粒状集合体,无色-白色,玻璃光泽,{110}完全解理,硬度 4~5,相对密度 3.14,有荧光	假六方锥形,粒状和致密块状集合体,玻璃光泽,无解理,硬度 2~3,相对密度 1.6,具有强潮解性和强荧光,味辛辣苦咸	浅黄色,粒状集合体,玻璃-树脂光泽,{0001}不完全解理,硬度 4.5~5,相对密度 5.9~6.4
鉴定特征	立方体晶形,硬度低,易溶于水、咸味	与石盐相似,有苦咸味	根据晶形、硬度,{111}解理与其他相似矿物区分	无色-白色柱状晶形,{110}柱面解理,硬度各向异性,有荧光	具有强潮解性和强荧光,味辛辣苦咸,无解理	比重大,{0001}不完全解理,与稀土矿物共生和伴生
用途与研究意义	主要用于食料和食物防腐剂	用于制造钾肥和化学工业上提取钾化合物	主要用于冶金和化工以及玻璃陶瓷行业,用于铀矿分离与提纯等	提 Mg 原料,指示形成环境	用于制造钾肥和钾化合物,可用于提镁	主要用于提取稀土元素,具有稀土矿指示意义

4.8　地幔矿物

目前,地幔矿物的确定主要通过地球物理方法、高温高压实验合成方法、陨石以及相关的实验推测和验证。在地质体中,部分地幔矿物通过岩石包体或矿物包体形式被带到地表或近地表。基于地球物理、高温高压以及陨石相关研究,目前地幔矿物相主要有铁方镁石、布里吉曼石、毛硅钙石、橄榄石-瓦兹利石-林伍德石、单斜辉石、斜方辉石、石榴子石等地幔矿物相,它们是地幔最主要的物相(表 4-31),主要的晶体结构见图 4-62。

表 4-31　地幔过渡带和下地幔中主要的矿物相

特征	地幔过渡带矿物				下地幔矿物		
矿物名称	超硅石榴子石	瓦兹利石	林伍德石	阿基墨石	布里奇曼石	铁方镁石	毛钙硅石
晶体化学式	$Mg_3(Mg,Si,Al)_2(SiO_4)_3$	Mg_2SiO_4	Mg_2SiO_4	$MgSiO_3$	$(Mg,Fe)SiO_3$	$(Mg,Fe)O$	$CaSiO_3$
晶系	等轴晶系	斜方晶系	等轴晶系	三方晶系	斜方晶系	等轴晶系	等轴晶系
成因	形成于高压变质带和地幔过渡带	形成于地幔过渡带、冲击熔融脉和陨石等中	形成于地幔过渡带、冲击变质过程和陨石中	在冲击变质的 L-6 球粒陨石中熔体脉发现	在 Tenham 陨石的冲击熔融脉中发现	下地幔矿物,或镁质石灰岩和白云岩的高温变质作用产物	下地幔矿物,发现于金刚石的包裹体中

(a)
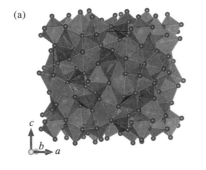

(b)
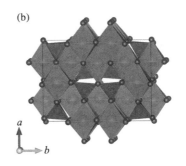

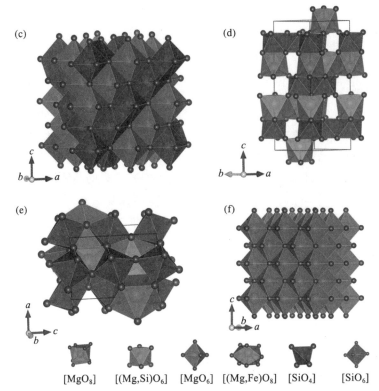

[MgO₈] [(Mg,Si)O₆] [MgO₆] [(Mg,Fe)O₈] [SiO₄] [SiO₆]

图 4-62　地幔矿物的晶体结构[(a)超硅石榴子石;(b)瓦兹利石;(c)林伍德石;(d)阿基墨石;
(e)布里奇曼石;(f)铁方镁石]

（1）化学组成

在地幔矿物中,主要的化学元素为 Si、O、Mg、Fe、Al、Ca 等,阴离子主要为[SiO₄]⁴⁻ 和 O²⁻ 等,阳离子 Mg²⁺、Fe²⁺、Al³⁺、Ca²⁺ 等与硅酸根和氧离子相结合而成。在地幔中,化学组成或矿物存在一定的分层现象。上地幔中,矿物主要包括 SiO₂ 高压相、斜方辉石、单斜辉石、石榴子石、橄榄石、尖晶石等;在地幔过渡带中,主要的矿物相为瓦兹利石、林伍德石以及超硅石榴子石等;下地幔中,矿物主要有铁方镁石、布里吉曼石、毛硅钙石。其中,SiO₂ 高压相、斜方辉石、单斜辉石、石榴子石、橄榄石、尖晶石等在上述章节中已做阐述。

（2）晶体结构

地幔矿物晶体可看作 O 原子或离子做最紧密堆积,阳离子充填于四面体或八面体空隙中。因此,阳离子配位多面体很多是八面体、四面体,部分阳离子为 8 次配位。上地幔和地幔过渡带中 Si 的配位数一般为 4,而在下地幔中,Si 的配位数为 6,形成八面体配位多面体。

地幔矿物中,Mg 与 Fe,Mg 与 Ca、Al、Si 之间存在类质同象置换。Mg 与 Fe、Si 和 Al 之间的置换主要出现在八面体配位多面体中,Mg 与 Ca 之间的置换较常见于 8 次配位多面体中。

由于地幔矿物较少见,常以包裹体形式存在于特殊岩石或矿物中,或保存在陨石中,因此其物理化学性质信息较少。然而,通过对地幔矿物的同位素地球化学等进行研究,可以进一步了解地球深部信息和地质过程。

第5章　地球物质之岩浆岩

　　之前的章节详尽探讨了各类矿物的特性及其形成机理。值得注意的是,自然界中的岩石大多并非由单一矿物构成,而是由多种矿物组合而成。岩石作为地壳的核心构成元素,是在地壳漫长的演化过程中,经由多种复杂的地质作用孕育而成的,具有固定形态的固体。这些岩石主要由一种或数种造岩矿物或天然玻璃质物质混合组成,从而赋予了它们各异的成分、结构与构造特征。按照成因的不同,岩石大致被划分为三大类别:岩浆岩、沉积岩和变质岩。

　　岩浆岩:由炽热的岩浆在冷却凝固过程中产生,花岗岩、玄武岩等均属此类。

　　沉积岩:在地表或近地表环境中形成,由砂粒、砾石、泥质以及溶解物等经过流水、风力等作用的搬运、堆积,并最终经历压实、胶结等过程固化为岩石,如砂岩、泥岩、石灰岩等。

　　变质岩:原先存在的岩浆岩、沉积岩或其他变质岩,在地壳运动产生的高温高压、岩浆活动等多种因素作用下,发生矿物重组和结构变化而形成的新型岩石,如大理岩、石英岩、片麻岩等。

　　岩浆岩、沉积岩和变质岩之间存在着密切的相互转化联系。随着时间的推移和地质环境的变迁,某一类型的岩石可以转变为其他类型。比如,当地球内部的地幔物质受热或压力减小而部分熔融时,便会产生岩浆;岩浆随后沿着地壳裂缝上升至地壳浅层,或者通过火山爆发抵达地表,冷却结晶进而形成岩浆岩。既有的岩浆岩或沉积岩、变质岩,经历风化、侵蚀、搬运、沉积和固结等一系列地质作用后,则会演变成沉积岩。沉积岩在地壳深处历经长期高温高压的变质作用,亦能转变为变质岩,而在更极端的温度条件下甚至可能发生熔融,再次进入岩浆的生成阶段。这种不断循环的过程体现出了岩石圈内的"岩石循环"现象(图5-1)。

5.1　岩浆和岩浆岩

5.1.1　岩浆及其性质

　　岩浆作为一种源自地壳深处的自然产物,是一种富含挥发性成分的高温黏稠熔融流

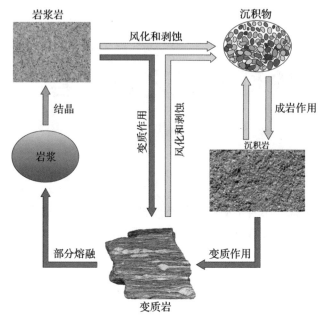

图 5-1　岩浆岩、沉积岩和变质岩的相互转换过程

体(图 5-2)。其化学构成复杂,主要包含氧、硅、铝、铁、钙、钠、钾、镁、钛等元素所组成的硅酸盐体系,同时可能混有金属硫化物和氧化物等成分。现代火山口喷涌而出的熔岩流,正是岩浆暴露于地表的直观表现。然而,相较于地表的熔岩流,地壳深层的岩浆含有更为丰富的挥发性组分,尤其是水分、二氧化碳及二氧化硫等。这是因为在岩浆升至地表喷发的过程中,大量的挥发组分会迅速释放,唯有在地壳深部高压环境下,岩浆才得以保持较高的挥发性组分含量。

(1)岩浆的温度

火山喷发所产生的熔岩温度极高,当前可以采用遥感测量技术对其进行测定。此外,还可以通过对高温条件下熔岩的熔融实验分析,以及依据从熔岩中结晶的特定矿物成分来间接估算熔岩流的温度范围。

遥感技术获得的数据表明,火山熔岩的温度通常介于 $900℃\sim1200℃$。这一数值往往受到火山气体与大气接触时发生的剧烈氧化反应影响,导致了局部瞬时高温效应。另一方面,基于实验室模拟的人工岩浆实验结果以及对某些矿物形成温度的研究成果,科学家普遍认为,当岩浆在地下开始凝固时,其温度上限不超过 $1000℃$。

(2)岩浆的黏度

岩浆的流动性主要取决于其内在的黏滞性质,而影响岩浆黏度的关键因素在于岩浆的成分及其温度和压力条件。科学研究揭示,存在于硅酸盐矿物中的硅氧四面体结构同样存在于岩浆内部。类似硅酸盐矿物,岩浆中的硅氧四面体亦相互连接构建网络,但不同之处在于岩浆内硅氧四面体形成的并非规则有序的结构,而是不规则的聚合体。

图 5-2　2023 年冰岛 Litli-Hrútur 火山喷发的岩浆

在这些聚合体中,相连的硅氧四面体的数量越大,岩浆的黏度便会相应增大,进而降低其流动性。例如,酸性岩浆主要由架状硅酸盐矿物构成,其中硅氧四面体间联系紧密,由此赋予了这类岩浆极高的黏度;相反,基性岩浆除了含有架状硅酸盐矿物之外,还包括链状和岛状硅酸盐矿物,这些矿物中的硅氧四面体连接方式各异,有的形成单链结构,有的则非直接相连,因此基性岩浆的黏度相对较小。

综上所述,岩浆的黏度不仅与岩浆自身的化学成分密切相关,还受到温度、压力以及挥发分含量的影响。当温度较高、压力较低、挥发分含量较多时,岩浆的黏度会减小,从而增强其流动性;反之,在低温、高压及低挥发分条件下,岩浆的黏度将会增大,流动性则随之减弱。

（3）岩浆中的挥发组分

火山活动期间,会大量排放出多种火山气体。对于研究岩浆内部的挥发性成分,科研人员采用了两种主要途径进行探索:一是直接采集并分析火山喷发出的气体;二是通过解析火成岩矿物,特别是其中的火山玻璃包裹体,因为岩浆中的挥发性物质会在快速冷却过程中被"封存"于这些玻璃结构之中。特别是在橄榄玄武岩的橄榄石斑晶内,发现了丰富的此类玻璃包裹体。

总体来说,火山气体的主要成分包括水（H_2O）、二氧化碳（CO_2）、二氧化硫（SO_2）和硫化氢（H_2S）,而氯气（Cl_2）、氯化氢（HCl）、氟气（F_2）、氟化氢（HF）、四氟化硅（SiF_4）、硼酸（H_3BO_3）、二硫化碳（CS_2）、一氧化碳（CO）、甲烷（CH_4）和氢气（H_2）等气体虽然相对较少,但也同样是火山气体的重要组成部分。

5.1.2 岩浆岩的性质和组成

经过岩浆冷却和固结过程形成的岩石被称为岩浆岩,这类岩石依据其生成方式被主要划分为喷出岩和侵入岩两个大类。喷出岩,也称为火山岩,是指岩浆在地质构造活动影响下上升至地表附近,并通过火山口喷发或溢流至地表后快速冷却凝固形成的岩石类型。与此相反,侵入岩则是指岩浆在地壳内部不同深度的位置冷却固结而成,按照形成深度差异进一步细分为深成岩与浅成岩。

(1)岩浆岩的性质

岩浆岩具有一系列显著特征:

①岩浆岩多呈现为块状结晶结构,而在接触地表快速冷却的边缘部分或是喷出地表快速凝固的部分,会出现非晶质的玻璃质结构以及因冷却速度过快而形成的斑状结构。

②岩浆岩富含一些独特的矿物成分,诸如霞石、白榴石、方钠石和条纹长石等,这些矿物多见于岩浆岩,其他类型的岩石中并不常见。

③岩浆岩体常常以不整合的方式切穿围岩,在此过程中会对围岩施加热变质作用,改变围岩原有的成分与结构。在岩浆岩体内,经常能够观察到被包裹在内的围岩碎片,即所谓的捕虏体,尤其在岩体边缘地带更为突出。

④虽然岩浆岩本身不具备层理构造,但在某些情况下却能显示出假层理现象。这种假层理通常是由岩浆流动时的挤压分层作用或者是盖层挤压所致。至于深层岩体中出现的假层理,则可能是由岩浆内部的分异造成的。

⑤岩浆岩内不会存在化石,因为其高温环境不利于生物遗骸的保存。

(2)岩浆岩的化学成分

地壳中所包含的所有元素,几乎都能在岩浆岩的组成中发现,尽管它们在岩浆岩内的丰度差异悬殊。据统计,O、Si、Al、Fe、Mg、Ca、Na、K、Ti等主要元素在岩浆岩总成分中的占比高达约99.25%,其余元素的含量则相对较低,均在1%以下。为了精确表述岩浆岩的化学成分,通常采用氧化物的重量百分比来量化各类元素的含量。

参照表5-1所示数据,可以了解到:在岩浆岩内,包括SiO_2、Al_2O_3、TiO_2、K_2O、Na_2O、Fe_2O_3、FeO、MgO、CaO、H_2O在内的十种主要氧化物的总重量百分比超过了99%,这十种氧化物为"造岩氧化物"。在这当中,SiO_2的含量最为丰富,大约占据了总量的60%,紧随其后的是Al_2O_3。

如果从原子数量的角度衡量,氧原子(O)占据着主导地位,占比达46.42%,其次是硅原子(Si),比例约为27.59%,因此,硅酸盐构成了岩浆岩的基本骨架。然而值得注意的是,并非所有岩浆岩都以硅酸盐为主要成分,比如碳酸岩这一特殊类别,它是由富含碳酸盐成分的岩浆直接冷却固化形成的,而非通过沉积作用产生,这一点在鉴别时需加以区分。举例来说,中国著名的白云鄂博稀土矿床就是在碳酸岩环境中形成的。

全球范围内,东非大裂谷中的坦桑尼亚伦盖伊火山是一处罕见的例子,它是现今世界上唯一一处喷发出碳酸岩浆的活火山。尽管该火山岩浆的温度仅为500℃,远低于一般的岩浆温度,但却表现出极强的流动性。

表 5-1　常见侵入岩的主量元素组成　　　　　　　　（单位：wt%）

氧化物	橄榄岩	辉长岩	闪长岩	二长岩	花岗闪长岩	花岗岩
SiO_2	43.54	48.36	51.86	55.36	66.88	72.08
TiO_2	0.81	1.32	1.50	1.12	0.57	0.37
Al_2O_3	3.99	16.84	16.40	16.58	15.66	13.86
Fe_2O_3	2.51	2.55	2.73	2.57	1.33	0.86
FeO	9.84	7.92	6.97	4.58	2.59	1.67
MnO	0.21	0.18	0.18	0.13	0.07	0.06
MgO	34.02	8.06	6.12	3.67	1.57	0.52
CaO	3.46	11.07	8.40	6.76	3.56	1.33
Na_2O	0.56	2.26	3.36	3.51	3.84	3.08
K_2O	0.25	0.56	1.33	4.68	3.07	5.46
P_2O_5	0.05	0.24	0.35	0.44	0.21	0.18
H_2O	0.76	0.64	0.80	0.60	0.65	0.53
总量	100.00	100.00	100.00	100.00	100.00	100.00

　　岩浆岩化学成分的另一个应用是 CIPW 标准矿物计算。该计算方法是由四位美国岩石学家 C. W. Cross(1854—1949)、J. P. Iddings(1857—1920)、L. V. Pirsson(1860—1919)和 H. S. Washington(1867—1934)设计的。标准矿物含量是根据特定的规则计算的,并以质量百分比给出。与矿物统计分析给出的实际矿物组成相比,计算得到的标准矿物都是简化的端元组分且无水的。因此,实际云母中的钾被分配到标准矿物钾长石(Or)中。而对于含有两种长石的岩浆岩,标准矿物计算得到的钠长石(Ab)实际上存在于斜长石和碱性长石两种矿物中。

　　计算 CIPW 标准矿物的 Excel 电子表格可以在互联网上获得。

　　(3)岩浆岩的矿物成分

　　地壳中迄今为止已知的矿物种类多达三千余种,然而构成岩浆岩的常见矿物种类相对较有限,大致在 20 至 30 种之间,这些矿物因其在岩浆岩形成中的关键作用,被统称为"造岩矿物"。其中,长石、石英、角闪石、辉石、云母、橄榄石、霞石、白榴石、磁铁矿和磷灰石等十大矿物占据了岩浆岩总体积的 99%。

　　依据矿物在岩浆岩分类与命名体系中的角色,将岩浆岩矿物划分为三大类别:

　　①主要矿物:此类矿物在特定岩浆岩中占据绝对优势,其数量决定了岩浆岩的大类归属。例如,在花岗岩中,长石和石英作为主要矿物成分,若缺少这两者,岩石便无法归

类为花岗岩系列。

②次要矿物：在岩浆岩中数量相对较少，一般含量在 5％～10％，虽不足以作为决定岩石大类别的依据，但它们对于岩石的具体种属划分至关重要。如花岗岩中常见的黑云母或角闪石，若达到上述含量，可以视为次要矿物，岩石也因此被命名为黑云母花岗岩或角闪石花岗岩。

③副矿物：这类矿物在各类岩浆岩中的含量普遍偏低，通常在 1％左右，极少数可达 5％。尽管它们的存在与否及其含量多少不影响岩石的基本命名，但它们依然具有重要的地质意义。常见的副矿物如磷灰石、锆石等，尽管在岩浆岩中含量微小，但因其密度较大，在岩浆岩风化后经搬运、沉积过程，往往成为沉积岩中的"重矿物"成分，对于判定沉积物来源以及研究沉积环境具有不可忽视的价值。

依据矿物的颜色与化学成分特性，岩浆岩矿物还可以进一步细分：

铁镁暗色矿物：此类矿物在化学成分上富含 MgO、FeO，同时 SiO_2 含量较低，外观表现为深色调，因此被称为铁镁暗色矿物，其中包括橄榄石、辉石、角闪石以及黑云母等。

硅铝浅色矿物：在化学成分上富含 SiO_2、Al_2O_3，而不含 MgO、FeO，矿物颜色较浅，典型代表有石英、长石以及似长石等矿物。铁镁暗色矿物在岩石中的体积含量被定义为"色率"。

5.2　岩浆岩的结构、构造和产状

研究岩浆岩时，除了要了解它的化学和矿物成分，还必须研究它的结构和构造。

岩浆岩的结构是指岩浆岩的结晶程度、矿物颗粒大小、矿物形状及矿物组合关系。岩浆岩的构造是指岩浆岩中各种矿物的排列方式或空间充填方式，即矿物集合体的结合方式。岩石的构造反映了岩石的宏观特征。岩浆岩的结构与构造特征，反映了岩浆岩的冷凝结晶条件。成分基本相同的岩浆，在不同的冷凝条件下，可形成结构、构造截然不同的岩浆岩。因此，岩浆岩的结构、构造是岩浆岩分类、命名的重要依据之一。

5.2.1　岩浆岩的常见结构

岩浆岩的结构可以根据其结晶程度、矿物颗粒尺寸、矿物颗粒形态以及矿物颗粒间的关系进行详细划分（图 5-3）。

（1）基于岩石结晶程度的结构分类

根据岩石中结晶物质和非晶质的相对含量，岩石结构可以分为：

①全晶质结构：岩石完全由结晶物质构成，矿物晶体通常较为粗大，这种结构常见于侵入岩中，表明岩浆冷却速度较慢，矿物得以充分生长。

②玻璃质结构：岩石整体由非晶质（即玻璃质）组成，这是由于岩浆在极其快速冷却条件下形成的，如黑曜岩和浮岩等岩石中常见此种结构。

③半晶质结构：岩石内同时包含结晶物质与非晶质部分，体现了介于上述两者之间的冷却速率，火山岩中尤为典型，既有一定程度的晶体生长，又保留了未完全结晶的玻璃质

部分。

图 5-3　岩浆岩的常见结构[(a)纯橄岩的等粒结构;(b)流纹岩的斑状结构;
(c)花岗岩的花岗结构;(d)辉绿岩的间粒结构]

　　(2)基于矿物颗粒大小的结构分类

　　根据矿物颗粒的绝对大小和相对大小,存在下列结构分类:

　　①矿物颗粒绝对大小

　　显晶质结构:岩石中的矿物颗粒可以通过裸眼或手持放大镜清晰识别。根据主要矿物颗粒的平均直径,可进一步细分,巨粒结构(大于 10 毫米)、粗粒结构(5~10 毫米)、中粒结构(2~5 毫米)、细粒结构(0.2~2 毫米)以及微粒结构(小于 0.2 毫米)。

　　隐晶质结构:岩石中的矿物颗粒用肉眼或放大镜无法分辨清楚。对于此类岩石,若在显微镜下能观察到矿物颗粒,则称其为显微晶质结构;若仍难以分辨,则为显微隐晶质结构。

　　②矿物颗粒的相对大小

　　等粒结构:岩石中同种主要矿物颗粒大小大致相等。

　　不等粒结构:岩石中同种主要矿物颗粒大小不等。

　　斑状与似斑状结构:岩石中的矿物颗粒的大小,分为截然不同的两群,即粒度呈双峰式分布。其中较大颗粒称作斑晶,较小颗粒称作基质。若基质为隐晶质或玻璃质,称岩石具有斑状结构;如基质为显晶质结构,称岩石具有似斑状结构。英文文献对两者一般不做区分。

(3)按矿物颗粒的晶型分类

①自形晶结构:矿物晶体完整,展现其固有的晶型,在薄片中呈现典型的多边形形态。

②他形晶结构:矿物晶体未能发育完整的晶面,形状不规则,通常填充于其他矿物间的空隙之中。

③半自形晶结构:矿物晶体只有一部分晶面发育良好,而其余部分呈现不规则形态,显示了一种介于自形晶与他形晶之间的过渡状态。

(4)按矿物颗粒之间的关系分类

①花岗结构:此结构特征表现为全晶质且矿物颗粒均匀一致,大多数矿物呈现半自形晶特征。具体而言,在花岗岩类岩石中,副矿物、铁镁矿物以及斜长石的自形程度相对较高,而石英则多以他形晶的形式充填于其他矿物的间隙之中。

②间粒结构:该结构同样是全晶质状态,其特点在于较为自形的斜长石颗粒之间存在着由他形辉石或其他矿物颗粒构成的填充物。当这些间隙以玻璃质填充时,被定义为间隐结构;若同时包含矿物颗粒和玻璃质填充,则为间粒间隐结构。

③文象结构:这是一种特殊结构,源自石英与碱性长石的同时结晶过程,这一过程使得长石内部镶嵌有大量的石英晶体,它们具有相同的结晶取向,此结构中石英貌似楔形文字,故得名。

④条纹长石结构:在钾长石晶体内可见到钠长石薄片相互交织,这一现象通常解释为碱性长石在冷却过程中出溶作用的结果。

⑤环带结构:这一结构出现在斜长石、橄榄石和辉石等矿物中,表现为类质同象矿物颗粒内部具有成分环带,显示了矿物成分的周期性变化。

⑥蠕虫结构:描述了弯曲的石英晶体呈穿插生长的方式存在于斜长石中,形态酷似蠕虫。一般认为,这种结构是由于斜长石在交代钾长石后残留的 SiO_2 结晶而成。

⑦反应边结构:此结构反映了地质过程中低温熔体与早期形成的高温矿物之间的交互作用,导致后者发生化学反应并转变成更稳定的矿物,如橄榄石在与熔体接触后转变为辉石,辉石又可能进一步与熔体反应转化为角闪石(这一系列反应遵循鲍文反应原理)。

⑧嵌晶结构:是指在一个相对较大的主体矿物内部包含一系列较小尺寸矿物的现象,其中较大的主体矿物被称为主晶,而嵌入其中的较小矿物则被称为客晶。

⑨辉绿结构:作为嵌晶结构的一个特殊实例,通常表现为板条状斜长石被粒状辉石完全或局部包裹的情况,它是辉绿岩所特有的重要结构特征。

5.2.2 岩浆岩的常见构造

构造是指岩石内部各种矿物成分依据特定规律排列组合或填充方式所展现的特征,它揭示了岩石整体上的宏观属性。不同于依赖显微镜观测才能辨识的岩石微观结构,许多构造特征在野外露头及手标本上即可被直观识别(图5-4)。岩浆岩常见的构造已在表

5-2 中详细列出,这些构造特征对于理解和诠释岩浆岩的形成条件、演化历史以及地质意义等方面具有重要意义。

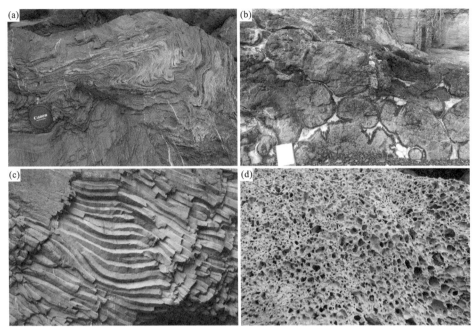

图 5-4　岩浆岩常见构造[(a)流纹构造;(b)枕状构造;(c)原生节理构造;(d)气孔构造]

表 5-2　岩浆岩的常见构造

构造名称	含义
块状构造	也称为均一构造,指岩石中各种矿物成分均匀分布,缺乏定向性,岩石各个部分在成分和结构上相同
斑杂构造	也称为不均一构造,指岩石中不同部位在矿物组成、成分或结构上具有较大差异
条带状构造	岩石由不同成分或颜色的条带组成,如辉长岩中辉石和斜长石相间分布
流面和流线构造	岩浆岩中的片状、板状矿物以及扁平状的包体平行排列,形成流面构造;柱状的矿物和包体按其延长方向定向排列,形成流线构造
流纹构造	由不同颜色的条纹和拉长的气孔等表现出来的熔岩的流动构造。它是黏度较大的岩浆在流动过程中形成的,如流纹岩
气孔构造和杏仁状构造	岩浆在冷却和降压时,溶解的气体析出而形成气孔,即岩石中出现球形或椭球型的空洞;若气孔被石英、方解石、沸石等矿物充填,则形成杏仁状构造
原生节理构造	岩浆由于冷却、收缩,导致其内部发生破裂而形成一些具有定向特征的节理。如玄武岩和熔结凝灰岩中常见的柱状节理
枕状构造	水中喷溢的基性熔岩呈相互堆叠的枕状椭球体

岩浆岩的结构与构造特征是揭示其形成时期外界物理与化学条件的重要证据。因此,对岩浆岩结构和构造的深入探究有助于我们进一步推断其形成环境。通常情况下,全晶质、等粒状且为粗粒结构的岩浆岩构造暗示了其形成于深部环境,此处冷却过程缓慢,挥发分不易释出,岩浆黏度较低且结晶过程相对较长;相反,那些包含隐晶质或非晶质特征,以及呈现斑状结构、气孔状或杏仁状构造的岩浆岩,则表明其形成于快速冷却、大量挥发分瞬间释放、快速结晶的喷出环境。而浅成岩的形成条件则介于深成岩与喷出岩之间,其结构特征通常表现为细粒或斑状结构。在浅成岩的斑状结构中,基质多呈现为显晶质,而喷出岩中的斑状结构基质则更多地表现为隐晶质或玻璃质特征。

5.2.3 岩浆岩的产状

在地壳内部形成的具有一定几何形态和规模的地质体,称为岩浆岩体或简称为岩体。岩浆岩的产状是指岩体的形状、规模及其与围岩的空间关系。产状的表现形态多样,其多样性反映出岩浆的化学成分特性、侵位机制、形成时构造背景以及岩浆在冷却凝固过程中所处的深度等诸多信息。

根据岩浆活动方式以及岩体形态特征,可将岩浆岩体划分为两大基本类型:侵入岩体和喷出岩体。

(1)侵入岩体产状

岩浆在地壳内部上升至某一特定深度并固化形成的岩石被称为侵入岩,相应的地质体则被称作侵入岩体。依据岩浆侵入地壳的深度,侵入岩又被细分为两类:一类是岩浆在地壳较浅或邻近地表位置迅速冷却结晶形成的浅成岩;另一类是在地壳较深处(通常位于地下约 3 至 6 千米以下)缓慢冷却凝固产生的深成岩。侵入岩体的产状多种多样,其中深成岩体与浅成岩体的产状特征存在显著区别。

基于侵入岩体与围岩的接触关系(参见图 5-5),侵入岩体的产状可归纳为两类:

①整合侵入体:此类侵入岩体是岩浆沿着层状岩石间的空隙侵入形成的,其边界与围岩层面保持平行。根据形态差异,整合侵入体还可进一步细分为:

(a)岩床:与围岩层面平行的板状侵入体,通常厚度较小且稳定性较强,多由流动性较高的基性岩浆形成,既可出现在深成环境中,也可在浅成条件下生成。

(b)岩盖:黏度较大的岩浆在侵入层状岩石时,倾向于在顶部抬起上覆地层,底部较为平坦,因此在地表平面上呈现出近似圆形,而在垂直剖面上则呈现出穹窿状。此类岩体的出露面积一般介于数平方千米至数十平方千米之间,无论是深成还是浅成岩均可形成。

(c)岩盆:其形态与岩盖相反,呈现盆状特征。普遍认为岩盆是由于岩浆侵入岩层时,下方岩层强度不足,无法承受岩浆压力而向下凹陷形成的。

②不整合侵入体:此类侵入岩体沿与岩层斜交的裂隙侵入,其边界与围岩层理呈斜交状态。按照形态和规模的不同,不整合侵入体可进一步划分为:

(a)岩墙:又称岩脉,属于浅成侵入体,呈板状,形态与岩床类似,但其切割围岩层理。岩墙的厚度范围较大,可以从几厘米至几千米,延伸长度可由几百米至几十千米,特别是在断裂发育区域,常常成群出现。

　　(b)岩株：是一种常见的深成侵入体，其在地表平面上往往接近圆形或不规则形状，与围岩接触界面较陡峭，露出面积不超过 100 平方千米，在岩株周边常伴有不规则分支状侵入到围岩中的小岩体。

　　(c)岩基：是规模超过 100 平方千米的深成侵入体，其平面形状不规则或近似椭圆形，往往深埋地表之下，无法直接观察到底部。岩基主要由酸性岩浆形成，多为花岗岩类。

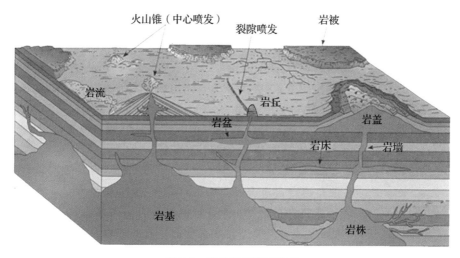

图 5-5　常见的岩浆岩产状

　　总体而言，深成侵入体的产状多表现为岩基和岩株，而浅成侵入体的产状则常见为岩墙、岩盖以及岩床。上述各种侵入岩体产状普遍存在，并且彼此之间往往有着内在的关联，但也存在独立形成的单一岩株。

　　层状侵入体是地壳中大型侵入体的一种独特类型，它们是铂族元素（PGE）、镍、铬、钛和钒等重要矿产资源的重要来源，因此具有极为重要的经济价值。多数大型层状侵入体形成于太古代至中元古代。一些著名的实例包括美国蒙大拿州的斯蒂尔沃特复式杂岩体，其年代约为 27 亿年，面积约 2300 平方千米；南非的布什维尔德复合体，年龄为 20.5 亿年，面积达到 66000 平方千米；以及加拿大安大略省的萨德伯里杂岩体。层状侵入体的一个显著特点是由于岩浆冷却过程中镁铁矿物（如橄榄石和/或辉石）沉降形成堆晶，这一过程被定义为重力分异。与此相反，密度较小的斜长石晶体可在岩浆中上浮并集中于岩浆上方。在岩浆层逐渐压实过程中，残余的"晶粥"间的液体被挤压出来并向上升移，这一过程称为压滤效应。此外，对流作用、新的岩浆批次侵入以及重结晶过程也可能在岩体形成过程中起到关键作用。

　　(2)喷出岩（火山岩）产状

　　岩浆直接喷发至地表并快速冷却凝结所产生的岩石，被称为喷出岩，也常被称为火山岩。由于岩浆喷出地表的方式各异，故形成的岩体产状也各有特点。通常情况下，喷出方式可以划分为两大类别：中心喷发和裂隙喷发。

①中心喷发

中心喷发是指岩浆通过固定的管状通道向上运移而喷出地表的过程。在此过程中形成的典型产状包括：

（a）火山锥：当火山猛烈爆发时，不仅会喷发出大量的气体，还会从火山口喷射出大量的碎屑物质，如火山弹、火山砾、火山灰以及火山渣等。这些喷发物在火山口周围堆积，从而形成了标志性的火山锥结构。现代活跃的火山大多表现出这种中心喷发的特点。

（b）岩钟（或岩丘）：对于那些黏度较高、流动性较差的酸性岩浆来说，一旦喷发至地表，往往会因其快速冷却而未能大面积散布开来。在这种情况下，随着岩浆持续从通道冒出，受冷却速度影响，新涌出的岩浆会被先前已经凝固的部分所阻挡，逐渐堆叠隆起，形成类似于钟形或丘状的地质构造，这类特殊的岩体被称为岩钟或岩丘。

②裂隙喷发

黏度较低且具有良好流动性的基性岩浆倾向于沿裂隙系统涌出地表，这类喷发通常不伴随剧烈的爆炸活动且火山碎屑物质较少，其覆盖面广阔，是一种常见的喷发模式。具体的喷发产物形态如下：

（a）岩流（lava flow）：液态熔岩自地表溢出后，顺势流向低洼且线性延展的河谷地带，形成连续的岩浆流。在古地形复杂的区域，岩流的顶部表面趋于平坦，而底部则因地形起伏而呈现不规则变化，从而导致岩流厚度在水平方向上有所差异。

（b）岩被（lava sheet）：岩浆在地表大面积铺展，分布区域可达到数十甚至数百平方千米，厚度可累积至几百米。在岩被的边缘地带，往往会有岩浆流入低洼区域形成的岩流。例如，华北地区张家口地区第三纪时期的汉诺坝玄武岩岩被，其厚度达到了 300 米，覆盖面积更是扩展到了超过 1000 平方千米，成为了内蒙古高原地貌的重要组成部分。同样，印度的德干高原主体便是由大规模连续喷发形成的岩被组成的。

5.3　岩浆岩的分类和命名

为了揭示岩浆岩种类之间的差异、内在联系及其演变规律，并借此实现使用规范化的岩石名称对它们进行准确命名和记录，有必要对种类繁多的岩浆岩进行系统的整理、归纳与分类。

5.3.1　基于化学成分的分类

岩浆岩最常规的化学成分分类法是基于其 SiO_2 的质量百分比，据此可将岩浆岩划分为四大基本类别：超基性岩（其 SiO_2 含量低于 45%）、基性岩（SiO_2 含量在 45%～52%）、中性岩（SiO_2 含量介于 52%～63%）以及酸性岩（SiO_2 含量超过 63%）。在岩浆岩化学成分的研究中，Na_2O 和 K_2O 的含量具有显著的意义。通常将 K_2O 和 Na_2O 的质量分数之和定义为全碱含量，这是一个评估岩浆岩碱性程度的重要指标。国际地球科学联盟（International Union of Geological Sciences，IUGS）制定并推广了一种基于全碱含量

与 SiO_2 含量相结合的分类命名图表(图 5-6),只需通过测量岩石中 SiO_2 含量以及 Na_2O 与 K_2O 总量,即可依据该图解准确获取对应的岩石名称。这种方法对于细粒结构以及玻璃质的火山岩尤为重要,因为在这些类型的岩石中,其矿物颗粒细微或呈非晶质,往往难以直接通过矿物种类及其含量进行准确识别和分类。

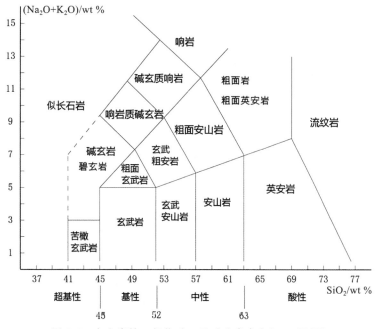

图 5-6　火山岩的二氧化硅—总碱分类命名(TAS 图解)

需要注意的是,同一个分区可能包含两类不同岩石。碱玄岩和碧玄岩的区别在于标准矿物橄榄石的含量(Ol),后者 Ol<10%,前者 Ol>10%;而粗面岩和粗面英安岩的区别在于标准矿物石英含量(Q),前者,Q/(Q+Or+An+Ab)<20%,对于后者 Q/(Q+Or+An+Ab)>20%。

5.3.2　基于矿物种类和含量的分类

国际地质科学联合会火成岩分类分会推荐了一个深成岩矿物定量分类命名方案,该方案目前已被广泛采用。这个分类方案中,首先根据深色矿物(M)的含量多少分为两类:

(1)M=90~100 为超镁铁岩,再根据深色矿物的种类和含量,依据图 5-7 进一步细分。

(2)M<90 为除了超镁铁岩外的其余岩石,它们再按浅色矿物的种类和含量,依据图 5-8 进一步细分。

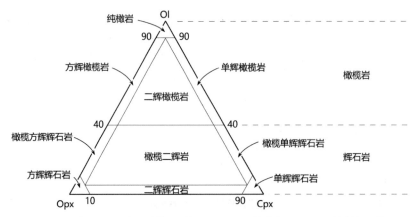

图 5-7 超镁铁质岩分类 [Ol-橄榄石;Opx-斜方辉石;Cpx-单斜辉石]

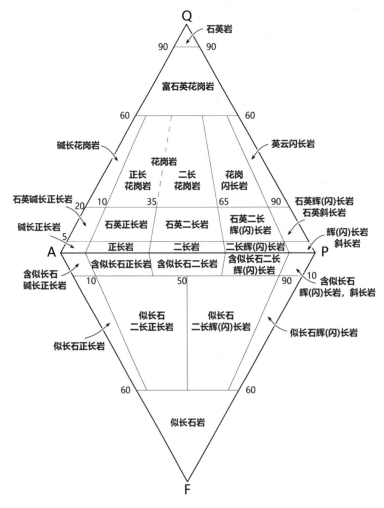

图 5-8 侵入岩的 QAPF 分类图 [Q-石英;A-碱性长石(正长石、微斜长石、条纹长石、$An_{0\sim5}$ 的钠长石等);P-$An_{5\sim100}$ 的斜长石;F-似长石(霞石、方钠石、黄长石等);M-铁镁矿物及相关矿物(云母类、角闪石类、辉石类、橄榄石类、不透明矿物及绿帘石、石榴子石、榍石等副矿物)]

5.4　常见岩浆岩的特征

在自然界中,岩浆岩的种类繁多且各具特色,至今已正式命名的种类已超过 1000 种。这些岩浆岩在物质构成、构造结构、产状特征以及生成机制等多个方面呈现出差异,与此同时,它们之间还存在着一系列过渡类型的岩石,这有力证明了各类岩浆岩间存在着紧密的内在联系。在深入理解各类岩浆岩之间的区别与关联的基础上,科学合理地对其进行归纳梳理,旨在更好地把握各类岩石间的共有属性、独特性状,以及它们之间的伴生关系和成因联系,进而挖掘出可循的规律性知识,这对于记忆、描述、鉴别岩浆岩以及将其应用到实际生产活动中至关重要。这就是开展岩浆岩分类工作的根本目的所在。

岩浆岩的分类方法多元且综合,总结起来主要包括四个角度:矿物成分分类、化学成分分类、成因分类以及产状分类。通常情况下,对于具有显晶质结构的侵入岩,人们更多采用矿物成分分类方法,因为其矿物成分易于识别和统计;而对于含有隐晶质或玻璃质的火山岩,则更倾向于采用化学成分分类,这是因为其矿物颗粒细小或非晶质化,化学成分分析更具优势。

5.4.1　超基性岩类(橄榄岩—苦橄岩类)

超基性侵入岩的分类主要依据图 5-7,以橄榄石和两种辉石的体积占比或橄榄石—辉石—角闪石三者的体积比进行详细分类;而超基性喷出岩则根据 TAS 图解(图 5-6)进行详细分类。

(1)化学和矿物特征

此类岩石在化学组成上具有显著特征,表现为 SiO_2 和 Al_2O_3 的含量相对较低,其中 SiO_2 的平均含量通常不超过 45%,表明该类岩石属于硅酸不饱和岩系。其 Al_2O_3 的含量则位于 1%～10%,同时富含 FeO、MgO,FeO 含量可能高达 10%,而 MgO 含量甚至可能达到 40%。此外,Na_2O、K_2O、CaO 的含量普遍低于 1%。

上述化学成分特性,在矿物组成上体现为暗色铁镁矿物占据主导地位,主要由橄榄石和辉石构成主体,其次为一定比例的角闪石和黑云母,而长石族矿物尤其是碱性长石和石英的含量极低,甚至常常缺失。

此类岩石颜色深,密度大,并常见致密块状构造。在地表露出的情况较少,占据岩浆岩总体出露面积的比例仅为 0.4%,其喷出岩形式更为稀少。此类岩石的典型代表包括橄榄岩和辉石岩(侵入岩类型)(图 5-9),以及苦橄岩、科马提岩和金伯利岩(喷出岩类型)。

在经济地质学上,此类岩石的侵入岩体往往与富含铬、镍、钴、铂等金属矿床有关联;而在火山活动形成的喷出岩—金伯利岩中,则时常伴有金刚石矿床的产出。

(2)主要种类

①纯橄榄岩:一种暗色(暗绿色、灰绿色至黑色)的粒状岩石。其主要矿物成分是橄榄石,含量高达 95%～100%,并可能含有一定比例的辉石,通常展现出全晶质结构和致

密的块状构造。岩石中的橄榄石颗粒多为浅橄榄绿色,少数富含铁质的橄榄石则呈现黑色,形态为不规则粒状,具有透明至半透明特征,晶面闪烁玻璃光泽,常见贝壳状断口。新鲜的纯橄榄岩颇为稀少,多数会经历某种程度的蚀变,从而转变为蛇纹石,形成蛇纹石化橄榄岩。经历蛇纹石化后的橄榄岩,其颜色转为深绿或暗绿色,岩石均匀致密,断口平滑,触感如同油脂。

②辉石岩:同样为暗色(暗绿色、灰绿色、灰黑色)粒状岩石,主要由辉石矿物构成,含量可高达 90%～100%。若岩石中含有 10%～35% 的橄榄石,可将其命名为橄榄辉石岩,其全晶质结构呈现出中至粗粒特征,总体为块状构造。

③苦橄岩:作为一种超镁铁质火山岩,苦橄岩的粒度范围从细到中粒,有时甚至是粗粒,整体色调为黑绿色,通常具备斑状结构。其矿物组成主要是橄榄石(大部分或完全已转变为蛇纹石)和单斜辉石(主要是普通辉石),并含有少量斜方辉石(如顽火辉石或古铜辉石)。黑云母或金云母偶尔作为次要成分出现,而斜长石的含量通常低于 10%。磷灰石、磁铁矿和铬尖晶石是常见的副矿物。

④科马提岩:一种富含镁的超镁铁质暗色火山岩,以南非巴伯顿山脉的科马蒂河流域命名。其主要由橄榄石(大部分已蛇纹石化)、普通辉石、铬尖晶石和一定量的斜长石组成,最具特色的是发育了由树枝状橄榄石构成的鬣刺结构。科马提岩易发生蚀变反应,转化形成蛇纹石、透闪石、滑石和绿泥石等矿物。

图 5-9　超基性类的显微照片[(a)橄榄岩(XL);(b)辉石岩(PPL)]

5.4.2　基性岩类(辉长岩—玄武岩类)

基性侵入岩的分类主要依据图 5-8,根据两种辉石、斜长石,橄榄石以及角闪石的体积占比进一步详细分类;而基性喷出岩则根据 TAS 图解进行分类。

(1)化学和矿物特征

在化学组成上,此类岩石的 SiO_2 含量处于 45%～52%,相较于超基性岩略高。其 FeO 与 MgO 的含量则相对较低,通常在 6% 左右;相比之下,Al_2O_3 与 CaO 的含量较高,其中 Al_2O_3 含量约为 15%,而 CaO 含量则大约为 10%。鉴于这样的化学成分特点,矿物组分上除了大量富含暗色铁镁矿物(含量在 50%~70%)之外,还包括其他种类丰富的矿物。铁镁矿物中,辉石占据主导地位,其次是橄榄石、角闪石和黑云母。而硅铝矿物方面,则以基性斜长石为主要成分,有时可能还含有少量钾长石和石英(图 5-10)。

在外观特征上,此类岩石的颜色依旧较深,但相较于超基性岩显得稍浅,并且其比重同样较大。在侵入岩类型中,此类岩石常具有致密块状构造,常见与超基性侵入岩相伴生。当此类岩石以喷出岩形式出现时,其构造特征常表现为气孔状和杏仁状构造。

(2)主要种类

①辉长岩:作为基性深成岩的典型代表,主要由中粗粒的辉石和基性斜长石构成,同时还有少量的橄榄石、角闪石和黑云母等矿物。其暗色矿物与浅色矿物的含量通常介于 40%~90% 与 10%~60% 之间。岩石内部的辉石常显现出黑色或暗褐色,晶体形态偏向短柱状,自形程度较低,肉眼观察能够看到其等轴粒状的集合体,具有半金属光泽和玻璃光泽,并展示出中等到好的解理,断口上可见一些狭窄的阶梯状解理面。基性斜长石则呈现宽板状晶体,常见颜色为白色、灰白色,有时也会出现深灰色,解理面上常伴有细微的聚片双晶纹理,这些都是肉眼鉴定辉长岩的重要特征。新鲜解理面具有玻璃光泽,断口则为参差状或呈现油脂光泽。基性斜长石在次生变化过程中,可能会分解出方解石等矿物,遇盐酸会发生起泡反应。辉长岩的整体颜色随暗色矿物含量的变化而呈现灰黑色至浅灰色,其块状构造特征明显,通常由中至粗粒、半自形至他形的辉石和基性斜长石穿插,形成辉长结构。

②辉绿岩:属于基性岩类的浅成侵入岩,常见于岩床和岩墙中。岩石呈暗绿色至黑色,具有细粒至隐晶质结构,显现出辉绿结构或间粒结构,其矿物成分与辉长岩相似。当辉绿岩中含有辉石或斜长石斑晶时,此类岩石被称为辉绿玢岩。辉绿岩常因次生变化,如绿泥石化等作用而导致岩石颜色变绿。

③玄武岩:作为基性喷出岩的代表,其矿物成分与辉长岩大致相同。由于岩浆黏度低、流动性大,玄武岩多喷发至地表形成大规模熔岩流。尽管冷却速度快,但由于其黏度低利于矿物成核生长,玄武岩仍然能够形成全晶质隐晶或细粒结构,颜色多为黑色至深褐色,风化后常呈现土红色、浅粉红色或灰绿色。玄武岩的详细岩相特征需要通过偏光显微镜进行细致观察。许多玄武岩具有斑状结构,斑晶常为橄榄石、辉石或基性斜长石,基质为玻璃质或隐晶质。橄榄石斑晶在次生变化后常变为红棕色、片状的伊丁石,但仍能保留原先橄榄石的粒状外形。辉石斑晶通常呈现完整的短柱状晶体形态,晶面发育良好,颜色为黑色或灰绿色。基性斜长石斑晶则多呈细针状,呈无定向排列,具有玻璃光泽。玄武岩通常具有块状构造和气孔状构造。当气孔较多时,可称之为多孔构造或熔渣状构造;当气孔被次生矿物充填后,会形成杏仁状构造,其中杏仁部分通常由方解石、绿泥石、玉髓、玛瑙等矿物构成。此外,玄武岩普遍存在六边形的柱状节理,这是由于岩浆冷却收缩造成的。

基性侵入岩在地表分布相对较少,但喷出岩却拥有大面积分布。辉长岩常与橄榄岩、辉石岩共生,并且常常相互过渡,但也可能形成独立的侵入岩体。玄武岩是喷出岩中分布最广泛的一种,不仅在大陆上,海底也有大量分布。在矿产资源方面,与侵入岩相关的矿产有磁铁矿、钒钛磁铁矿、铜矿、磁黄铁矿、钴矿、铂矿等;辉长岩同时也是优质的建筑材料。与喷出岩相关的矿产资源有铜、钴以及由玄武岩风化形成的铝土矿。此外，玄武岩气孔中有时还能发育冰洲石、玛瑙等宝石。

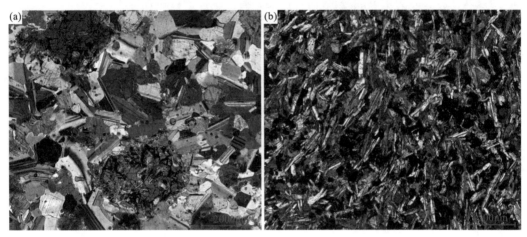

图 5-10　基性岩类的显微照片[(a)橄榄石辉长岩(XL);(b)玄武岩(XL)]

5.4.3　中性岩类(闪长岩—安山岩类)

(1)化学和矿物特征

本类岩石的化学成分特性体现在其 SiO_2 含量为 52%～63%，相较于基性岩有所增加，处于硅饱和状态，因此被定义为中性岩。其全铁含量 FeOt 大致在 3%～8%，MgO 含量约为 3%～5%，CaO 含量约 4%～7%，均低于基性岩的相应数值；Al_2O_3 含量则为 16%～17%，略高于基性岩；而 Na_2O 和 K_2O 两者之和通常在 5%～6%(其中 Na_2O 含量高于 K_2O)，相较于基性岩有显著提升。这些化学成分特征在岩石矿物组成上表现为铁镁矿物含量相较于基性岩有所减少，通常占据约 30%，主要以角闪石为主，其次为辉石和黑云母。硅铝浅色矿物的含量则显著增多，尤以中性斜长石为主，偶有少量钾长石和石英出现。相比基性岩，此类岩石颜色较浅，一般为浅灰色至灰色，并且比重相对较小。由于中性岩浆的黏度相较于基性熔浆更大，由此形成的喷出岩其结晶程度通常不如基性喷出岩，常见半晶质和隐晶质结构(图 5-11)。

在产状上，中性深成岩多作为花岗岩或辉长岩的边缘相存在，有时也能形成独立的小型侵入体；浅成岩主要表现为岩墙和岩床形式；喷出岩则多表现为熔岩流。

(2)主要种类

①闪长岩：作为本类中性岩石深成侵入岩的典型代表，通过肉眼观察可发现其颜色多为灰白色、绿灰色或绿色，具有块状构造，且显现出中粗至细粒结构。其主要矿物成分为中性斜长石和角闪石，次要矿物包括黑云母、辉石和石英等。暗色矿物与浅色矿物的比例通常介于 20%～40% 与 60%～80%，使得岩石整体颜色相对浅淡。岩石内部的角闪石晶体通常呈现出完好的细长柱状形态，颜色为黑色或绿黑色，研磨成粉末后常带有绿色调，与辉长岩中常见的辉石有所不同，辉石粉末通常呈白色或微带褐色。风化作用后，角闪石往往转变为绿泥石。闪长岩中的中性斜长石含量可高达 60%，通常以灰白色

的板状晶体形态存在,在强光源下旋转岩石标本,可见聚片双晶现象。显微镜下,斜长石常显示出环带结构,常附着绿帘石、方解石、绢云母等次生矿物。

②石英闪长岩:该岩石中石英的含量在 6%～20%,相比于闪长岩,其暗色矿物含量较少(约占 15%)。石英闪长岩可视为位于闪长岩与花岗闪长岩之间的过渡类型岩石。

③安山岩:其矿物组成与闪长岩相同,可视为具有闪长岩成分的喷出岩变种。岩石颜色通常为深灰色、黑色或紫红色调。安山岩一般表现出斑状结构特征,斑晶主要由长柱状或板状的白色斜长石和棕色角闪石构成。其中,棕色角闪石(即玄武闪石)在喷出过程中因脱水和氧化作用,常被析出的铁质包绕形成黑色边缘(暗化边),有时甚至完全转变为黑色,但仍保持角闪石的形态特征。此外,黑云母也有可能以斑晶的形式出现,并同样可能存在黑色边缘。安山岩基质中的暗色矿物含量较少,主要由斜长石微晶密集排列而成,这种结构常表现出玻晶交织特征,即斜长石的长条状微晶在玻璃质基质中近乎平行或无定向地紧密结合在一起,这种特殊的结构又被称为安山结构。安山岩常见的构造形态包括块状构造、气孔构造和杏仁构造。

本类岩石在地表的分布特征与基性岩有一定的相似之处,其中闪长岩分布相对较少,占岩浆岩总面积的比例不足 2%。然而,安山岩如同玄武岩一样,是分布广泛的喷出岩类型之一,其在全球岩浆岩分布面积中占据了大约 23% 的比例。

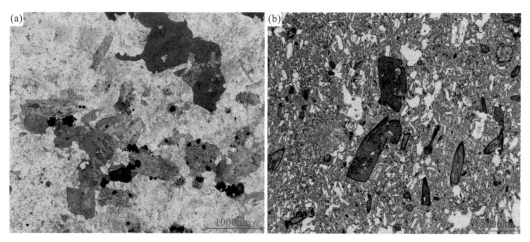

图 5-11 中性岩类的显微照片[(a)闪长岩;(b)安山岩]

5.4.4 酸性岩类(花岗岩—流纹岩类)

(1)基本特征

本类岩石在化学成分上具有显著的高 SiO_2 含量特性,其含量范围为 65%～75%,因此被归类为硅过饱和岩类。由于富含二氧化硅(SiO_2),在形成硅酸盐矿物的基础上,仍有剩余的 SiO_2 会结晶为石英,因此本类岩石的显著特征是含有大量石英。同时,其 FeO、Fe_2O_3 及 MgO 含量相对较低(通常低于 2%),导致铁镁暗色矿物的含量较少,一般仅占 5%～10%,以黑云母和角闪石为主。与此相反,硅铝浅色矿物的含量远高于铁镁暗色矿物,除了酸性斜长石外,还富含钾长石和石英,其中石英的含量通常在20%以上。此外,这类岩石的比重相对较小。由于SiO_2含量较高,酸性熔浆的黏度较大,因此在本类岩石的喷出岩中,玻璃质岩石如黑曜岩较为常见。在侵入岩类别中,本类岩石的主要代表为花岗岩和花岗闪长岩;相应的,其喷出岩代表则为流纹岩和英安岩(图5-12)。

(2)主要岩石种类

①花岗岩:主要由浅色矿物组成,致使岩石颜色偏浅,常见为粉红色和灰白色调。浅色矿物主要包括石英(含量大于20%)、钾长石和酸性斜长石,而暗色矿物则主要由黑云母和角闪石构成。黑云母呈褐黑色,呈现鳞片状晶体形态,硬度较低,易于辨识。花岗岩具有典型的半自形粒状结构,这种结构在花岗岩中极具代表性,因此也被称作花岗结构。此外,花岗岩也可能展现出似斑状结构特征,其中斑晶主要为钾长石,而在花岗闪长岩中,斑晶则以斜长石为主,基质为显晶质、中至细粒。

②花岗闪长岩:相较于花岗岩,其钾长石含量相对减少,而斜长石含量增加,斜长石在长石总含量中占比超过60%,最高可达90%。同时,斜长石的化学成分比花岗岩更为富钙。此外,随着斜长石含量的增加,镁铁矿物如黑云母和角闪石的含量也随之提升。

③花岗斑岩:属于浅成侵入岩,多呈现肉红色和灰白色。岩石具有斑状结构,斑晶主要由肉红色钾长石构成,其次是石英、黑云母和角闪石。基质主要由微粒至隐晶质的长石和石英组成。

④英云闪长岩和奥长花岗岩:英云闪长岩是一种等粒状块状岩石,硅铝矿物主要由石英和斜长石(An_{30-50})构成,含极少量钾长石,镁铁矿物以黑云母和普通角闪石为主。相比之下,奥长花岗岩的石英含量更高,而镁铁矿物含量较低,通常其斜长石的An指数小于30。在这两类岩石中,常见的副矿物包括褐帘石、绿帘石、磷灰石、锆石、榍石和钛磁铁矿。TTG组合(英云闪长岩、奥长花岗岩和花岗闪长岩)构成了约90%的初生大陆地壳,主要形成于太古代。

⑤流纹岩:作为酸性喷出岩的典型代表,其颜色通常为白色至灰红色。多数流纹岩具有流纹构造,同时也常见气孔状和杏仁状构造,但气孔形态多不规则,这是由于岩浆黏度大,气体不易逸出所致。流纹岩常具有斑状结构,斑晶主要由钾长石和石英组成,其中钾长石多为无色透明的透长石,具有长方形晶体形态;石英常呈烟灰色粒状,显微镜下可见不规则的熔蚀边缘(熔蚀结构),暗色矿物较少见。基质主要为隐晶质和玻璃质,且具有典型的流纹构造。

⑥英安岩:可视为花岗闪长岩的火山岩对应物,含有斜长石和六方双锥石英斑晶。镁铁矿物主要为普通角闪石,其次是黑云母。基质通常含有玻璃质成分。

⑦玻璃质酸性喷出岩:包括黑曜岩、松脂岩、珍珠岩和浮岩等,这些岩石几乎全部为玻璃质。黑曜岩呈黑色或灰黑色,具有玻璃光泽,呈现贝壳状断口,显微镜下观察为无色或带褐色的火山玻璃。松脂岩常见棕红、褐色、浅绿、黄色等多种颜色,具有松脂光泽,有时带有流纹构造。珍珠岩具有独特的珍珠构造,其酸性火山玻璃基质中包含球粒,球粒可呈红色、褐色、黑色等多种颜色,一般呈球状或拉长豆状。基质具有流纹构造,由不同颜色的玻璃(如白色、灰色、暗绿色、浅绿色、黑色、棕色和紫红色等)组成。有时含有少量透长石和石英斑晶,形成玻基斑状结构。浮岩是一种多孔状玻璃质岩石,因其轻质能浮

于水面而得名。

　　花岗岩类岩石是地球上最常见的侵入岩类型,构成了大陆地壳的主体部分。花岗岩岩基在古老的太古代至元古代克拉通中占有重要地位。几千年来,这类岩石广泛应用于制作纪念碑、石棺和装饰石材,例如,自公元前 2600 年起,上埃及阿斯旺的红色花岗岩就被开采、加工并运输至下埃及用于建筑和雕塑,例如制作方尖碑。此外,花岗岩类岩石还与铜、钼、钨、锡等有色金属矿产的形成密切相关。

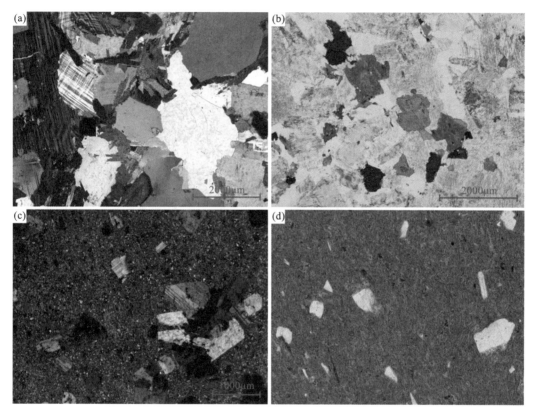

图 5-12　酸性岩类的显微照片 [(a)二云母花岗岩(XL);(b)黑云母角闪石花岗闪长岩(PPL);
(c)流纹斑岩(XL);(d)流纹质晶屑凝灰岩(PPL)]

5.4.5　硅饱和—过饱和的碱性岩类(正长岩—粗面岩类)

(1)基本特征

　　本类岩石的 SiO_2 含量区间位于 $52\%\sim65\%$,与闪长岩—安山岩系列岩石相近,从化学成分角度看依然归属于中性岩范畴。然而,其与闪长岩—安山岩类岩石的主要差别在于碱性氧化物含量较高,具体表现为 Na_2O 含量约为 4%、K_2O 含量约 5%,这一数值甚至超过了酸性岩的相应碱性氧化物含量。同时,镁、铁和钙的含量位于中性和酸性岩石之间,形成了独特的化学成分特征。

　　上述化学成分特点在矿物组成上表现为硅铝矿物占据较大比例,其中以钾长石为主要成分;部分样品中还包含斜长石和少量石英。相较酸性岩,铁镁矿物含量略高一些,通常低于20%,主要以角闪石为主,其次为辉石和黑云母。此类岩石由于硅饱和或过饱和,可能出现少量石英,但不会含有霞石等硅不饱和矿物。

本类岩石具有较浅色调,如灰色、浅红色等,可归类为浅色岩系,其比重相对较小。对应的喷出岩类型中,常伴随着玻璃质的出现。

(2)主要岩石种类

①正长岩:作为本类深成侵入岩的代表,其颜色多变,包括粉红、砖红、灰色、绿灰色或灰褐色等,主要取决于其中主要矿物钾长石的颜色。斜长石在正长岩中虽有出现,但含量相对有限。暗色矿物可见角闪石、辉石和黑云母。正长岩中石英含量通常较少,不超过5%。岩石结构上,一般呈现出半自形粒状结构或似斑状结构,整体构造以块状为主。当岩石中石英含量增加时,将形成正长岩与花岗岩之间的过渡岩石,即石英正长岩;而当斜长石含量与钾长石相当时,则会产生正长岩与闪长岩之间的过渡性岩石,即二长岩。正长岩体的规模通常不大,多以小型岩株或岩盖的形式存在。

②正长斑岩:作为本类岩石的浅成岩代表,常以脉岩形式出现或在深成侵入体边缘部位产出。此类岩石常具有典型的斑状结构,斑晶主要由钾长石的板状自形晶构成,有时也会含有暗色矿物斑晶。基质为隐晶质。

③粗面岩:作为本类喷出岩的典型代表,其颜色相对较浅,通常为粉红、黄褐、灰绿等色调。由于断面粗糙不平,故得名为粗面岩。其具有明显的斑状结构,斑晶主要由钾长石组成,偶尔会出现极少量的黑云母和角闪石斑晶。通过肉眼鉴别,粗面岩与流纹岩的主要区别在于粗面岩的斑晶中缺乏石英,而流纹岩则具有明显的石英斑晶。粗面岩的基质为隐晶质或玻璃质,主要由碱性长石和少量斜长石构成,在显微镜下可观察到典型的粗面结构,即基质中细长条状碱性长石呈平行或流动状排列。粗面岩通常呈现块状构造,但部分样品也可能具有气孔状或杏仁状构造。此类岩石在地表分布较少,且岩体规模相对较小。粗面岩常与其他类型的火山岩如流纹岩、安山岩或玄武岩共同构成复杂的火山岩系。与正长岩相关的矿产资源包括磁铁矿、铜矿、金矿、稀有金属以及放射性元素矿产(这些元素多富集在锆石、独居石等副矿物中)。正长岩本身可用作陶瓷原料。至于粗面岩,虽然与之相关的矿产资源相对较少,但它可作为优质的建筑石材以及化工领域耐酸容器的原材料。

5.4.6 硅不饱和的碱性岩类(霞石正长岩—响岩类)

(1)基本特征

本类岩石在化学成分上,其SiO_2含量与中性岩相当,处在52%～65%的范围内。值得注意的是,其碱金属钾和钠的含量显著增高,其中Na_2O含量大致在5%～10%,而K_2O的含量约为4%～6%。此外,FeO与Fe_2O_3的总量通常维持在2%～4%,MgO和CaO的含量则相对较低,一般在1%～2%内波动。

在矿物组成方面,此类岩石以碱性长石为主要的硅铝矿物成分,不含有石英。铁镁矿物部分则主要以碱性辉石、碱性角闪石以及富铁云母等矿物为代表。岩石的整体颜色偏浅色,且比重较小。

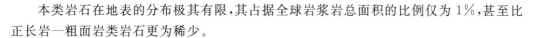

本类岩石在地表的分布极其有限,其占据全球岩浆岩总面积的比例仅为 1%,甚至比正长岩—粗面岩类岩石更为稀少。

(2)主要岩石种类

①霞石正长岩:作为该类别岩石的深成岩代表,其颜色偏浅色,通常显浅灰色,但有时也出现浅绿、浅红色调。粒径一般为中粒,有时呈粗粒。其主要矿物成分包括板状钾长石和霞石,其次为碱性辉石、碱性角闪石及富铁云母。霞石的颜色多样,常见有灰白、浅黄、浅褐、浅红等,晶体形态以柱状或厚板状为主,但在岩石中往往呈他形,填充于自形钾长石的间隙中。新鲜断口呈现油脂光泽。值得注意的是,霞石虽然不与石英共生,但因其易于与石英混淆,因此在鉴别时需特别关注霞石与石英的区别:霞石具有解理,且易风化,故在岩石风化面上,霞石常凹陷下去,形成独特的蜂窝状表面特征(即碱性长石和铁镁暗色矿物突出,霞石凹陷)。

②霞石正长斑岩:作为浅成岩的代表,其斑晶主要由霞石或钾长石构成,基质则主要由碱性长石、霞石以及少量碱性暗色矿物组成。

③响岩:作为该类岩石喷出岩的典型代表,具有显著的斑状结构特征,斑晶主要包含透长石和霞石等;基质则为隐晶质,岩石颜色通常介于灰色至灰绿色之间。

本类岩石在地表的分布相对稀少,多以小型岩体的形式出现。与此类岩石相关的矿产资源主要包括稀土元素以及放射性元素,如钍、铌、钽、锆等重要工业原料。

5.4.7　脉岩类

岩浆岩中部分岩石常充填于围岩或产出在岩体的裂隙中,因其常呈脉状,故称脉岩。脉岩属浅成岩,但在化学成分、矿物成分及空间分布上和　定的深成岩体关系密切,往往出现在某些深成岩体内或周围。脉岩的种类很多,主要包括煌斑岩、细晶岩和伟晶岩(图 5-13)。

(1)煌斑岩

煌斑岩是一种暗色脉岩,其特征在于兼具粒状与斑状结构,通常以全晶质为主,极少数情况下为半晶质。斑晶部分主要由黑云母、角闪石和辉石等矿物构成,这些矿物的自形程度普遍较高,其中黑云母多呈六边形板状,角闪石则常为柱状自形晶形态。基质部分则主要由长石(如斜长石或钾长石)以及上述的深色矿物组成。根据矿物成分的差异,煌斑岩可进一步细分,例如包含黑云母和正长石的云煌岩,或是由斜长石、角闪石、辉石构成的拉辉煌斑岩等。

(2)细晶岩

细晶岩是一种具有细粒结构的全晶质岩石,其特征是浅色矿物含量丰富,而暗色矿物相对较少,故整体颜色较浅。按照矿物成分的不同,细晶岩可以被划分为多个亚类,其中包括辉长细晶岩、闪长细晶岩、正长细晶岩以及花岗细晶岩等。其中,花岗细晶岩在地表分布最为广泛,因此细晶岩一词在一般情况下多指代花岗细晶岩。花岗细晶岩颜色从白色至肉红色不等,主要由石英、酸性斜长石和钾长石三种矿物构成,有时还含少量白云母,显现出细粒他形粒状结构特征。

（3）伟晶岩

伟晶岩作为一种矿物颗粒异常粗大的脉岩，其矿物晶体尺寸通常极为巨大，甚至能达到数米级别，具有独特的伟晶结构或文象结构特点。如同细晶岩那样，各种岩石类型都可以形成对应的伟晶岩变种，例如正长伟晶岩、闪长伟晶岩、辉长伟晶岩以及花岗伟晶岩等。在这些伟晶岩中，花岗伟晶岩最为常见，通常被简称为伟晶岩。

图 5-13　脉岩类照片[（a）花岗伟晶岩（底部为花岗岩）；（b）金云母煌斑岩]

5.5　岩浆的形成和演化

地球上两种最为常见的岩浆，即玄武质岩浆和花岗质岩浆，分别是上地幔和下地壳熔融的产物。原生岩浆是由地壳或地幔岩石经过部分熔融产生的岩浆，其上升到达地表或地壳浅部的过程中化学成分没有发生变化。

5.5.1　玄武质岩浆的形成

在当前地球状态下，无论是在地壳还是地幔，岩石几乎难以实现彻底的熔融，岩浆的生成实际上源于源区岩石的部分熔融现象。在部分熔融的过程中，易熔组分倾向于进入熔体相，而难熔组分则滞留在剩余的固态相中。理论上，固体岩石发生部分熔融的主要触发因素包括温度的升高、压力的下降以及挥发性物质（尤其是水分）的添加。任何类型的岩石，只要其温度上升至某一阈值，均可能发生熔融反应，因此温度提升被视为最基础且易理解的熔融机制。对于花岗质岩浆的生成来说，温度升高扮演了至关重要的角色，例如，来自地幔的基性岩浆向上侵入时，会导致地壳岩石受热进而部分熔融；同样，在大陆内部的碰撞造山带中，由于构造作用引起的地壳增厚和温度提升也会促进岩石熔融。然而，对于玄武质岩浆的形成机制，单纯的温度升高并非主导因素。玄武质岩浆更主要的是通过地幔岩石在压力降低或挥发分参与的情况下发生部分熔融而形成。

参照图 5-14 所示的岩浆生成模型，我们可以描绘出三种不同的熔融机制。假设存在一块不含水分的岩石，在初始位于 O 点的温度和压力条件下，由于 O 点位于干固相线

（MN）左侧的 a 区域,即晶体稳定区,该无水岩石不会发生熔融反应。随着温度的上升或压力的降低,岩石所处的温压条件跨越干固相线进入 b 区域(晶体＋熔体共存区),从而导致岩石的部分熔融。另外,若向岩石中引入水分,则岩石的性质发生变化,熔点降低,使得固相线整体向左移至湿固相线位置。此时,原有的晶体稳定区域变为 a′,原 a 区域转变为晶体＋熔体区域,进而促使岩石发生部分熔融。熔体产出的含量(或者说部分熔融的程度)与岩石在晶体＋熔体共存区域内所处的具体位置紧密相关:越接近固相线,则熔体含量越低;越接近液相线,则熔体含量越高。通常情况下,自然界的岩浆形成过程中,完全熔融是极为罕见的,这意味着岩石不可能越过液相线进入 c 区域(纯熔体区域)。

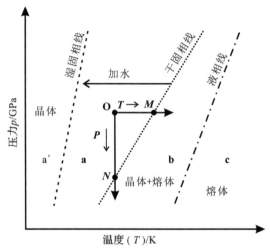

图 5-14　温度、压力和水的变化导致岩石熔融

5.5.2　花岗质岩浆的形成

　　大部分花岗岩、花岗闪长岩及闪长岩(有时归类为花岗质系列)主要形成于活动的大陆边缘地带及大陆碰撞构造环境。尽管鲍文理论指出玄武质岩浆经过演变可以转化为花岗质岩浆,但在大陆板块内观察到的大规模花岗岩,从质量守恒角度考量,难以仅通过基性母岩浆的演化过程来解释。因此,要合理诠释大陆地壳不同地区大规模花岗岩的存在,一个解释在于除了由玄武质岩浆演变之外,还存在源于大陆地壳岩石部分熔融作用产生的原生花岗质岩浆。花岗岩、花岗闪长岩及英云闪长岩共同构成的最为普遍的侵入岩类型,被称为花岗岩类岩石。

　　针对简化模型系统 $Qz-Or-Ab(-An)-H_2O(-CO_2)$ 的实验研究进一步证实,花岗岩岩浆的确可以由地球下部地壳的部分熔融(即深熔作用)产生。熔融程度对花岗岩岩浆如何有效地穿过地壳并侵位有着显著的影响。在较低的熔融比例下,熔体无法有效自源岩分离;而在较高的熔融比例下,首先形成混合岩,最终能够形成花岗岩岩浆,并能上升至地壳上部。

　　目前,花岗岩按照其地球化学—矿物学特征被分为不同类型,主要包括Ⅰ型(火成岩源区),S型(沉积岩源区),A型(碱性、非造山背景)以及M型(地幔来源)。此外,花岗岩的形成还可与特定的板块构造过程相联系,例如同碰撞期花岗岩(syn-COLG)、火山弧花岗岩(VAG)、板块内部花岗岩(WPG)以及洋中脊花岗岩(ORG)。这些分类有助于我们更好地理解花岗岩在全球地质构造环境下的多样性和成因。

5.5.3 岩浆岩多样化的原因

地壳中岩浆岩种类很多,虽然目前对于原始岩浆种类问题尚存较大的争议,但已知的岩浆岩远远超过原始岩浆的数目。除了原始岩浆具有差异这一因素以外,岩浆的演化、岩浆与围岩的相互作用等,也造就了地壳中多种多样的岩浆岩。

岩浆的演化主要有岩浆分异作用和结晶分异作用,岩浆之间的混合作用,岩浆与围岩之间的同化混染作用。

(1)岩浆分异作用

这是在岩浆开始结晶前产生的分异作用,这种作用一般通过以下三种方式进行。

①扩散作用

在成分均匀的岩浆体内,若靠近围岩的边缘部位冷却速率较快,而中心部位冷却较慢,由于铁镁难熔组分具有较高的熔点(或凝固温度),在边缘低温环境下优先结晶。这样一来,边缘部分岩浆中铁镁难熔组分的浓度相对减少,从而促使中心部分的铁镁难熔组分向边缘扩散。这一过程的结果导致基性组分在边缘集聚,而岩体内部的酸性组分相对富集,最终原本均匀成分的岩浆在空间分布上分化为不同类型的岩浆岩。在酸性岩体边缘出现基性成分增强的现象可能与扩散作用有关。

②熔离作用(液相不混溶作用)

在冷却过程中,成分均匀的岩浆可能会分离成几种成分各异且互不相溶的岩浆,这种现象被称为熔离作用。这一过程类似于日常生活中的油与水不混溶现象。通过实验模拟,科研人员曾利用与岩浆成分类似的硅酸盐熔体,并加入氟、硼等挥发性物质,成功诱导熔浆发生熔离作用,其中铁镁等重矿物成分下沉至下部,而轻质、硅铝质成分则上浮至上部,从而验证了熔离作用的实际存在。有人认为一些岩石中的条带状构造可能是由于岩浆冷却过程中,不同或分岩浆因熔离作用而各自聚集分布的结果。

③气体搬运作用

在岩浆分异阶段,岩浆中的挥发性组分对岩浆物质的迁移和聚集起到了重要作用。挥发组分在活动过程中,会促使不同物质向岩浆体的不同部位集中,从而改变岩浆各部分的成分组成。值得注意的是,挥发组分通常会向压力较低的岩浆体上部集中。随着岩浆冷却固化,岩体上部将形成富含挥发性组分的矿物,向压力较低如磷灰石、沸石等。在某些情况下,这些矿物在岩体上部可以富集成矿床。

(2)结晶分异作用

这是在岩浆结晶的同时所发生的分异作用。岩浆在其冷凝结晶的过程中,由于不同物质成分的晶体自岩浆中陆续结晶,岩浆的成分即随之相应地发生变化,因而从原始岩浆中形成不同成分的岩浆岩(图5-15)。结晶分异作用主要通过以下方式进行:

①重力分异作用

重力分异是指在岩浆演化过程中,早期结晶析出的矿物与剩余岩浆之间的比重存在差异,导致这些矿物在岩浆内部发生下沉或上浮运动,进而引发岩浆内部化学成分的重新分布。岩浆在冷却结晶过程中,首先析出的是具有较高熔点的暗色矿物,如橄榄石等,这类矿物由于密度较大,会下沉至岩浆底部。这一过程中,岩浆上部的 FeO 和 MgO 含量相对减少,而 Al_2O_3 和 SiO_2 的含量则相对增加,从而形成了性质迥异的两种岩浆。通常情况下,岩体上部主要由较酸性的岩浆岩构成,而下部则以较基性的岩浆岩为主,这一现象可以看作是重力分异作用的结果。

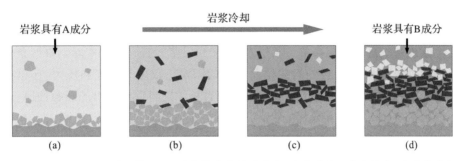

图 5-15　结晶分异作用示意图[因不同矿物从岩浆结晶出来,岩浆成分一直在演变,在岩浆底部形成火成堆积岩。(a)橄榄石首先结晶出来;(b)橄榄石和辉石同时结晶出来;(c)辉石和斜长石结晶出来;(d)斜长石结晶出来]

②压滤分异作用

在岩浆结晶初期,较基性的矿物凝聚后会在晶体间隙中保留部分残留的酸性岩浆。当受到上覆地层压力或地质构造应力的影响时,这部分残余岩浆可能向周围已冷却岩体或围岩裂隙中转移,进而形成较酸性和碱性的侵入体,这一过程被称为压滤作用。围岩裂缝中形成的细晶岩或伟晶岩可能是压滤作用的产物。

③流动分异作用

在岩浆持续结晶并流动的过程中,早期析出的晶体由于与围岩摩擦作用而滞留在岩体边缘,由此导致晶体与剩余熔浆的分离。这一现象可以类比于河流中木块因水流速度减缓和摩擦力增大而堆积在河岸的现象。流动分异作用可能导致岩体边缘形成单矿物岩石。

④鲍文反应系列理论

美国岩石学家鲍文通过对人工硅酸盐系统的实验研究以及对某些岩浆岩矿物结晶顺序和结构特性的观察,提出了岩浆岩矿物结晶规律,即鲍文反应系列或反应原理。鲍文根据反应性质的不同,将矿物从岩浆中结晶的顺序划分为连续反应系列和不连续反应系列。

连续反应系列:岩浆在冷却过程中,两种成分可以任意比例混溶形成的类质同象系列。随着温度逐步下降,岩浆会依次结晶出培长石、拉长石、中长石、更长石,直到最终形成钠长石。这些矿物均属于斜长石亚族,其成分虽连续渐变,但矿物结构保持一致(均为架状结构)。在此系列中,早先形成的斜长石晶体会与剩余熔浆持续反应,生成一系列矿物,因此反应是连续进行的。当反应完全时,最初的基性斜长石会被最终形成的酸性斜长石(钠长石)取代。

不连续反应系列:涉及暗色矿物之间的转变关系。从橄榄石到黑云母的结晶过程中,它们之间的转变表现出突变特征。早期形成的矿物暂时不与熔浆反应,只有当温度降至特定阈值时才会与残余熔浆发生反应,形成新的矿物。因此,相邻矿物的成分完全不同,铁镁矿物经历了从橄榄石到辉石、辉石到角闪石、角闪石再到黑云母的转变。这些矿物的内部结构也发生了变化,从岛状(橄榄石)转变为单链状(辉石)、双链状(角闪石)、层状(黑云母)。由于这些转变关系呈现跳跃式而非连续变化,故被称为不连续反应系列。当反应进程结束时,最终只形成黑云母。

两个反应系列结束后,融合成为一个单一的不连续反应系列,其最终产物为石英。鲍文反应原理基于自然界存在单一原始岩浆(玄武岩浆)的前提,但实际上自然条件下存在多种类型的岩浆。此外,影响岩浆结晶作用的因素不仅限于温度和压力,还包括挥发分含量等。鲍文反应原理是基于实验岩石学和岩相学资料综合得出的经验性原理,主要探讨的是平衡条件下的结晶作用,而在不平衡条件下结晶作用的情况则大不相同。因此,尽管鲍文反应原理能够说明岩浆中造岩矿物的一般结晶顺序和共生组合关系,但它具有一定的局限性,不能全面解释岩浆的全部复杂结晶过程。

(3)岩浆混合作用

岩浆混合作用是指两种不同成分的岩浆按不同比例相互混合,形成一系列过渡类型岩浆的过程(图5-16)。

图5-16　两种不同性质岩浆的混合现象(福建平潭)

　　早在 1851 年,德国化学家罗伯特·本生就提出冰岛地区观察到的从玄武岩到流纹岩的岩浆演化过程,是由基性岩浆与酸性岩浆混合所导致的。岩浆混合已经成为解释共存的不同熔体成因的一个重要模型。例如,在洋中脊玄武岩(MORB)中观察到的许多地球化学和岩石学特征,可通过两种不同岩浆的混合来解释。在洋中脊下方的岩浆房中,结晶分异产生的玄武岩岩浆与来自地幔的原生岩浆进行了近乎完全的混合。岩浆混合在层状侵入体及其相关矿床的形成过程中也可能起到关键作用。实验室研究表明,硅酸盐熔体的可混溶性主要依赖于其黏度,较高的黏度或黏度差异可能会限制岩浆混合的进行。

第6章 地球物质之沉积岩

　　沉积岩是一种在地表或近地表环境中,由母岩遭受物理风化、化学风化以及生物作用等破坏后产生的物质,在经历漫长的搬运过程后沉积,并经过压实与固结成岩作用最终形成的岩石。尽管在岩石圈总体积中占比仅为 5%,但沉积岩在全球地表覆盖面积上占比高达 75%。这里的母岩指的是为沉积岩提供原始物质来源的各类岩石,涵盖了岩浆岩、变质岩以及先前已经形成的沉积岩。

　　沉积岩的形成环境与岩浆岩和变质岩有着显著的差异,主要是在常温、常压条件下,伴随着充足的水分、氧气、二氧化碳以及生物活动共同作用而产生。此类岩石以其特有的成层的产状、层理构造、常常包含的动植物化石,以及通常较为微弱的结晶程度等特性,与岩浆岩和变质岩形成了鲜明对比。此外,沉积岩在矿物组成和化学成分上也展现出了独特的属性。

　　沉积岩不仅是地壳演化的重要记录,而且还富含各种矿产资源。据统计,全球矿产资源总产量的 70%～75% 源自沉积岩。在我国,几乎所有的铝矿、磷矿、锰矿储量,以及大约三分之二的铁矿资源,均蕴含在沉积岩中或是与沉积岩紧密相关。这些矿产资源的分布进一步凸显了沉积岩在资源勘查与利用中的意义。

6.1　沉积岩的矿物与化学成分

　　沉积岩与岩浆岩、变质岩相比较,在矿物成分和化学成分上均有一定特点。

6.1.1　沉积岩的矿物成分

　　沉积岩中存在超过 160 种不同的矿物,其中 20 多种造岩矿物比较重要,例如石英族矿物、长石族矿物、云母族矿物,以及黏土矿物、碳酸盐矿物、硫酸盐矿物、卤素化合物等;此外,还包括一系列含水的氧化铁、锰、铝矿物等。然而,在每一种具体的沉积岩样品中,实际所含矿物种类通常为 5～6 种,甚至在许多情况下仅包含 1 至 3 种矿物。这种矿物组合特征使得沉积岩与岩浆岩之间存在显著的矿物成分差异。

　　沉积岩中几乎见不到诸如橄榄石、角闪石、辉石等典型的铁镁矿物,以及钙长石等岩浆岩常见组分,却富含氧化物和碳酸盐矿物,如氧化铁矿物、氧化锰矿物,以及方解石、白云石等。此外,黏土矿物和有机质在沉积岩中普遍存在。值得注意的是,沉积岩中的石英含量通常高于长石,且长石以钾长石占据主导地位,其次为酸性斜长石,其他类型的长石相对较少;而在岩浆岩中,长石则占据绝对优势,各类长石几乎均有出现。

按照成因分类,构成沉积岩的矿物可归纳为三大类:碎屑矿物(又称继承矿物),它们来源于原有岩石的风化;化学成因矿物,主要通过溶液中离子沉淀形成;以及生物成因矿物,这类矿物源于生物活动或生物遗骸。

6.1.2　沉积岩的化学成分

沉积岩的化学成分主要包括占总量 46％的氧、28.70％的硅、9.50％的铝、5.80％的铁以及钙、镁、钾、钠、钛等多种元素的氧化物。具体而言,在氧化物总含量中,二氧化硅占 58.13％的比例,氧化铝则占 13.07％,其余氧化物含量均低于 6％。鉴于沉积岩形成过程中受到强烈的地球化学作用影响,各元素化学活性差异,导致其富集和流失的程度各异,从而使得沉积岩与岩浆岩在化学成分上呈现出显著的差异。

①在沉积岩中,钾元素的含量通常高于钠元素,而在岩浆岩中钠元素更为丰富。这一现象主要是由于沉积岩中含有大量对钾离子具有较强吸附能力的黏土矿物和胶体矿物,在风化作用下释放出的钾离子大多被固定,而钠离子易溶于水并随之流失。

②沉积岩中的镁含量普遍大于钙含量,但在岩浆岩中钙含量则高于镁含量。原因在于钙离子在地表环境下具有较高的化学活性,相较于镁离子更易溶于水并发生流失。

③大多数沉积岩样品中满足 $Al > Ca + K + Na$ 的条件,而在岩浆岩中此关系则相反。这是因为铝离子的化学活性较低,不易在地表条件下溶解流失。沉积岩主要由如云母、黏土矿物等稳定且富含铝元素的铝硅酸盐矿物组成,从而导致铝含量相对较高。

④沉积岩中的 Fe_2O_3 含量通常高于 FeO,而在岩浆岩中则相反。这是因为沉积岩形成于氧化环境中,原本的 FeO 容易被氧化为 Fe_2O_3。

⑤沉积岩富含水分和二氧化碳,而岩浆岩则相对缺乏这两种成分。这一特点归因于地表环境中水分和二氧化碳相对丰富,使得沉积岩在形成过程中能够大量吸收并保存这两种成分。

6.2　风化作用和沉积物的形成

组成沉积岩的物质成分来源有四个方面:即母岩的风化产物、生物的遗体和遗骸、火山物质及宇宙物质(如陨石等)。其中母岩的风化产物是沉积物的主要来源。

6.2.1　岩石风化的类型

风化是一个广泛的概念,涵盖了岩石与矿物在与大气或水体相互作用过程中经历的所有转变,这些过程被分别称为地表风化或水下风化。当风化产物就地积累时,会形成土壤层;而经过搬运并在他处沉积下来的风化产物,则构成了疏松的沉积物,经过压实固结最终演化为沉积岩。风化作用影响各类岩石,包括火成岩、变质岩以及更早形成的沉积岩,使其在常温和常压条件下,适应富含水分和氧气的地表环境。

风化作用可细分为三个主要类别:物理风化、化学风化和生物风化(图 6-1 和表 6-1)。

图 6-1　常见的风化类型及机制[(a)物理风化——冰劈作用;(b)生物风化——地衣产生有机酸;(c)化学风化——灰岩的溶解作用;(d)物理风化——地壳压力释放]

①物理风化:此类风化是由多种物理过程引起的,主要包括温度波动、风力侵蚀、流水冲刷、海洋(湖泊)波浪冲击、冰川活动、冰劈作用,此外还有重力作用、地壳运动等因素的影响。物理风化的结果是岩石分解成大小不一的颗粒物质,包括岩石碎屑和矿物碎屑,这些碎屑是形成碎屑岩类的基础物质。

②化学风化:岩石或矿物在水溶液或大气化学作用下遭受破坏,这种破坏既包括了破碎,也涉及岩石化学成分以及矿物组分的变化,产生一系列新的矿物相。

③生物风化:生物活动对岩石造成的破坏作用亦属于风化范畴,这类作用融合了物理机制和化学反应两方面因素,生物活动通过生物代谢、根系生长、微生物作用等方式加速了岩石的破碎与化学分解。

岩石在风化过程中的行为表现与其化学成分、矿物组成以及内部结构和构造密切相关。此外,风化作用的程度和速率还会受到地形特征和气候条件的显著影响。例如,在地形陡峭区域,岩石碎片可能快速沿斜坡滑落堆积,导致化学风化作用时间短暂且程度相对较浅;相反,在平坦地带,风化产物长时间滞留地表,有利于化学风化作用深入进行。

在温暖湿润的气候条件下,化学风化作用通常表现得尤为强烈;而在寒冷干燥的环境中,化学风化作用较为缓慢,而物理风化作用则相对更为突出。

表 6-1　常见的风化类型

风化类型	物理风化	化学风化	生物风化
风化机制	温度的变化 风 流水 海洋和湖泊 冰劈 冰川	氧化作用 溶解作用 水解作用 水化作用	生物的物理风化作用(根劈作用,钻穴动物的破坏等) 生物的化学风化作用(生物的新陈代谢,生物遗体产生的有机酸等)

6.2.2　岩石风化的产物

母岩经风化后的产物一般可分为以下三类。

①碎屑物质:此类物质源自母岩经过物理风化作用所导致的机械性破碎,由岩石碎屑以及未经化学分解的单矿物颗粒构成,例如石英、长石、云母、锆石碎屑。

②溶解物质:这是化学风化过程的产物,表现为两种不同存在形式。一种是离子态溶解物,它们以真溶液的形式存在于水中,例如钙离子(Ca^{2+})、镁离子(Mg^{2+})、钾离子(K^+)、钠离子(Na^+)等。另一种是胶体态溶解物,如二氧化硅(SiO_2)、三氧化二铝(Al_2O_3)、三氧化二铁(Fe_2O_3)等,它们以胶体溶液的形式分散在水中。这两类溶解物质均是后续形成化学岩和某些黏土岩、泥质岩的基础。

③不溶残积物:在母岩经历风化分解的过程中,还会生成一些不溶于水的新矿物,主要包括各种黏土矿物,以及含水氧化铁矿物等。这些不溶残积物在地表累积,参与土壤和特定类型沉积岩的形成过程。

6.3　沉积物的搬运、沉积和成岩作用

从母岩风化作用到最终形成沉积岩,其间经历了一系列地质过程。其中,风化产生的碎屑物质与溶解物质各自经历了搬运与沉积机制。碎屑物质,包括岩石碎屑和未完全分解的矿物颗粒,在流水、冰川、风力、海洋与湖泊波浪作用以及生物活动等多种动力驱动下完成搬运,并依据力学规律沉积下来,这一过程体现了机械作用特点。

与此同时,溶解物质作为化学风化的产物,主要包括以离子或胶体状态存在于水体中的各类元素和化合物,如钙、镁、钾、钠等离子,以及二氧化硅、三氧化二铝、三氧化二铁等胶体。这些溶解物质主要通过水、生物的搬运与沉积,此过程受物理化学条件的控制。

6.3.1　碎屑物质的搬运和沉积

碎屑物质的搬运介质包括流水、海(湖)水、风、冰川等,其中流水和海水搬运和沉积最重要。

(1)碎屑物质在流水中的搬运和沉积

碎屑物质在流水中的机械搬运通常有三种基本模式:悬浮搬运、滚动搬运以及跳跃搬运。驱动碎屑物质在流水中运动的关键因素是流水动力,而促使碎屑物质沉积的主导因素则是碎屑物质自身的重力,以及颗粒间的相互吸附力和摩擦力,其中重力起着决定性作用。当流水动力超过碎屑物质重力时,物质保持搬运状态;反之,当重力效应占据优势时,则会发生沉积。针对碎屑物质的搬运与沉积过程,需综合考量以下三个方面:

①碎屑的沉降速度

斯托克斯定律揭示,当圆球形碎屑在静水中受到的流体阻力、浮力与重力平衡时,其匀速沉降速度为:

$$V = 2\Delta\rho g r^2 / (9\mu)$$

其中,$\Delta\rho$ 为碎屑和介质的密度差,g 是重力加速度,r 为碎屑半径,μ 表示介质黏度。对于非球形碎屑,形状因子有所不同:椭圆形和立方体为 1/6,长柱形为 1/9,片状为 2/27,这意味着片状颗粒由于较低的沉降速度而能被搬运至更远距离,故在砂岩中发现的片状矿物颗粒尺寸通常大于非片状砂粒。

同时,该公式适用于直径小于 0.14 毫米的颗粒。对于直径大于 1 毫米的大颗粒,沉降速度并非与半径的平方成正比,而是与半径的平方根成正比。这是因为随着颗粒增大,介质黏度对沉降速度的影响逐渐减少,而水的浮力效应逐渐增强,颗粒下沉时需要克服更大的浮力。

②介质的流动方式

水流状态可划分为层流和紊流两种类型。层流状态下,所有相邻流体质点沿着同一方向平稳移动,此时碎屑的沉积严格遵循沉降速度公式。相反,紊流是一种不规则、上下翻滚的流动,其流动特性由雷诺数来描述:雷诺数较大时呈现紊流状态,较小则为层流。若不存在紊流,理论上密度大于水的碎屑都会沉积到底部,但在紊流环境中,颗粒会因水流扰动而向上抛掷,从而使一些小颗粒能在湍急的水流中保持较长时间的悬浮状态。

③水的流速

流速是决定流水搬运能力和搬运颗粒大小的关键参数之一。高流速的水流拥有更强的搬运力,能够携带更多且粒径较大的碎屑物质。随着流速下降,搬运能力减弱,较大颗粒随之沉积。实验表明,水流持续搬运底部碎屑物质的能力与流速的六次方成正比。通常情况下,河流上游因流速较大,搬运和沉积的碎屑物质粒径较大,而在流速较低的下游地区,沉积的碎屑物质则较细小。

此外,颗粒在开始被搬运时需要达到一定的最小启动流速,该启动速度通常远大于维持相同大小颗粒继续搬运所需的流速,特别是在冲刷泥质沉积物时,由于需要克服颗粒间显著的黏结力,启动速度显著提高。

（2）碎屑物质在海水中的搬运和沉积

海洋中碎屑物质的来源主要包括陆地搬运输入和海岸侵蚀。在进入海洋后，碎屑物质的搬运主要依赖于海浪、潮汐以及海流的联合作用。

①海浪的作用

海浪由气流与海水表面的相互作用产生，其高度取决于风速、风持续时间和海洋面积。普通海浪高度在 2～5 米，风暴期间可达 6～8 米，极端情况下甚至高达 12～13 米，波长最长可达 400 米，波速最快可达 14～15 米/秒。海浪的影响深度通常不超过 200 米，100 米以下区域影响较小。砾石最大搬运深度约为 12～13 米，砂的最大搬运深度为 23～27 米，更深处则只能搬运更细微的颗粒。海浪主要在浅海区域起作用，尤其是在近岸区域效果最为显著。

海浪垂直撞击海岸并受重力作用沿海底回流，当海浪运动方向与海岸斜交时，颗粒在波浪作用和自身重力作用下进行曲折运动。靠近海岸的碎屑物质在反复流水中长期处于搬运状态，细小颗粒被搅动悬浮搬运至远离海岸区域，而较粗大颗粒则在沿岸浅水区做往返运动。这一过程导致碎屑物质按粒度、比重进行再分布，表现为近岸颗粒粗大、比重大，远岸颗粒细、比重小，碎屑物质分选良好，圆度高。

碎屑物质搬运方向主要受海底坡度影响，陡坡区域以向海洋搬运为主，平缓坡度区域则以向岸搬运为主。在坡度较小的浅海带，碎屑物质以向岸搬运为主，常常在波浪消失的位置形成沙洲、沙坝等沉积地貌。

②潮汐的作用

涨潮与退潮对碎屑物质的搬运和沉积具有重要影响，尤其在海峡、海港、岛屿之间等狭窄海域，潮汐作用极为显著，可能导致区域内碎屑物质被全部搬运移除，例如钱塘江口并未形成三角洲。

③海流的作用

海流主要由风力和潮汐作用引发，其对碎屑物质的搬运与沉积作用类似于流水，但受波浪作用影响而变得更为复杂。表层水流速较快，底层水流速较慢，因此海流主要搬运溶解物质和悬浮物质，对位于底部的碎屑物质影响有限。

（3）碎屑物质在搬运中的变化

在碎屑物质搬运过程中，除了持续的破碎、分解和溶解作用外，还伴随着磨圆和分选作用（图 6-2）。磨圆和分选作用受碎屑岩石性质、结构、颗粒本身性质和形态以及搬运介质性质等多种因素影响。在流水中，碎屑物质的磨圆和分选作用明显，通常颗粒越大越容易磨圆，粉砂粒级以下颗粒则受磨圆作用影响较小。随搬运距离增加，磨圆度提高，比重较大、硬度较小的颗粒更容易磨圆，而具有层理或面理结构的颗粒则更易破碎。

粒度分选体现在颗粒平均大小有规律的变化，沉积物平均粒度沿搬运方向逐渐减小。碎屑形状分选则表现为等轴颗粒首先沉积，而片状颗粒最后沉积，因此在下游区域，颗粒球度呈现下降趋势。

综上所述，在搬运过程中，随着搬运距离的增加，碎屑颗粒表现出成分趋向单一、粒径减小、磨圆度增大、球度降低的趋势。

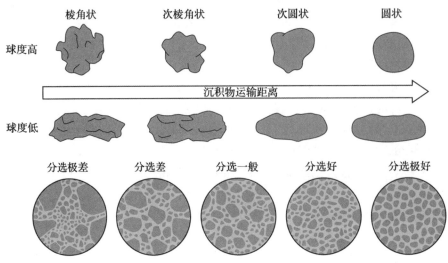

图 6-2　碎屑在运输过程中磨圆度和分选程度的变化

6.3.2　溶解物质的搬运和沉积

溶解物质的搬运与沉积过程主要受到元素溶解度以及介质的物理化学条件制约。溶解物质按溶解度从小到大排序为：$Al < Fe < Mn < Si < P_2O_5 < CaCO_3 < CaSO_4 < NaCl < MgCl_2$。这些物质的溶解度差异巨大，前面的溶解度可能只有后面的百万分之一。溶解度较低的物质多以胶体溶液形式搬运，而溶解度较高的物质则主要以真溶液形式迁移。

（1）胶体物质的搬运和沉积

胶体物质的粒子尺寸通常介于 1～100 纳米，以分子或分子簇的状态存在，因此在重力作用下不易沉积（图 6-3）。此外，由于其粒子尺寸大于真溶液中的粒子，故扩散性能较弱。在凝聚与沉积过程中，胶体物质对离子具有显著的吸附能力。

图 6-3　真溶液（左），胶体溶液的丁达尔效应（右）

胶体物质可分为正胶体（如 Al_2O_3、Fe_2O_3、Cr_2O_3、TiO_2 的水合物，以及 $CaCO_3$、$MgCO_3$、CaF_2 等）和负胶体（如 SiO_2、黏土、腐殖质、MnO_2、S、V_2O_5、SnO_2 以及 Pb、Cu、Cd、As、Sb 等的硫化物）。自然界中负胶体的分布更为广泛，尤其是像 SiO_2、黏土和腐殖质这样的主要胶体物质均为负胶体。胶体物质的搬运与沉积主要受其电荷性质及介质的物理化学条件影响。

当母岩风化产物形成的胶体物质进入溶液中,若胶体溶液粒子所带电荷未被异性电荷中和,同性电荷间的排斥作用会导致胶体物质难以凝聚进而沉积,能够在稳定状态下经水流迁移到湖泊和海洋。若介质中含有一定量腐殖质,腐殖质可与胶体质点结合,增强胶体溶液的稳定性,使得胶体质点不易凝聚下沉,有利于胶体物质的远程搬运。在大陆淡水中,腐殖质通常含量较高,这也是河水能够携带大量胶体物质而其沉积物中胶体含量相对较少的原因。

如果胶体溶液因某种因素的作用使胶体质点失去电荷,胶体质点便由原来的互相排斥状态转变为互相靠近形成大的质点,当质点的重力大于水的浮力时便沉淀下来,这种作用叫胶体的凝聚作用。引起胶体沉积的因素有以下三种:

①电荷不同的电解质或胶体的加入;

②介质的 pH 值和 Eh 值的改变;

③蒸发作用。

(2)真溶液物质的搬运及沉积作用

真溶液是指物质在溶液中以离子状态存在的体系。母岩风化产物中的 Cl(氯)、S(硫)、Ca(钙)、Mg(镁)、Na(钠)、K(钾)等元素通常以离子态溶于水中,而 Fe(铁)、Mn(锰)、Al(铝)、Si(硅)有时也可呈真溶液状态。真溶液物质是构成化学岩的基本成分。

真溶液物质的搬运与沉积过程遵循物理化学定律。首要因素为物质的溶解度,溶解度越高,搬运越容易,沉积越困难;反之,溶解度越低,沉积越容易,搬运难度加大。蒸发作用可使溶液达到饱和状态,此时溶解物质将析出形成沉积物。自然界中直接达到饱和状态的溶液并不多,许多溶解物质是通过生物作用而沉积的。生物能够从溶液中吸收 C、Si、Ca、P 等元素构建自身组织结构,并在死亡后堆积形成各类生物化学岩。除了考虑溶解度之外,介质的 pH 值和 Eh 值、温度和压力,以及 CO_2 含量等因素,也会对真溶液物质的搬运与沉积产生显著影响。

6.3.3　沉积物的成岩作用

沉积物演变为沉积岩的过程被称为成岩作用。这一作用过程受到诸多因素的影响,首先是沉积物本身的物质组成,其次是沉积物所处的外部物理化学环境条件,例如温度、压力以及介质的酸碱度(pH 值)和氧化还原电位(Eh 值)等。

在成岩作用过程中,沉积物经历了多方面的变化。压固作用使得沉积物颗粒在自重和上覆沉积层压力的作用下发生紧密堆积,颗粒间的孔隙度减小,结构变得更致密。胶结作用是指沉积物颗粒间通过化学沉淀作用形成的矿物填充空隙,增强了颗粒间的连接强度,形成连续的整体结构。重结晶作用涉及原有矿物结构的调整,使得矿物颗粒在新环境下重新结晶,改变矿物的粒度和形态。成岩矿物的形成是指沉积物中原有的矿物经过物理化学作用而生成新的矿物。通过上述四个主要环节,沉积物逐步转化为沉积岩。

(1)压固作用

压固作用是一种重要的成岩机制,在外部压力的作用下,促使原本松散的沉积物孔隙减少并最终固化为岩石。这种压力主要源自两个方面:其一是上覆沉积层因自身重力产生的负荷压力,其二是沉积物上方水体施加的静水压力。因此,压固作用的强度与上覆层的厚度相关,并且随着压力持续作用的时间增长而增强。

压固作用的效果显著依赖于沉积物的粒度特性差异。具体而言,对于粒度极为细微的软泥沉积物,因其颗粒间隙大且相互接触面积较小,更易于在同等压力条件下实现有效的压实与固结。反之,粒径较大的沉积物则需要更大的压力或更长的压力作用时间才能达到相同的固结程度。

(2)胶结作用

胶结作用是指松散的碎屑颗粒,如砾石和砂粒等,在黏土矿物、化学沉淀物的作用下彼此粘接并固化为岩石的过程。常见的胶结物质包括黏土矿物、方解石、蛋白石、玉髓、硅质、铁质、石膏等(图6-4)。胶结作用的强度主要取决于胶结物的成分及含量。

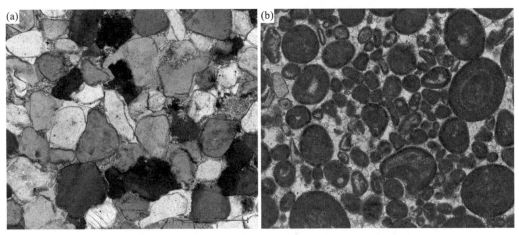

图6-4 不同成分的胶结物[(a)硅质胶结物的红色石英砂岩,红色来源于细小的赤铁矿颗粒,这些颗粒包裹碎屑石英并随后被硅质胶结;(b)碳酸盐胶结海绿石砂岩]

当胶结物以黏土矿物为主且含量较少时,胶结作用相对较弱,形成的岩石结构可能不够稳固。相反,若胶结物以硅质或铁质为主且含量丰富时,胶结作用强度增强,由此形成的岩石结构更为紧密且坚固。

(3)重结晶作用

在成岩作用阶段,沉积物中原有的矿物组分经历了复杂的物理化学过程,其中包括溶解再沉淀机制以及固体颗粒间的扩散作用。这些过程促进了质点的重组与迁移,从而使得原本的细微颗粒能够逐步聚合成较大的晶体,被称为重结晶作用。通过重结晶作用,沉积物实现从疏松到坚固致密的转变,同时伴随着结构和构造上的改变。

(4)成岩矿物的形成

在成岩阶段形成的矿物称为成岩矿物。以下是成岩矿物形成的两个原因。

交代作用:水中的溶解物质可与沉积物发生交代作用形成新的成岩矿物。例如有些白云石是由方解石与水中的硫酸镁反应而成。

溶解物质的富集和沉淀:溶解于水中的某些元素,由于埋藏,水分逐渐减少,Eh、pH

值的改变,浓度达到过饱和状态而发生沉淀,则可形成成岩矿物。常见的有菱铁矿、白铁矿、菱锰矿、铁白云石、鳞绿泥石、海绿石等。

6.4　沉积岩的构造

沉积岩各个组成部分在空间的分布和排列方式称为构造。它是沉积岩的重要特征之一。在沉积岩中,构造主要包括层理和层面特征两个方面。

6.4.1　层理构造

(1)层理相关术语

层理是一种地质构造现象,其表现为岩石性质沿着垂直方向呈现出规律性的层状变化。这种变化通常通过岩石内部的成分、结构及颜色的显著差异或连续过渡而得以显现,反映了沉积环境的变迁。由于层理的存在,岩石呈现出了明显的非均质特性。

为了系统地描述和深入研究层理现象,首先需要掌握相关的基本术语,主要包括细层、层系和层(图 6-5)。

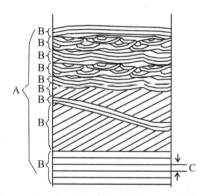

图 6-5　层理构造的术语[A—层;B—层系;C—细层]

①细层(又称纹层):作为构成层理的最基本单元,细层内部无法分辨出更小的层,是在特定沉积条件下生成的产物,具备成分均一性。其厚度极为有限,通常介于数毫米至数厘米之间,形态可表现为水平、倾斜或波状。

②层系:由一系列成分、结构相似、厚度和产状相近的细层集合而成,它们共同反映了一段时期内相对稳定的沉积环境条件。

③层:作为沉积地层的基本构造单元,层以其上下层面为界,由在较大地理区域内沉积环境保持相对一致的条件下形成的成分基本一致的岩石组成,可能包含一个或多个细层或层系。

按照层的厚度差异,层可进一步被划分为五个等级:

①块状层:厚度大于 2 米;

②厚层:厚度位于 0.5～2 米;

③中层：厚度介于 0.1～0.5 米；

④薄层：厚度在 0.01～0.1 米；

⑤微层或页状层：厚度小于 0.01 米。

（2）层理的类型

①水平层理：此类层理特征为细层呈平行排列，并与总体层面保持一致［图 6-6(a)］。这一类型的层理是在较为稳定的沉积环境下形成，常见于海洋深层水域和湖泊静水沉积环境中，其中细层的排列清晰表明了沉积期间环境的低能量状态和相对平静的水动力条件。

②平行层理：该种层理同样表现为细层相互平行排列，整体外观类似水平层理［图 6-6(a)］，但主要出现在粒径较大的砂岩类岩石中，且形成于较高的流速条件下。平行层理往往伴随着冲蚀现象，其细层易于剥离，形成极为平整的层理面。

③波状层理：细层呈波浪状，并保持与总体层面平行［图 6-6(b)］，这种层理是在波浪频繁作用的浅海、浅湖或河漫滩等地带形成的。波浪对水底沉积物的作用导致沉积物产生波状起伏，从而形成了波状层理。

④斜层理：由一个或多个倾斜层系组成，其特点是层系内的细层以恒定角度与层系界面相交。依据层系界面形态以及细层的倾斜方向，斜层理可分为单向斜层理［图 6-6(c)］和交错层理［图 6-6(d)］两种类型。单向斜层理是在单一方向迁移的搬运介质（如风、流水）作用下形成的，其方向性可用于推断搬运介质的运动方向；交错层理则表现为层系内部细层的倾斜方向和倾角不断变换，层系间相互交织和切割，这是在非定向或复杂搬运条件下产生的，如滨海、滨湖及三角洲地区的沉积物常常显示出交错层理特征。

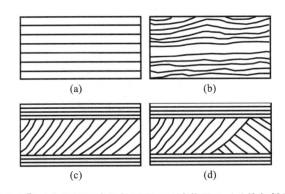

图 6-6　层理类型示意［(a)水平层理或平行层理；(b)波状层理；(c)单向斜层理；(d)交错层理］

⑤递变层理（也称粒序层理）：是一种特殊的层理类型，其特点是从底部向上，颗粒粒径逐渐由粗变细，表现出明显的粒度递变，但内部不存在明显的细层结构。递变层理的形成与浊流周期性沿斜坡向下输送泥沙混合物并在流速逐渐减弱的深水环境中沉积有关，随着流体动能降低，颗粒按照粒径大小逐级沉降。

⑥均质层理（又名块状层理）：这类层理展现出整体均匀无分层的特征，内部无论是成分还是结构都不存在明显差异，因此不显示细微的层理构造。均质层理广泛存在于细粒与粗粒沉积物中，形成机制多样，既可能是悬浮物质在极短时间（例如洪水事件）内快

速堆积而成,也可由高密度、无明显分选的沉积物流动沉淀形成,如部分浊流沉积展现这种层理特征。

6.4.2　层面构造

未固结的沉积物,在其表层可能由于物理作用或生物活动的影响形成各种印迹,这些印迹在随后的沉积作用过程中得以保存,这种地质构造被称为层面构造。层面构造不仅可以在原沉积岩层顶部形成,同时也能以其印模形式保留于后续沉积层的底部。其具体表现形式多样,涵盖了诸如波痕、泥裂、雨痕、冰雹痕、生物痕迹以及其他各类印记(图6-7)。这些独特的构造特征对于还原沉积岩形成时的环境条件、水流流向,以及地层的相对年代具有极其关键的价值。表 6-2 列举了一系列沉积岩中常见的层面构造。

图 6-7　沉积岩中的常见层面构造[(a)砂岩底面发育的槽模;(b)砂岩底部发育的泥裂印模;(c)揉皱构造;(d)现代叠层石;(e)灰岩中的结核构造;(f)灰岩中的缝合线构造]

表 6-2　沉积岩的层面构造

层面构造	含义
波痕	由风、水流或波浪运动在尚未固结的沉积物表面遗留下的一种波状起伏构造,称为波纹。若经成岩和后生作用而保留下来,叫作波痕。波痕构造常发育于砂岩、粉砂岩,也见于石灰岩中。
泥裂	泥裂又称干裂。它是沉积物露出水面时因曝晒干涸所发生的收缩裂缝,常见于黏土岩和碳酸盐岩中。
雨痕、冰雹痕	雨痕是指雨滴降落在松软沉积物表面时所形成的小型撞击凹穴。冰雹痕形似雨痕,区别在于冰雹痕较大、较深且不规则。
晶体印痕	在石盐、石膏等晶体比黏土物质不易压缩,突出于泥质物的层面,并在相邻的上、下岩层的底面或顶面,留下晶体的印痕。
槽模	流水在下伏泥质沉积物层面上冲刷先造成凹坑,然后被上覆砂质沉积物充填和覆盖,经成岩固结以后,在上覆砂岩的底层面上形成向下凸出的小包,实为下伏泥质沉积物的层面上冲坑的印模。
沟模	由流水携带某些"工具"(如贝壳、树枝、岩块等)对底部泥质沉积物进行刻画或冲击所形成的痕迹印模,呈稍微凸起的平行的小脊。
生物痕迹	动物足迹、爬痕,虫孔,植物根痕等
结核	结核是指在成分、结构、颜色等方面与围岩有显著区别的矿物集合体。
斑块状构造	海湖盆地底部尚未完全固结变硬的沉积物,由于强烈的波浪冲击而破碎成大小不等的棱角状碎块,当水平静以后,又与新的沉积物一起混合沉积下来并固结成岩。
揉皱构造	滑动构造是指斜坡上未固结的沉积物,在重力作用下发生滑动而形成的变形构造
叠层石	富藻纹层和富碳酸盐纹层交互沉积形成的一种化石,发育在潮间带地区。
鸟眼构造	在泥晶或粉晶的石灰岩或白云岩中,常见有一种毫米级大小的、多呈定向排列的、多为方解石或硬石膏充填或半充填的孔隙。
缝合线构造	在碳酸盐岩岩类中,由于压溶作用,两个岩层或同一岩层内的两个部分连接起来的齿形接触面(叫缝合面),侧面上呈不规则的齿状线,即缝合线。

6.5　沉积岩的主要类型及特征

沉积岩的分类主要基于岩石的成因类型、化学成分、微观与宏观结构以及构造特征。一般而言,首先根据岩石的起源和形成过程划分基础类别,随后通过详细的矿物成分分析、结构特性和构造等方面差异进行更为细致的分类。

碎屑岩类:是由母岩经过风化作用产生的碎屑物质压实固结而成,包括源自非火山源的正常碎屑岩和源自火山活动产生的火山碎屑岩。

黏土岩类:是以黏土矿物为主要组分的岩石,其成因具有双重性,既包含机械风化作用形成的机械成因黏土,也涵盖由胶体溶液经化学沉积过程产生的化学成因黏土。

碳酸盐岩类:主要由碳酸盐矿物如方解石和白云石等构成,其形成机制复杂多样,涵盖了机械沉积、化学沉积以及生物化学沉积等多种沉积模式。

化学岩和生物化学岩:是由母岩经历化学风化后形成的真溶液,在地质环境中经化学或生物化学作用沉淀结晶所形成的岩石,如铝质岩、铁质岩、锰质岩、硅质岩、磷质岩和盐岩等。由于在自然过程中,纯化学作用与生物化学作用常常交织在一起难以严格区分,因此这两类成因通常合并讨论。

可燃有机岩:指那些由生物遗体经过沉积作用并转化形成的、具有可燃性质的岩石和矿产资源,其中包括煤、油页岩等。这些有机岩的形成与生物作用密切相关,在地质资源领域占据重要地位。

6.5.1　陆源沉积岩及火山碎屑岩的种类和特征

陆源沉积岩是由母岩经过物理风化过程产生的陆源碎屑物质组成,这些物质经历了机械搬运、堆积、压实以及最终的胶结成岩过程,从而形成了诸如砾岩、砂岩和泥岩等岩石类型。

火山碎屑岩则是源自火山活动产物,具体来说,当火山喷发释放出的各种碎屑物质经过风力、水流或重力作用下的搬运,并在适宜条件下沉积下来,经过压实固结成岩,由此构成了火山碎屑沉积岩。这种岩石类型的形成体现了火山活动对地球表面沉积层的重要贡献。

陆源沉积岩与火山碎屑岩两者共同之处在于它们的组成物质均来源于沉积盆地外部。相反,内源沉积岩的特点在于其主要成岩物质直接来源于沉积盆地内部,比如湖底或海床的化学沉积、生物沉积或是火山活动在盆地内部的沉积。

表 6-3 系统地列举了不同来源的沉积岩更具体的分类及其常见的岩石类型。

表 6-3　沉积岩的分类

物源	火山源	陆源		内源		
大类	火山碎屑岩	陆源沉积岩		内源沉积岩		
		碎屑岩	泥页岩	蒸发岩	(生物)化学岩	可燃有机岩
种类	火山集块岩 火山角砾岩 火山凝灰岩	砾岩 角砾岩 砂岩 粉砂岩	高岭石泥页岩 伊利石泥页岩 蒙脱石泥页岩 碳质泥页岩 钙质泥页岩 硅质泥页岩	石膏 硬石膏岩 石盐岩 钾镁盐岩	碳酸盐岩 硅质岩 铝质岩 铁质岩 锰质岩 磷质岩	煤 油页岩

(1)砾岩

砾岩是一种碎屑岩,其特征是其主要组成部分为直径大于 2 毫米的砾石颗粒,且砾石含量占据了岩石总体积的一半以上[图6-8(a)]。若砾石颗粒普遍呈现次棱角状或棱角状，则此种岩石被定义为角砾岩。

砾岩的碎屑组分主要源自各种岩石破碎后的岩屑碎片，但在某些较细粒度的砾岩或角砾岩中，偶尔可见到由矿物颗粒构成的砾石，不过重矿物成分则相对稀少。砾石之间的孔隙空间通常由砂质、粉砂质物质填充，这些砾石和填充物通过化学沉积物（例如硅质、钙质、铁质和泥质等）胶结。砾岩的沉积构造包括大规模的斜层理和递变层理，但在某些情况下，由于层理不明显，岩石可能呈现出均匀块状。

依据砾石颗粒直径大小，砾岩可细分为四个亚类：巨砾岩（粒径大于1000毫米）、粗砾岩（粒径为100～1000毫米）、中砾岩（粒径10～100毫米）和细砾岩（粒径2～10毫米）。

基于砾石成分的复杂度，砾岩还可被区分为单成分砾岩和复成分砾岩两类：

①单成分砾岩：其砾石成分单一，某一特定成分的砾石占比超过75%，常见成分为脉石英、伟晶石英，偶见硅质岩等。此类砾岩砾石磨圆度高、分选良好、岩层厚度相对较薄，沉积物稳定性高，分布广泛，常见于地势平缓的滨海和浅海区域。

②复成分砾岩：砾石成分复杂，任一成分的砾石含量均不超过50%，多数砾石抗风化能力较弱，分选不佳，磨圆度较低。此类砾岩厚度可极大，有时可达上千米，常见沿山区呈带状分布，代表大型山脉快速破坏并堆积的结果。复成分砾岩成因多样，以造山运动后河流和洪水沉积最为常见。

图6-8　常见的碎屑岩[(a)砾岩；(b)砂岩]

（2）砂岩

当碎屑颗粒的粒径范围处于2至0.05毫米之间，并且此类颗粒在岩石中所占比例超过50%，这样的碎屑岩被定义为砂岩[图6-8(b)]。砂岩的主要构成为砂级碎屑颗粒、胶结物质以及微量的重矿物组分。其中，砂级碎屑以石英为主，包含一定比例的长石以及岩石碎屑。胶结物的成分多样化，包括泥质、钙质、铁质以及硅质等。

砂岩中重矿物的含量通常不高于1%，这些重矿物大多属于化学稳定性较高的类别。相较于砾岩，砂岩在全球地壳中的分布更为广泛，在沉积岩中紧随黏土岩之后，占据第二位，大约占据了沉积岩总体积的三分之一。

①砂岩的矿物成分分类

砂岩的成分分类方法很多，多数采用的是砂岩的矿物成分三角形分类图（图 6-9）。三角形的三个端点分别代表碎屑颗粒的三大类主要成分，即石英、长石和岩屑。每个端点代表一种成分达 100%。三角形左腰由上到下和底边由右到左代表长石含量增加的方向，右腰由上到下和底边由左到右代表岩屑含量增加的方向。进行分类时，首先考虑杂基含量，杂基是指填充于碎屑颗粒之间的细小机械混入物，一般为粉砂和黏土物质。若杂基含量小于 15%，则称为砂岩或净砂岩，否则称为杂砂岩［图 6-10(b)、图 6-11(d)］。而后将石英、长石和岩屑的总量重算到 100% 并完成投图，并根据投图结果得到正确的分类。当砂岩的化学分析结果可用时，亦可以根据其元素含量比值进行分类（图 6-12）。

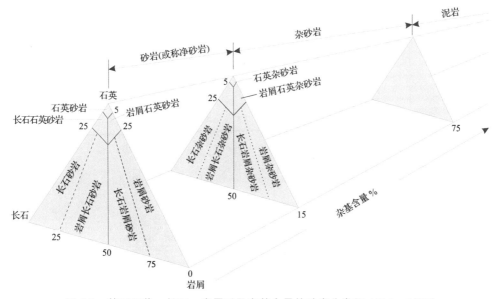

图 6-9　基于石英—长石—岩屑以及杂基含量的砂岩分类（Pettijohn, 1987）

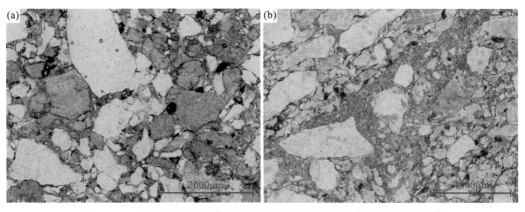

图 6-10　砂岩的显微照片［(a)长石砂岩(单偏光)；(b)杂砂岩(单偏光)］

②砂岩的主要类型

（a）石英砂岩

石英砂岩的主要碎屑成分以稳定性高的石英为主，其含量通常超过 50％，在某些情况下甚至高达 90％以上。其次，还包括少量的长石组分，如正长石、微斜长石和酸性斜长石，以及燧石、沉积石英岩和变质石英岩等岩石碎屑[图 6-11(a)]。此类岩石中的重矿物含量相当稀少，通常不足万分之几，主要为稳定性良好的锆石、电气石等矿物。其胶结物主要以硅质为主，其次为钙质、铁质及海绿石等。石英砂岩的胶结方式多样，常见的有基底式胶结、石英次生加大式胶结（如沉积石英岩）以及钙质嵌晶式胶结，当胶结物较少时，则可能出现接触-孔隙式胶结。石英砂岩通常呈现中细粒结构，其颗粒圆度和分选性均较好。石英砂岩的形成背景多发生在地壳稳定、地貌平坦、气候湿润的地质历史时期，经过母岩的充分风化和碎屑物质长期或多次沉积搬运过程而形成。

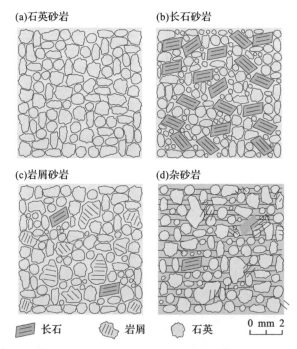

图 6-11 不同种类砂岩的成分构成[(a)石英砂岩；(b)长石砂岩；(c)岩屑砂岩；(d)杂砂岩]

（b）长石砂岩

当砂岩中长石含量大于 25％时，可将其定义为长石砂岩[图 6-10(a)]。长石砂岩中的长石种类主要包括正长石、微斜长石、条纹长石和酸性斜长石，其石英含量低于 75％，岩屑含量不超过 25％[图 6-11(b)]。此外，长石砂岩中常含较大比例的云母碎屑，含量可能高达 10％。除了包含稳定的重矿物如锆石、电气石和金红石外，还可能存在一些不太稳定的重矿物，如磷灰石、绿帘石和角闪石等。长石砂岩的胶结物主要为泥质和钙质，有时也会含有铁质，而硅质胶结物相对较少。泥质胶结物可能会围绕长石碎屑生长或重结晶为绢云母或绿泥石等。其胶结方式主要有孔隙式、接触式或基底式。长石砂岩颗粒粒径较大，一般呈现出中粗粒结构，其分选性和磨圆度变化较大，可以从较差的分选和棱角状至良好的分选和高度磨圆。此类岩石颜色常为浅红色和浅黄色等继承色。长石砂岩主要由富含长石的母岩经历强烈风化侵蚀后,碎屑物质经短距离快速搬运沉积形成。

（c）岩屑砂岩

岩屑砂岩是指岩屑含量超过 25％的砂岩,其中石英含量低于 75％,长石含量小于25％[图 6-11(c)]。岩屑砂岩的岩屑成分复杂多样,常见来源包括喷出岩、千枚岩、板岩、泥质岩、硅质岩、粉砂岩以及泥晶碳酸盐岩等多种岩石。长石组分含量和种类有所变化,除常见的正长石、微斜长石、酸性斜长石之外,还可能包括中性斜长石和基性斜长石。在岩屑砂岩中,黑云母和白云母碎屑含量较多。相较于石英砂岩和长石砂岩,岩屑砂岩的分选性和磨圆度较差。此类砂岩形成于地壳活跃、风化剥蚀强烈的地质时期,母岩碎屑物质在短距离搬运和快速堆积条件下沉积形成。

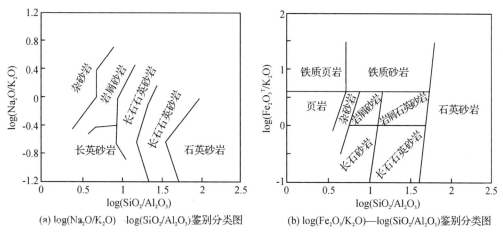

(a) log(Na₂O/K₂O)—log(SiO₂/Al₂O₃)鉴别分类图　(b) log(Fe₂O₃/K₂O)—log(SiO₂/Al₂O₃)鉴别分类图

图 6-12　砂岩的地球化学鉴别-分类

（3）泥岩

泥岩是一种主要由粒径小于 0.05 毫米的黏土矿物组成的沉积岩,黏土矿物含量大于矿物总量的 50％。这类岩石广泛分布,占据了全球沉积岩总量大约 60％的比例。当泥岩表现出明显的层理构造时,则被归类为页岩。

泥岩源自多种地质过程。首先,其主要组成部分来源于陆地风化作用所产生的物质,其中最为关键的是高岭石、蒙脱石、伊利石。这些黏土矿物是由矿物经过化学风化和物理风化过程转化而来。此外,风化过程中残留下来的矿物,如石英、长石、云母等,也是泥岩的重要矿物组分。除此之外,自生矿物,如方解石、白云石、蛋白石、玉髓、黄铁矿、海绿石和伊利石等,也可能存在于泥岩中。另外,泥岩内还可能含有由生物活动产生的有机物质,以及有孔虫、硅藻等微型生物化石。

基于黏土矿物的不同组合与丰度,泥岩可进一步细分,如高岭石泥岩、蒙脱石泥岩、伊利石泥岩等。此外,部分泥岩中除了丰富的黏土矿物外,还包含其他大量非黏土矿物,如钙质页岩（或钙质泥岩）、硅质页岩（或硅质泥岩）、碳质页岩（或碳质泥岩）、油页岩等特殊类型。

由于泥岩中矿物颗粒极其微细,仅通过偏光显微镜难以获取全面的微观结构和矿物组成信息。因此,科学研究中常常结合化学分析手段、X射线衍射技术、热分析法以及电子显微镜等多种检测方法,以实现对泥岩更深入、全面的认识与解析。

(4)火山碎屑岩

火山碎屑岩是一种特殊的沉积岩类型,其特征在于岩石中火山碎屑组分的体积含量超过50%,这些碎屑物质主要源于火山活动期间喷发出的熔岩、火山通道周围岩石的爆炸性破碎产物以及其他火山相关来源。此类岩石是在地表或近地表条件下,火山碎屑经历短距离搬运后堆积并经过一系列成岩作用固化而成,或者直接在原地沉积压实而形成。

从地质成因及矿物成分的角度考量,火山碎屑岩扮演了火山岩(即喷出岩)和传统沉积岩之间的过渡角色,兼具两者特性。

火山碎屑岩与一些岩石密切相关,其中包括同期喷发形成的熔岩、次火山岩或超浅层侵入岩,以及在火山活动影响下的正常沉积岩。

①火山碎屑岩的物质成分

火山碎屑岩的碎屑物质不能少于50%,典型(狭义)的火山碎屑岩一般含有90%以上的火山碎屑物质。火山碎屑物质按其组成及结晶状况分为岩屑(岩石碎屑)、晶屑(晶体碎屑)和玻屑(玻璃碎屑)三种。此外,还有一些其他物质成分,如正常沉积物、熔岩物质等。

(a)岩屑

岩屑主要由火山弹和火山角砾构成,其粒径通常介于2至100毫米之间。火山弹是由半固态熔浆在喷发过程中抛射至高空,经旋转作用而形成的形态各异的熔岩团块,常见形态包括椭球形、纺锤形、梨形。火山角砾则是已经凝固的熔岩块,在火山喷发剧烈作用下破裂粉碎而成,具有棱角分明、尺寸不一的特点,有时还混杂着围岩的部分碎屑。

(b)晶屑

晶屑主要是由早期从熔浆中结晶的斑晶,在火山喷发过程中破裂而形成的晶体碎屑。其主要矿物成分包括石英、长石、黑云母、角闪石、辉石等,粒径通常在2至3毫米左右。相较于熔岩内部完整的斑晶,晶屑通常具有破碎而不规整的外表,棱角尖锐且常带有不规则的裂纹结构。部分晶屑依然保留了原有的熔岩斑晶特征,例如石英和长石晶屑可能展现出港湾状的熔蚀形态;而黑云母和角闪石晶屑则倾向于呈现弯曲、断裂和变暗的现象。

(c)玻屑

玻屑源自富含挥发性成分的高温熔浆,经火山喷发至大气中迅速冷却,形成的非晶质微小颗粒。玻屑的粒径极小,常规尺寸在0.01至0.1毫米之间。玻屑形态复杂多样,如弓形、弧形、镰刀形、新月形、鸡骨状等。值得注意的是,火山玻屑具有不稳定性,易发生脱玻化作用,因此在较古老的火山碎屑岩中往往难以发现火山玻璃。

②火山碎屑岩的结构和构造

（a）结构

依据火山碎屑颗粒的粒径大小及其在岩石中的相对含量，火山碎屑岩的结构可划分为三种基本类型（图 6-13）。

集块结构：该结构以粒径大于 100 毫米的火山碎屑为主体，当此类碎屑含量超过总量的 50％时，即可定义为集块结构。

火山角砾结构：此类结构主要由粒径介于 2～100 毫米的火山碎屑物质构成，当其含量超过岩石总量的 50％时，则为火山角砾结构。

凝灰结构：该结构以粒径小于 2 毫米的火山碎屑为主要成分，当此类细小碎屑含量超过总量的 50％时，便形成凝灰结构。凝灰结构的显著特征为碎屑颗粒的分选性极差，普遍呈现尖锐的棱角状，边缘锋利，其主要成分为玻屑。当玻屑发生脱玻化现象时，则被称为残余凝灰结构。

（b）构造

火山碎屑岩的常见的构造包括：

层理构造：虽然火山碎屑岩通常不具备明显的层理，但在水力或风力搬运的火山碎屑沉积过程中，仍有可能形成小型或大型交错层理以及水平层理。

粒序层理：这种构造主要见于密度流型火山碎屑岩中，可分为正向粒序（即自下而上颗粒粒径逐渐变细）和逆向粒序，其中正向粒序较为常见。

假流纹构造：在某些火山碎屑岩中，由于具有塑性的玻屑受压变形并拉长，形成类似熔岩流动的构造。

斑杂构造：这种构造特征表现为火山碎屑物质的颜色、粒度和成分在岩石中分布不均且无定向性。

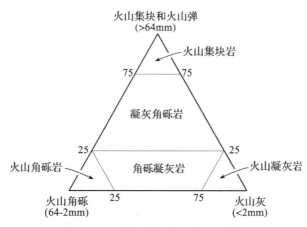

图 6-13　火山碎屑岩的粒级分类

③主要火山碎屑岩的岩性特征

集块岩：集块岩主要由直径大于 100 毫米的火山弹和火山角砾构成，其中此类物质的含量需占总量 50％及以上。集块岩的基质和胶结物主要由火山灰以及细火山碎屑所组成,其成岩过程以压实作用为主。

火山角砾岩:这种岩石以粒径在 2~100 毫米的火山角砾为主要碎屑成分,具有较差的分选性,由火山灰胶结,且不具备明显的层理结构,整体呈现块状构造特征。

凝灰岩:凝灰岩主要由超过 50％的直径小于 2 毫米的火山碎屑物质所组成,其形态多表现为棱角状,且分选不佳。胶结物质主要为火山灰,其颜色通常呈现为粉红色及其他各种灰色调,如蓝灰色、绿灰色、暗灰色、褐灰色等。根据碎屑物的主要矿物组分,凝灰岩可进一步细分为三个亚类。

(a)岩屑凝灰岩:以熔岩碎屑为主要成分的凝灰岩,其碎屑物质以岩石碎片为主。

(b)晶屑凝灰岩:在此类凝灰岩中,火山碎屑主要由晶屑构成,其中常见矿物包括长石、石英以及黑云母等。

(c)玻屑凝灰岩:该类型凝灰岩的碎屑和胶结物皆为火山玻璃。然而,由于火山玻璃的稳定性较低,在地质历史较久远的地层中,玻屑凝灰岩往往会经历斑脱岩化和绿泥石化等变质作用。

6.5.2 内源沉积岩的种类和特征

内源沉积岩,又称为内生沉积岩,与陆源沉积岩和火山碎屑岩不同,岩石的主要构成物质并非源自地表风化产物或火山活动排放的碎屑,而是直接来自于沉积盆地内部的溶液。此类沉积岩的形成过程主要依赖于溶液中溶解物质在化学或生物化学作用驱动下发生的沉淀作用。

(1)碳酸盐岩

碳酸盐岩是一种主要由碳酸盐矿物(方解石和白云石等)组成的沉积岩。灰岩和白云岩作为碳酸盐岩的代表性岩石类型,它们主要在沉积盆地内通过生物、化学以及物理化学作用所沉积的碳酸盐颗粒历经一系列成岩作用后形成。此类岩石在全球地壳中分布广泛,占沉积岩总量的大约 20％,仅次于黏土岩和碎屑岩,在沉积岩分类中位列第三。其广泛的分布和特有的成因过程,使得碳酸盐岩在岩石记录中扮演了重要的角色。

①碳酸盐岩的矿物成分

碳酸盐岩的矿物组成具有多样性,已知种类接近 80 种,可划分为两大主要类别:碳酸盐矿物与非碳酸盐矿物,前者占据主导地位。在碳酸盐矿物组分中,尤以方解石和白云石最为常见且重要,其次还包括文石、菱铁矿、菱镁矿、菱锰矿以及铁白云石等多种矿物。这些矿物大多在沉积盆地中形成,尽管有少部分源自沉积盆地以外。

现代沉积中的碳酸盐矿物主要由文石、高镁方解石、低镁方解石、白云石及原白云石等构成。值得注意的是,常见的碳酸盐岩通常包含不同比例的碎屑物质和黏土物质,因此在岩石分类上与碎屑岩和黏土岩之间存在着一系列连续过渡类型。

依据白云石与方解石的具体相对含量,碳酸盐岩可以进一步分类如下:

(a)灰岩:当白云石含量低于 10％;

(b)白云质灰岩:白云石含量介于 10％~50％;

(c)灰质白云岩:白云石含量介于 50％~90％;

(d)白云岩:当白云石含量超过 90％。

②碳酸盐岩的化学成分

碳酸盐岩的化学成分，以氧化物表示主要有 CaO、MgO 及 CO_2，其余的氧化物还有 SiO_2、TiO_2、Al_2O_3、Fe_2O_3、K_2O、Na_2O 及 SO_2、H_2O 等。另外，在碳酸盐岩中还含有一些微量元素，如 Sr、Ba、Mn、Co、Ni、Pb、Zn、Cu、Cr、V、Ca、Ti 等。

碳酸盐岩的化学成分在碳酸盐岩的各种工业用途中十分重要。例如水泥用的石灰岩，MgO 的含量必须小于 3%～3.5%，K_2O+Na_2O 的含量要小于 1%，SO_2 含量须小于 3%，SiO_2 含量须小于 3%～4%；冶金熔剂用的白云岩，MgO 的含量须大于 16%，SiO_2 须小于 7%。

③碳酸盐岩的结构组分

在碳酸盐岩的研究中，其特定结构特征不仅是鉴别碳酸盐岩类型的显著标志，更是对岩石进行分类和命名的依据。

受海水波浪及流水搬运和沉积作用形成的石灰岩和白云岩，会呈现出粒屑结构；由原地生长的生物遗骸堆积而成的生物灰岩和礁灰岩，则具有典型的生物骨架结构；而通过化学和生物化学过程直接沉淀并且经过后期重结晶作用改造的石灰岩和白云岩，会形成晶粒结构；另外，白云岩化灰岩和交代白云岩则可能展现残余结构或者重结晶后的晶粒结构等特点。

碳酸盐岩结构主要包括粒屑、碳酸盐泥、胶结物、晶粒以及生物骨架五大类结构组分。除此之外，还存在一些次要结构组分，比如陆源碎屑、其他化学沉积矿物以及有机质等。

(a)粒屑（又称异化颗粒）

碳酸盐岩内的粒屑主要包括内碎屑、生物碎屑、鲕粒和球粒等（图 6-14），它们在沉积盆地内经由化学、生物化学、生物作用以及物理机械作用（如波浪、潮汐、河流冲击等）形成，并在原地或经短途搬运后沉积下来。

●内碎屑：此类碎屑主要来源于沉积盆地内部尚未完全固结或已部分固结的碳酸盐岩层，在受到波浪或水流的机械作用下破碎、搬运、磨损后重新沉积。内碎屑可在下伏岩层或相邻岩石中追溯到其母岩，典型形成环境包括潮间带、潮上带以及潮下高能区域。

●生物碎屑：指那些保留了生物构造的各种生物化石或生物碎屑化石。

●鲕粒：具有核心和同心层或放射状结构的碳酸盐矿物颗粒，因其外观类似鱼卵而得名。鲕粒的核心可由陆源碎屑、内碎屑、生物碎屑、小鲕粒、球粒、气泡、水滴等多种物质构成。其形成要求足够的碳酸钙供应、丰富的核心来源以及较强的水动力条件，潮汐作用活跃的区域，如潮汐坝和潮汐三角洲地带，是理想的鲕粒形成环境。

●球粒：呈现球形或椭球形的颗粒，主要由均匀的泥晶碳酸盐构成，缺乏明显的内部结构，形态和大小较为均匀，直径通常小于 0.2 毫米，颜色偏暗，与围岩界限模糊不清。球粒的成因多样，可能是碳酸盐泥浆经絮凝并在波浪振动、滚动过程中形成的；或是海藻藻尘凝聚后滚动形成的；也可能是某些生物的排泄物。

(b)碳酸盐泥（基质）

碳酸盐泥是由微小的碳酸盐矿物颗粒组成的沉积产物，其粒径通常不超过 0.01 毫米。这些结构在显微镜下观察时，常见为隐晶质结构，表现为半透明，微显褐色特征。经

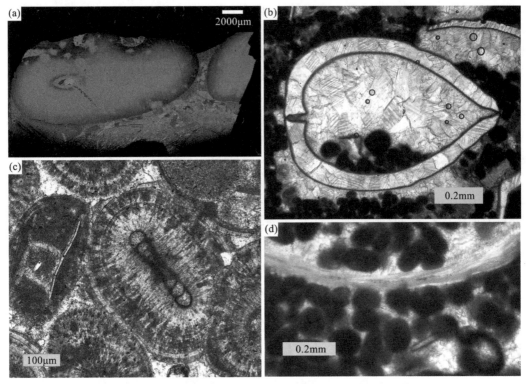

图6-14　粒屑(异化颗粒)的种类[(a)内碎屑;(b)生物碎屑(瓣鳃纲);(c)鲕粒;(d)球粒]

历成岩作用的演化,其化学成分与晶体粒径都可能发生显著变化。

　　碳酸盐泥的角色类似于碎屑岩中的黏土矿物,它们填充于颗粒之间的空隙,并作为有效的胶结介质,增强了颗粒间的联结性和整体稳定性。在不同类型的碳酸盐岩中,碳酸盐泥的体积分数可以广泛变化,从微量到占据主导地位,甚至能够单独构成岩石。

　　碳酸盐泥的来源多样,既可通过物理风化和机械磨蚀作用,如波浪冲刷、生物扰动等导致碳酸盐矿物的破碎细化,也可源于生物作用,如生物骨骼和壳体的分解产物,以及化学过程,如碳酸盐溶解——再沉淀等途径所形成的微细碳酸盐物质。

　　(c)亮晶胶结物

　　亮晶胶结物是指在成岩阶段,通过化学沉淀机制在颗粒间隙中形成的矿物集合体,其主要形成于岩石的成岩阶段。此类胶结物的体积含量通常不会超过岩石总体积的50%,不具备独立构成单一岩石类型的能力。典型的亮晶胶结矿物主要包括方解石和白云石,但也可见诸如石膏、硬石膏等非碳酸盐类矿物中。这些胶结物的粒径一般大于0.01毫米,因其在显微镜下晶莹剔透、光泽鲜明的特性而被冠以"亮晶"之名。

　　碳酸盐泥与亮晶胶结物具有不同的成因。碳酸盐泥主要在静水环境下沉积,而亮晶胶结物则是在颗粒沉积后,粒间孔隙内的溶液通过化学沉淀产生。只有当沉积水动力较强,足以冲刷掉碳酸盐泥,使得颗粒间存在未被填充的孔隙时,亮晶胶结物才有机会生成。相反,在低能沉积环境下,颗粒与灰泥会同时沉积并填满粒间孔隙,如此情况下,亮晶胶结物便难以出现。

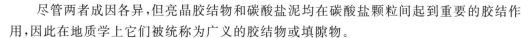

尽管两者成因各异,但亮晶胶结物和碳酸盐泥均在碳酸盐颗粒间起到重要的胶结作用,因此在地质学上它们被统称为广义的胶结物或填隙物。

(d)晶粒

晶粒是由原有的岩石组分经过重结晶过程而成的结构单元。灰岩在经历剧烈的重结晶作用或者白云石化作用之后,其初始的结构特征往往会遭到显著破坏,在这一过程中逐步演化为晶粒结构。通常情况下,重结晶作用强度与晶粒尺寸及晶型的优劣呈现正相关关系:即重结晶作用越强烈,晶粒的平均尺寸越大,晶粒形态发育越完善,与此同时,原有的残留结构特征保留得就越少。这意味着在高度重结晶的岩石中,原始结构信息多数会被新的晶粒结构所取代或掩盖。

(e)生物骨架

它是原地生长的群体生物如珊瑚、苔藓、藻类等组成的坚硬的碳酸盐骨架。这种骨架是生物礁所具有的特殊结构。

④碳酸盐岩的结构组分分类

在国际学术交流中,对岩石和沉积物实施统一且精炼的分类与命名是一项不可或缺的基础工作。一套理想的分类体系应当能够客观、量化地阐述各类易于观测的特征,同时确保分类本身能够最大程度地反映出成因和地质意义,诸如形成机制、沉积环境等因素。尽管针对碳酸盐岩和沉积物的分类提出了众多方案,但其中仅有两位学者提出的分类方法被广泛认可,即 Folk 分类法和 Dunham 分类法。本教材采纳了 Folk 的分类体系,其核心依据是岩石中三大基本组分的差异——粒屑、碳酸盐泥以及由亮晶方解石充填或未充填的原生粒间孔隙(图 6-15)。Folk 的分类采用了四大主要粒屑类型,并结合粒屑、基质以及胶结物或孔隙的相对丰度,进而衍生出 11 个基本的岩石术语,涵盖了纯泥质结构的岩石(泥晶灰岩)、含有亮晶斑点的泥质岩石(扰动泥晶灰岩)以及由有机物黏结而成的岩石(生物灰岩)等一系列碳酸盐岩类型。

⑤碳酸盐岩的成因

(a)石灰岩物质成分的来源

相较于碎屑岩,灰岩在物质来源上体现出显著差异。碎屑岩的构成物质主要源自多种地质营力通过长距离搬运的母岩碎屑;而灰岩的物质成分则主要是在沉积盆地内部原位生成,其形成途径主要包括化学作用、机械作用及生物作用。

●机械成因:灰岩可通过盆地边缘地带的垮塌或先前存在的岩石受到物理风化作用后发生破碎,由产生的机械碎屑沉积转化形成。

●生物成因:现代海洋学研究揭示,生物在生态系统中的作用不仅体现在死亡后的遗体分解过程中可以释放碳酸盐矿物,而且部分生物在其生命活动过程中的生长阶段就能诱发 $CaCO_3$ 的沉淀,间接或直接参与碳酸盐矿物的形成。此外,生物遗骸可以直接堆积形成生物岩层。

●化学成因:碳酸盐矿物由水体中溶解的钙离子和碳酸根离子在适宜条件下通过化学沉淀作用而生成。

(b)灰岩物质的沉积作用

灰岩的沉积形式多样,主要包括化学沉积、机械沉积以及生物沉积三大机制。其中,机械沉积过程遵循的规律与碎屑岩的机械沉积过程相似,表现为岩石颗粒受重力作用沉降堆积。

生物沉积作用主要涉及生物残骸的钙质骨骼、硬壳碎片的堆积以及生物礁的形成。比如,生物死亡后,富含钙质的部分会在海底大量累积,形成碳酸盐岩。

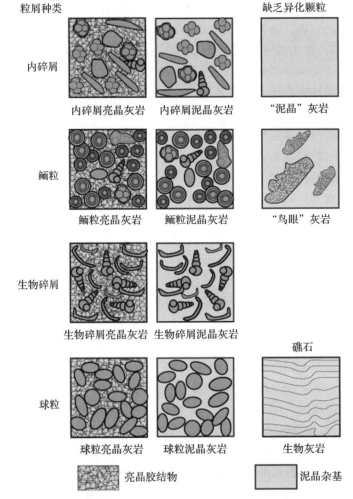

图 6-15　基于粒屑种类和胶结物/碳酸盐泥结构的灰岩分类

化学沉积作用的重点是碳酸钙($CaCO_3$)的沉淀过程。尽管 $CaCO_3$ 在纯水中的溶解度较低,但在自然条件下,它主要以碳酸氢钙[$Ca(HCO_3)_2$]的形式溶解于水中,该平衡反应表达为:

$$Ca(HCO_3)_2 \rightleftharpoons CaCO_3 + CO_2 + H_2O$$

这个反应是可逆的,当处于饱和状态的 $Ca(HCO_3)_2$ 溶液释放出 CO_2 时,就会导致 $CaCO_3$ 的沉淀。这意味着水体中 CO_2 气体浓度的变化直接影响着 $CaCO_3$ 的溶解-沉淀动态平衡:CO_2 浓度增加会抑制 $CaCO_3$ 的沉淀,而在 CO_2 浓度下降的情况下,$CaCO_3$ 更易析出形成沉积。

水体中 CO_2 的含量受多种因素影响,如温度、压力、生物光合作用强度以及水体扰动情况。具体来说,温度上升会导致 CO_2 从水中逸出;光合作用会大量消耗水体中的 CO_2;同时,压力降低或者水体受到波浪搅动也易于释出溶解的 CO_2。

依据现代碳酸盐沉积学的研究发现,在温暖清澈且水动力活跃的浅水环境,生物及生物化学过程活跃,因而成为了 $CaCO_3$ 高效沉积的理想场所。基于此特点,碳酸盐沉积过程有时被形象地称为"清水沉积",而相对应地,碎屑岩的沉积环境因其水体特征,常被称为"混水沉积"。

(c)白云岩化作用和白云岩成因的争议

白云石对原生方解石或文石所进行的化学交代作用,被定义为白云石化作用,当交代过程彻底时,则可称为白云岩化作用。这一转化过程具有多样性,可能贯穿于沉积期乃至沉积后的不同地质阶段。

关于白云岩的成因问题,学术界存在两种相对立的理论观点。一部分学者主张原生白云岩存在。据此观点,白云岩可分为原生型与次生型两种类型,原生白云岩即在沉积过程中直接形成的白云岩。另一种学说则坚决否认自然界存在原生白云岩的可能性,认为地层记录中所有白云岩均为灰岩经过白云岩化作用的产物,而非直接沉积形成。这两种对立观点目前仍在持续探讨和研究之中。

(2)蒸发岩

蒸发岩,又可称为盐岩,是一类主要由易溶于水的钾、钠、钙、镁的卤化物及硫酸盐矿物所组成的化学沉积岩类。其形成过程与水分蒸发密切相关,当含盐溶液在特定地理条件下经历蒸发浓缩,导致溶解物质过饱和并析出沉淀,由此得名蒸发岩[图 6-16(a)]。

地球表面的海水作为最主要的卤化物和硫酸盐储库。一般而言,海水的盐度约为每升 35 克(表示为 35‰),尽管这一数值在时间和空间上存在显著变化。即便在盐度发生变动的地区,各类盐分之间的相对比例依然保持着相对稳定。在海水的主要离子组成中,阳离子主要包括钠离子(Na^+)、钾离子(K^+)、镁离子(Mg^{2+})和钙离子(Ca^{2+}),而氯离子(Cl^-)、硫酸根离子($SO_4{}^{2-}$)以及碳酸氢根离子($HCO_3{}^-$)是最重要的阴离子组分。此外,海水中还包含约 70 种次要成分,其中溴离子(Br^-)、硼酸根离子[$B(OH)_4{}^-$]和锶离子(Sr^{2+})较为重要。

①蒸发岩的矿物组成、结构和构造

蒸发岩的主要矿物成分是:石盐($NaCl$)、钾石盐(KCl)、光卤石($KCl \cdot MgCl_2 \cdot 6H_2O$)、钾芒硝($Na_2SO_4 \cdot 3K_2SO_4$)、泻利盐($MgSO_4 \cdot 7H_2O$)、芒硝($Na_2SO_4 \cdot 10H_2O$)、硬石膏($CaSO_4$)、石膏($CaSO_4 \cdot 2H_2O$)等;其他矿物可能有方解石、白云石、黏土、石英、长石和云母等。

海水在蒸发浓缩过程中的矿物沉淀先后顺序一般为:方解石→白云石→天青石→石膏→硬石膏→芒硝→岩盐→钾盐→镁盐→光卤石。若完全由蒸发作用产生沉淀,则海水要蒸发掉 40% 以上;盐度达 19%(正常海水盐度 3.5%)时才开始沉淀石膏(或硬石膏);蒸发掉 90%,盐度达 26% 时才开始沉淀岩盐;蒸发掉 99% 以上,盐度达 33%～34% 时才开始沉淀钾盐;盐度达 35% 时开始析出光卤石,最后析出的是水氯镁石($MgCl_2 \cdot 6H_2O$)。可见,要形成钾镁盐就需长期稳定和持续的蒸发条件。

蒸发岩的结构根据其成因特性可划分为原生结构与次生结构两大类。在原生结构方面,主要以结晶粒状结构为主,同时也可能表现出纤维状、棒状以及碎屑状等多种形态。至于次生结构,则包含了斑状变晶结构、交代结构、碎裂结构以及塑性变形结构等多种形式。

蒸发岩的构造同样具有原生和次生之别。原生构造特征包括致密块状构造、结核状构造、条带状构造、条纹构造以及纹层状构造等,有时还会出现侵蚀面、交错层理以及粒序层理等特征。而在次生构造方面,由于溶解、重结晶以及受力作用的影响,会产生网状构造、揉皱状(类似于香肠状)构造、多孔状构造以及底辟构造,例如盐丘构造等。这些次生构造揭示了蒸发岩在形成后经历的复杂地质作用和演变过程。

图 6-16　内源沉积岩[(a)碎屑岩中的白色石膏层;(b)太古代铁质岩(条带状铁矿);
(c)地层中硅质岩夹层;(d)鲕状铝土矿]

②蒸发岩沉积的条件

(a)促成蒸发作用的气候条件,要求长期处于干燥炎热的气候状态,例如中国四川地区早、中三叠纪时期的干旱炎热气候条件,有力地促进了深厚膏盐岩地层的形成。

(b)供给盐水的古地理环境,如闭流的内陆盆地以及沿海盆地,如潟湖、残留海,这些地方往往提供了丰富的盐水资源。

(c)控制浓缩过程的封闭环境,例如沙洲、生物礁以及水下隆起地形等,这些地质构造能够有效地阻挡外界水体的流入,使得盐水得以长时间滞留并浓缩。

(d)对于膏盐岩特别是盐岩矿床的后生条件有着特殊要求,埋藏深度必须适中。过深的埋藏不利于开采,而过浅则可能导致盐岩矿因暴露于地表或地下水的影响而无法长期保存。因此,理想的盐岩矿床应该处于一个既能保障其稳定存在又能便利开采的深度范围内。

(3)硅质岩

硅质岩是指一类通过化学作用、生物化学作用以及特定火山作用而形成的岩石,其 SiO_2 含量通常极高,范围在 $70\%\sim90\%$。值得注意的是,这一类别并不涵盖那些通过纯粹机械沉积作用产生的石英砂岩。

硅质岩的主要化学组成以二氧化硅(SiO_2)为主体,并伴有诸如氧化钙(CaO)、氧化铁(Fe_2O_3)、氧化铝(Al_2O_3)等次要成分。在矿物组成上,硅质岩主要由蛋白石、玉髓和自生石英构成,同时可能还包含碳酸盐矿物、黏土矿物、氧化铁以及海绿石等杂质。其中,蛋白石呈现出凝胶状结构,既可以是化学沉积产物,也可由生物作用形成;而自生石英则多源于蛋白石和玉髓经重结晶后的产物。

硅质岩的色泽多样,常见为灰黑色、黑色,少数表现为白色或红色[图 6-16(c)]。其结构特点主要包括隐晶质和非晶质致密块状结构,以及生物结构,常常发育成薄层状或结核状构造。这类岩石质地坚硬但较脆,且化学稳定性高,抗风化能力强。

根据成因分类,硅质岩可以细分为生物成因和非生物成因两类。生物成因硅质岩如硅藻土、海绵岩、放射虫岩和蛋白土等,源自生物体的沉积;而非生物成因硅质岩则包括碧玉岩、燧石岩和硅华等,它们或是化学沉积形成,或是次生变化的结果,亦可能与火山活动相关联。

自然界中,硅质岩以燧石岩和碧玉岩最为常见。从地质年代的角度来看,前寒武纪时期的硅质岩在数量上相对较多,随后逐渐减少。成因上,越古老的地层中,化学成因硅质岩占据主导地位,然而自中生代开始,生物成因的硅质岩逐渐占据优势,并在很大程度上替代了原有的化学沉积方式。不过,在现代海底火山活动活跃的区域,仍有可能发生硅的化学沉淀现象。

(4)铝质岩

富含氧化铝(Al_2O_3)并包含大量铝矿物(主要指铝的各种氢氧化物)的岩石,被定义为铝质岩[图 6-16(d)]。按照其成因机制,铝质岩主要划分为两大类别:残余型铝质岩(即红土)和沉积型铝土矿。

①红土:通常呈现鲜明的红色、橙色、褐色或黄色等色调,新暴露时较软,表现出较高的透水性,但在阳光照射下容易迅速脱水硬化。此类岩石的主要化学组分包括 Al_2O_3、Fe_2O_3、H_2O 以及 SiO_2。矿物组成方面,以一水软铝石和三水铝石为主要矿物成分,同时可能伴生有高岭石、赤铁矿、金红石、锆石、石英、云母以及长石等多种矿物。

②铝土矿:其外观形态各异,可类似于黏土岩、粉砂岩、细砂岩乃至硅质岩,颜色多样,常见为红色、棕色、灰色、白色或黄色。铝土矿岩石结构中常见鲕状和豆状构造。其主要矿物成分同样是一水软铝石和三水铝石。铝土矿因其矿物组合和沉积环境影响,展现出丰富的结构构造和地球化学特性。

(5)铁质岩

富含大量铁的沉积岩被定义为铁质岩,其主要矿物组分包括赤铁矿、含水氧化铁矿物、菱铁矿以及鲕绿泥石等[图 6-16(b)]。铁质岩可以根据所含主要铁矿物的类型进一步划分为氧化铁质岩、菱铁矿岩以及硫铁矿岩等类别。当铁质岩符合工业利用标准时，即可视为铁矿石，是冶炼铁金属的主要原料来源；同时，富含硫化铁的硫铁矿岩也可作为提取硫的重要资源。

铁质岩主要在温暖潮湿气候条件下的浅海、滨海地带以及湖泊沼泽环境中沉积形成，其成因机制多为胶体沉淀作用。由于沉积盆地内部物理化学条件的差异，会相应沉积出不同类型的铁质矿物。例如，在滨海环境，介质 pH 值约为 2～3 的氧化条件下，主要形成赤铁矿和含水氧化铁矿物；在 pH 值为 2～7 的浅海环境中，当氧化条件相对较差时，低价硅酸盐矿物如鲕绿泥石较为常见；而在 pH 值大于 7 的潟湖和沼泽地带，还原环境有助于菱铁矿和黄铁矿等矿物的形成。许多铁质岩的鲕状和肾状结构特征，进一步证实了它们源于胶体沉积过程。

（6）洋底锰结核

锰结核，又称为多金属结核，具有核形石结构，其核心由一层或多层铁、锰氢氧化物环绕而成。核心可能极为微小。通过肉眼观察，核心内部可能包含微小的化石，如放射虫或有孔虫，磷化鲨鱼牙齿残片，以及玄武岩碎屑或先前结核碎片。结核的典型尺寸范围在 5～10 厘米，形状近似椭球或不规则形态，外观既有光滑的，也有粗糙的。

太平洋和印度洋深海盆地蕴藏的锰结核有望在未来成为重要的金属资源储备，但现阶段由于高昂的开采成本及潜在的生态环境风险，实际开采尚面临挑战。锰结核的形成机制起始于溶解于海水中的 Mn^{2+} 和 Fe^{2+} 离子，在与深海底层低温、富含氧气的上涌海水相遇时，发生胶体沉淀反应。初期阶段，结核主要由无定形的锰和铁化合物构成，随后逐渐结晶为复杂的水合氧化物和氢氧化物矿物，其中富含镍、铜和钴等元素。据统计，北太平洋锰结核带的结核平均含有 27% 的锰、1.3% 的镍、1.2% 的铜以及 0.2% 的钴。

此外，锰结核中还可能含有较高浓度的锆和其他稀有金属元素。其特有的同心层状结构揭示了这些结核在海底缓慢且持久的生长过程，据估计，其生长速率大约为每年 0.001 毫米。这些结核中的金属成分主要来源于陆地风化输入的物质，或者海底火山活动所喷发的物质（图 6-17）。

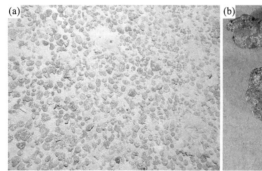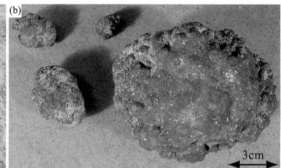

图 6-17　深海盆地分布［(a)锰结核；(b)手标本照片］

(7)煤及有机沉积岩

①煤

煤作为一种有机沉积岩,其形成过程源自未能完全分解的植物遗骸在地层压力作用下压实并埋藏。煤体通常呈现出从棕色至黑色的色泽,硬度范围宽泛,密度较低,且富含有机碳。煤的化学成分主要由碳、氢、氧元素构成,并伴有微量的氮、硫、磷以及其他微量元素。

成煤的原始生物质主要源自植物体,包括低等植物与高等植物。低等植物结构较为简单,如藻类,主要由脂肪及蛋白质等成分构成,常见于湖泊或沼泽。而高等植物结构复杂,拥有根、茎、叶等分化器官,主要由木质素和纤维素构成,并包含树脂、角质层、果壳、孢子以及花粉等稳定组分,这些高等植物多栖息在陆地或浅水沼泽区域。

生活在沼泽地带的高等植物在死亡后,其遗体会在水体覆盖的沼泽中逐渐堆积。在沼泽水流不通畅的条件下,细菌无法充分分解这些植物遗体,植物体内的主要组分如木质素和纤维素得以在缺氧的环境中相对完整地保存下来,并逐渐转化为腐殖质和腐殖酸等化合物。这一系列过程最终促成了泥炭的形成,而泥炭经过进一步的地质作用,最终演变为煤。

泥炭转化为煤的过程需经历深埋作用。随着埋藏时间的增长,泥炭会发生化学及物理变化,逐渐转化为深褐色的煤体,即所谓的褐煤。当褐煤承受更大的压力并经历$100\sim200℃$的加热过程时,便会转化为暗黑色的烟煤[图6-18(a)]。在此过程中,水分和挥发性物质得以释放,碳含量也随之提高。

图6-18　油页岩[(a)烟煤,样品大小约5cm;(b)英格兰地区自然燃烧的油页岩]

进一步提升温度至$200\sim300℃$,烟煤会经过深度热演化,转变为光泽度更高的黑色无烟煤,其碳含量在所有煤种中居于首位。无烟煤因其高品质,被视为煤炭中的顶级品类,备受采煤行业的高度重视,被誉为"黑钻石"。无烟煤的碳含量通常在$80\%\sim95\%$,相较于较低等级的煤,其硫和氮含量极低。此外,无烟煤燃烧时的温度最高,释放的热量大,且产生的灰烬极少。

②油页岩

油页岩,又名油母岩,是一种特殊的页岩类型,其显著特征在于富含沥青质或油母质,这些有机物质赋予了其潜在的石油资源属性。采用干馏工艺对油页岩进行热处理,能够有效地提取出类似于原油的页岩油,一种非传统石油资源。此外,干馏过程中还会产生多种有价值的副产品,例如可作为燃料使用的分馏气体,以及从这些气体中进一步提炼出诸如氨等化工原料,进而用于制造农用化肥;同时,干馏残渣亦可用于制备水泥。

油页岩展现出独特的页状层理结构,有时甚至可见极其细微的纸状纹理,尽管在外表上可能表现为块状构造,但经过风化作用后,其页理特征则更为明显。油页岩色泽多样,包括褐色、浅黄色、黄褐色、灰黑色、深绿色乃至纯黑色等。条痕色泽介于褐色至黑色之间。通常情况下,油页岩的含油率与其颜色的深浅成正比关系,即含油率越高,颜色越深,而在风化之后,颜色倾向变浅。油页岩的相对密度介于 1.4~2.3,低于一般页岩,尤其是干燥状态下的油页岩,其密度更低。这类岩石大多具备较强的韧性,不易破碎。对于含油率较高的油页岩,如果使用刀具刮削,刮下的薄片会呈现出卷曲现象。通常,油页岩的含油率范围在 4%~20%,某些高品质样品可达 30%,其可燃性极高,仅需火柴即可引燃[图 6-18(b)]。

油页岩主要在静水沉积环境特别是水流封闭的湖泊环境中形成,潟湖、海湾等半封闭海陆交互相地带有利于油页岩的形成。

第7章 地球物质之变质岩

地壳中各种岩石作为地壳演化不同阶段的产物,它们所处的平衡态及稳定性是相对且暂时的。在整个漫长的地质时间尺度上,板块运动、地壳深部热流体活动以及岩浆活动等地质过程的持续影响,导致岩石所处的物理化学环境发生变迁。在此背景下,固态岩石会发生显著的矿物成分、微观结构以及宏观构造重塑。这种由地球内力作用引起的,使原岩产生变化和改造的地质作用,称为变质作用。通过变质作用形成的岩石被定义为变质岩,其中,由原先的火成岩经变质作用形成的岩石被称为正变质岩,而沉积岩经过变质过程形成的岩石则被称为副变质岩。

变质作用具有以下几个特征:

①变质作用是一种地球内力作用过程,与地表风化作用截然不同。风化作用主要是由大气、水、生物等外部因素造成岩石的物理破坏和化学分解;相反,变质作用则是地壳深处的应力和热引发岩石性质的变化。

②在变质作用进行期间,不论是岩石的变形还是其化学成分的重组,几乎均在固态条件下完成,这与岩浆在液态条件下结晶形成火成岩的过程有本质区别。因此,变质岩往往能部分保留原岩的原始结构、构造特征。

③变质岩凭借其特殊的矿物组合和独特的结构构造特征,如片理、线理等,明显区别于火成岩和沉积岩。

7.1 变质作用的特点

7.1.1 变质反应

当岩石处于不同于其初始成岩条件的温度和压力环境时,会发生一系列矿物反应,此类反应过程可统称为变质反应,该过程会导致新的矿物组合的形成。其中,一些特定温压条件下的新生矿物或矿物共生组合具有独特性,它们作为温压条件的直接反映,常被地质学家选用为指示矿物或指示矿物组合(index minerals),以此来判定变质作用发生的地质条件。在很多实际地质过程中,由于变质反应动力学的制约,岩石系统对新的物理化学条件的响应并不总是达到完全平衡状态。这是因为典型的变质反应所需时间尺度可达几十万至数百万年。这就意味着,在变质作用阶段,原岩中形成的某些矿物特征,在温度或压力上升的情况下,有可能保持其原有的稳定状态并得以保存下来;反之,当温度和压力逐渐降低时,先前形成的稳定矿物可能会出现不同程度的分解或逆向反应。在变质岩石学的研究中,重建岩石在变质过程中所经历的完整压力—温度—时间(P-T-t)轨迹是一项重要的任务,这有助于揭示岩石所承受的复杂变质历史及其与地球动力学背景之间的紧密联系。

7.1.2 等化学和异化学变质作用

在绝大多数地质条件下的变质作用过程中,除挥发性组分如水分(H_2O)和二氧化碳(CO_2)可能发生显著变化外,变质原岩的总体化学组成大致得以保留。因此,大部分变质反应可视为近似等化学过程,即并未发生明显的整体化学成分的重大变化,这一点不仅适用于主量元素,也同样适用于次要和微量元素。比如,在层状泥质沉积岩中,即便各层的化学成分各异,但在经历了变质重结晶之后,层状构造特征依然可以清晰识别。然而,岩石系统并非对挥发性成分完全封闭,特别是 H_2O 和 CO_2。在升温阶段,岩石可通过脱水和脱碳反应释放出这些挥发性成分,这些成分因密度较低易向地壳上部迁移。相反,在降温过程中,许多反应的发生通常依赖于挥发性组分的重新注入,因此这类反应倾向于在地壳中的断裂、裂隙或者剪切带等开放通道附近发生。

深熔作用是另一种异化学变质作用的表现形式。高温作用促使原岩分化为两个显著不同的组成部分:一是富含长英质成分的浅色部分,这是通过深熔作用产生的熔融体;二是富含暗色矿物的较重部分,代表着未熔融的残留物。这些由深熔作用产生的熔体可能上升并迁移至地壳上部,或在原地冷却结晶,进而形成一种兼具变质岩与岩浆岩特征的岩石类型,这种岩石被地质学家称为混合岩。混合岩的存在体现了变质作用与岩浆作用之间的过渡性。

7.1.3 进变质和退变质作用

进变质作用表现为随着温度的递增,原有的较低温稳定矿物组合逐步转化为高温稳定的矿物组合。在整个过程中,温度的升高往往伴随一定程度的压力增强,但温度、压力变化幅度(P/T 比值)各异。为了量化进变质阶段的具体温压,科学家们可通过分析较大矿物颗粒中保留的微小矿物包裹体,即嵌晶结构中的矿物残余来推测。这些嵌晶结构多见于斜长石、石榴子石和十字石等矿物。在变质杂岩体内,反映不同变质程度的矿物组合呈现出明显的带状分布特征,由此形成了变质矿物带。这些分布特征记录了区域内不均匀的变质峰期温度,揭示了变质事件中地壳内部地温梯度的区域性变化规律。

当变质岩经后期抬升并逐渐冷却时,原先在变质峰期形成的高温变质矿物会因稳定性降低而被低温变质矿物所取代。例如,在这一过程中,斜长石或红柱石可被适应低温环境的绢云母或黑云母所取代;石榴子石则可能被绿泥石所取代;同样,董青石也可能转变为绢云母和绿泥石的组合。这种从高级变质状态向低级变质状态的转变,被定义为退变质作用。值得注意的是,此类逆向反应往往并不彻底,即原来的高温变质矿物并非全部被替换。退变质作用的进程往往受到流体参与的影响,尤其是水(H$_2$O)和二氧化碳(CO$_2$),它们通过构造断裂等流体迁移通道对矿物反应起到关键作用。

7.1.4　变质作用的方式

变质作用的方式是指原岩演变为变质岩的途径,主要包括四种方式:重结晶作用、变质结晶作用、变形与碎裂作用以及交代作用(图 7-1)。

图 7-1　变质作用的方式及相关变质岩[(a)灰岩发生重结晶作用形成的大理岩;(b)泥岩发生变质结晶形成的片岩;(c)变形及破碎作用形成的碎裂岩;(d)花岗岩发生交代作用形成钠长石-角闪石-电气石组合]

①重结晶作用:此作用发生在固态条件下,原岩内的矿物经历溶解、迁移再沉淀结晶的过程,而不产生新的矿物种类,仅改变矿物颗粒尺寸,如隐晶质转变为显晶质或细粒转化为粗粒。例如,细粒或隐晶质的灰岩在重结晶作用下形成粗晶大理岩;石英砂岩中硅质胶结物围绕石英颗粒发生重结晶,最终形成石英岩。

②变质结晶作用:指在固态状态下,原岩通过特定的化学反应(即变质反应)生成新的矿物。除了简单的同质多形转变,如红柱石、蓝晶石、矽线石之间的转变关系外,更多的是多种矿物间通过化学反应生成新矿物,如方解石和石英反应生成硅灰石,以及高岭石转化为红柱石的反应等。

③变形及碎裂作用：在长期应力作用下，塑性岩石会出现塑性变形或弯曲，矿物可能出现机械转动，从而使片状、柱状矿物呈现定向排列，形成典型的片理构造。而对于脆性岩石如花岗岩、砂岩，在外力超过其强度阈值时，则会发生破裂现象。

④交代作用：交代作用改变了原岩的化学成分，通过分解原有矿物并形成新的矿物，整个过程在含溶液的固态介质中进行。交代作用在变质岩形成中具有重要作用，不仅能调整原岩的化学和矿物组成，还能形成多样化的交代结构和构造。交代作用的具体形式包括：

(a)渗透交代作用：岩石中的物质成分借助孔隙与裂隙中的流动溶液迁移，遵循压力梯度由高向低传输。这种作用通常具有较大的空间尺度。

(b)扩散交代作用：岩石中的物质成分通过静止在孔隙中的溶液分子扩散进行迁移，迁移方向取决于溶液浓度梯度，即由高浓度向低浓度区域转移。扩散交代作用的空间范围相对较小，常见于岩脉或岩体周边地带。

7.1.5　变质作用的类型

依据地质环境及其关键影响因素，变质作用可以划分为三个主要类别：接触变质作用、动力变质作用和区域变质作用。

(1)接触变质作用

当源自地壳深部的岩浆上升并与围岩接触时，围岩因受到岩浆高温效应或经由成分交换而发生的变质过程，被定义为接触变质作用[图 7-2(a)]。此作用的关键影响因素包括温度和源自岩浆释放的热液活动。通常，这一变质过程发生在构造应力相对较低的环境下，即不具备显著的构造变形特征。接触变质作用的影响力处于一个有限的区域，即热变质晕，其宽度通常不超过数千米，并且由于距离接触界面越远，温度梯度急剧下降，因此变质程度和矿物重结晶的程度也会在较短的空间尺度上快速减弱。接触变质作用进一步细分，包括：

①热接触变质作用：在这种情况下，围岩纯粹因受到岩浆高温的烘烤而发生变质，不涉及外部成分的注入或交换。

②接触交代变质作用：在此过程中，岩浆中逸出的挥发性组分和热液与围岩发生广泛的化学交互作用，不仅导致接触带附近侵入体的成分变化，同时也引起围岩化学成分的演变，这类变质作用被称为接触交代变质作用。按照作用位置的不同，该作用又可区分为：内接触变质作用（发生于岩浆岩体内部的变质反应）和外接触变质作用（发生在围岩之内的变质过程）。外接触变质作用形成的特定区域称为"接触变质带"，其宽度与侵入岩体的埋深、体积大小以及围岩本身的物理化学性质等多种因素密切相关。

(2)动力变质作用

岩石在遭受强烈构造应力作用下所发生的变质过程，被定义为动力变质作用，其主导影响因素是定向压力，温度和静岩压力在此类变质作用中并不占据主导地位[图 7-2(b)]。动力变质作用常见于地质构造活跃区域，如构造剪切带、褶皱带等，其间岩石经历显著的变形、破裂和重结晶过程。

当脆性岩石遭遇动力变质作用时，其矿物结构倾向于发生破碎而非热力学重组。例如，石英晶体可能产生裂纹并表现出波状消光现象，云母类矿物则易于发生弯曲变形；在碎裂化过程中，原本脆性的颗粒状矿物在强压之下会被破碎成细微颗粒，并呈现出锯齿状接触边界的特征；尽管重结晶作用相对较弱，但仍然会发生低温变质反应，进而生成诸如绢云母和绿泥石等低温变质矿物。

相反，对于具有较高塑性的岩石，在动力变质条件下，其破碎现象并不突出。这些岩石倾向于发育板状构造，即劈理，该劈理垂直于最大主应力方向排列，且与原始沉积层理有一定的交角关系。随着变质程度的增强，板状劈理会逐渐演化为更为典型的片理构造，并伴有显著的矿物重结晶现象和新生矿物的形成。这一过程中，原有的矿物重新结晶并形成适应应力状态的新矿物组合。

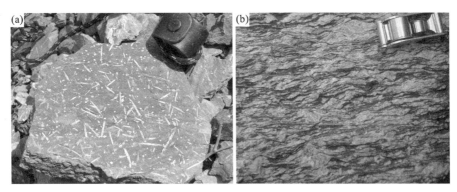

图 7-2　接触变质作用和动力变质作用下矿物的定向特征

（3）区域变质作用

区域变质作用是指在大面积区域内，岩石在长期地质历史过程中受到温度、压力以及富含化学活性组分的热液的综合影响而发生的变质作用。其核心特征包括广泛的地理分布，较长的地质年代跨度，以及不同变质级别的岩石在空间上呈现规律性的带状展布。按照变质温度的高低，通常可将区域变质作用划分为高温（高级）、中温（中级）和低温（低级）三个类型。区域变质作用的影响面积常常跨越数百至数千平方千米，尤其发生在地壳构造活动剧烈的造山带环境中。通过区域变质作用，原岩经历了复杂的重结晶、变质反应和变形，从而转化为结构构造各异、矿物组合丰富的变质岩序列。

7.2　变质作用的控制因素

7.2.1　温度

温度在变质作用过程中扮演着基础且至关重要的角色，它直接影响着原岩的重结晶过程、新矿物的生成，以及岩石矿物组成的演化。随着温度的提升，沉积岩中原有的胶体态蛋白石转变为稳定的石英晶体、褐铁矿氧化为赤铁矿、灰岩经变质作用后成为大理岩等，所有这些转变均是在较高的温度条件下发生的。

温度变化决定了变质作用的方向。当温度增加时,原有的矿物平衡状态被打破,体系倾向于发生吸热反应。相反,温度下降会促使体系趋向于放热反应。以下列变质反应为例:

方解石＋石英══硅灰石＋二氧化碳

该反应中,随着温度上升,反应正向进行,促进硅灰石的生成;而温度下降时,反应逆向进行,有利于方解石和石英的形成。

温度升高的能量来源多种多样,其中埋藏加热是一个重要途径,比如沉积岩在新的沉积层下累积增厚或因构造运动迁移至地壳较深部位。然而,单纯的埋藏引起的温度上升较为有限。相比之下,造山带和俯冲带内形成的岩浆活动可产生极高的温度,并形成显著的热异常区,向周围地壳传递大量热能,使得地温梯度可高达每千米 100℃甚至更高,由此引发的热液流动和热传导效应能够引起围岩的变质作用,即接触变质作用。

此外,地壳内部放射性元素(如^{40}K、^{232}Th、^{235}U、^{238}U)的自然衰变产生的热量对地温梯度的局部和区域变化也有显著影响。同时,构造应力作用下的岩石变形亦可产生摩擦热,尽管这种热源通常仅在局部范围内起重要作用,如在某些情况下形成假玄武岩玻璃。而在地壳深部,地幔柱上升带来的热量则是深层热源的一种,这部分热量可能源于地球内部约 2900 千米深处的地核与地幔交界处。这些多样的热源共同驱动了地壳中的变质作用。

7.2.2　压力

（1）静岩压力

静岩压力是指由地壳上部连续分布的岩石层所产生的负荷压力,它与岩石埋藏深度密切相关,随着深度的增加,上覆岩层的质量负载也随之增大,从而导致岩石所受压力增强。这种压力特性表现为各向同性,即岩石无论朝哪个方向受到的压力均为同一数值。依据地壳上覆岩石平均密度估算,大约每下沉 1 千米,静岩压力会增加 250 至 300MPa(兆帕斯卡,相当于 250 至 300 巴)。在大陆地壳的下部界限,通常位于 30 至 40 千米深度处,静岩压力可达到大约 10kbar(千巴,即 1GPa,吉帕斯卡)。而在海洋地壳的最底部,其厚度一般在 6 至 7 千米左右,对应的静岩压力约为 2kbar。当地壳在造山运动过程中隆升形成高山地带时,地壳厚度可增大至 70～90 千米,山体根部的静岩压力可高达约 20kbar。

静压力对于岩石内部矿物有着显著影响,它可以促使矿物晶格发生紧密排列,从而形成比重较大、分子体积较小,且常常不含水分的变质矿物。例如,在高压环境下,橄榄石与钙长石之间的反应会生成高密度的石榴子石。同样,辉绿岩在变质作用下转化为角闪岩,其总体积可以缩减约 6%,此类变质反应更易在压力增大的地质条件下发生。

（2）应力

是指施加在岩石不同方向上的压力存在各向异性。作用于岩石中某一点的主应力值 $\sigma_1 > \sigma_2 > \sigma_3$,通常用应力椭球体的三个轴来表示。平均应力由 $\sigma_{mean} = (\sigma_1 + \sigma_2 + \sigma_3)/3$ 给出,而差应力通常定义为 $\sigma_{diff} = \sigma_1 - \sigma_3$。在岩石中的一个平面上施加的应力是一个矢量,可以分别分解为法向应力 σ_n 和剪切应力 τ 这两个分量。差应力是岩石中产生应变的原因,导致岩石形状和体积的改变。如果差应力导致岩石中矿物的相对位置或晶体结构的变化,则使用变形这一术语。

变形过程具有如下几个作用:

①形成、改变变质岩的结构和构造(图 7-3)。

②创造流体、熔体运移通道。

③增加晶粒接触面积,有利于矿物之间的反应。

需要注意的是,矿物或矿物组合的稳定性不受应力的影响:实验调查表明,在常见变质条件下,由于岩石存在屈服强度,岩石承受最多几十巴到几百巴的差应力。因此,构造作用形成的差应力往往较低,并不能解释变质岩中高压矿物的形成。

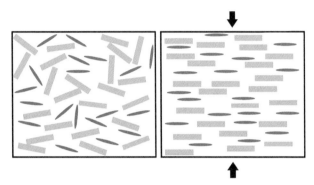

图 7-3　应力导致定向构造的形成

7.2.3　化学活性的热液

在变质作用过程中,多数岩石体系内存在着液相,它们分布于矿物晶粒间、孔隙内部、裂隙或断裂带上。这类变质流体通常以水或二氧化碳为主,但亦可能包含一系列其他挥发性成分,诸如 CO、CH_4、HCl、HF、H_3BO_3、O_2 以及 H_2 等。热液的生成机制多样,例如岩浆冷却过程中释放的溶液,深层地下水的渗透作用,或者是在变质反应过程中矿物脱水和分解产生的水溶液。

在岩石变质阶段,这些热液扮演着关键的"催化剂"角色,加速各类复杂的变质反应进程。它们能够作为反应物参与新矿物相的形成,比如通过与岩石中原有矿物反应生成含水或氢氧根离子的矿物,诸如云母、绿泥石、蛇纹石以及电气石等变质矿物,而且还能够通过溶解和搬运原岩的部分化学组分,从而对原岩的整体化学组成造成改变。

7.2.4　原岩成分

很多变质岩保存了指示其原岩的信息。一些原岩的部分结构特征得以保留,例如,若变质岩中仍能辨识出沉积岩的层状构造(层理),则强烈暗示其曾为沉积岩。残留的矿物组合也提供了重要线索,例如,在变质岩中发现原本属于岩浆岩特有的辉石斑晶,则可推断其原岩可能是某种火成岩。通过对变质岩的地球化学分析及同位素特征的研究,科学家们可以追踪其原岩的物质来源与演化历程。

为了明确标识变质岩与其原岩之间的联系,地质学家常采用特定的命名前缀以示强调,例如,"变质泥岩"这一术语表明了该岩石来源于经过变质作用改造的泥质沉积岩。

7.3　变质岩的化学成分与矿物组成

通常情况下,根据原岩类型,由火成岩经变质作用形成的变质岩被归类为正变质岩,而源自沉积岩的变质岩则被称为副变质岩。正变质岩与副变质岩各自具备独特的化学组成特征,这些特征常被用于初步推测其原岩属性。然而,鉴于某些沉积岩和火成岩在化学成分上存在较高的相似性,仅凭化学成分不足以做出准确区分。在这样的情况下,鉴别二者就需要进一步结合其他关键地质特征,如岩石的微观结构和宏观构造特征、同位素组成以及其他地球化学指标,通过综合分析以确定其确切的原岩类型。

从表 7-1 中可以看出,在正变质岩中各种氧化物含量具有一定的范围,在一种岩石中,往往几种氧化物都有;在副变质岩中,各种氧化物含量变化幅度大,往往在一种岩石中某种氧化物特别集中。

表 7-1　正、副变质岩化学成分特征对比

变质岩	SiO_2	Al_2O_3	$FeO+Fe_2O_3$	MgO	CaO	K_2O/Na_2O
正变质岩	35%~78%	0.86%~28%	3%~15%	<30%	<17%	<1%
副变质岩	0%~80%	17%~40%	不定	可达47%	可达56%	>1%

当变质作用与交代作用相伴发生时,由于发生了物质的引入与排出,变质岩的化学成分往往与原始岩石不尽相同,这增加了追溯原岩性质的难度。

变质岩的矿物组成主要受控于原岩的化学成分以及变质作用的具体类型和级别。原岩化学成分的多样性与变质过程的复杂性,使得变质岩的矿物组合相比于岩浆岩和沉积岩更加丰富和复杂。表 7-2 列举了不同类型原岩在不同变质等级下所形成的典型矿物组合。

表 7-2　不同原岩的变质矿物组合

类型	原岩	特征变质矿物
变质泥岩	泥质,富含铝的沉积物,如黏土,富铝杂砂岩。	白云母、绿泥石、黑云母、石榴子石、硬绿泥石、十字石、堇青石、蓝晶石、矽线石、红柱石。石英和钠长石十分常见。在较高的变质等级中,钾长石是由白云母的分解形成的。

续表

类型	原岩	特征变质矿物
变质长英质岩	花岗岩、花岗闪长岩、英云闪长岩、斜长岩、流纹岩、熔结凝灰岩、长石砂岩、贫铝杂砂岩、砂岩	石英、钾长石、斜长石、绿泥石或黑云母、白云母；在低变质等级：钠长石＋（斜）黝帘石，而不出现斜长石。在高压变质作用下，斜长石的 An 成分被硬柱石和（斜）黝帘石取代，或被石榴子石中的钙铝榴石成分取代，而硬玉＋石英取代钠长石组分
变质灰岩、白云岩和泥灰岩	灰岩、白云岩和泥灰岩	方解石、白云石、铁白云石以及钙硅酸盐矿物，如透闪石、透辉石、钙铝榴石，钙铁榴石、符山石、硅灰石、（斜）黝帘石或绿帘石，以及镁硅酸盐，如镁橄榄石和金云母
变质基性岩	基性火成岩，特别是玄武岩和安山岩或其对应火山碎屑岩，辉长岩	低变质等级：钠长石、绿帘石、绿泥石和阳起石；中高变质等级：斜长石、绿色或棕色角闪石、石榴子石、透辉石；高变质等级下出现斜方辉石；在高压变质阶段：可以形成蓝闪石、硬柱石、绿帘石、绿泥石、钠长石、或硬玉、绿辉石和石榴子石
变质超基性岩	橄榄岩，辉石岩，蛇纹岩	蛇纹石矿物，滑石，方镁石、菱镁矿、绿泥石、直闪石、镁铁闪石、橄榄石；高变质等级下出现斜方辉石
变质铁质岩、变质锰质岩	富含 Fe 和 Mn 的硅质岩，沉积型 Mn 和 Fe 矿石，如条带状铁建造（BIF）	石英、赤铁矿、磁铁矿、锰铝榴石和其他锰硅酸盐和锰氧化物、铁闪石、黑硬绿泥石、硬绿泥石或锰硬绿泥石；在高压变质作用下：霓石或霓辉石、铁钠闪石
变质铝质矿	铝土矿	水铝石，刚玉，硬绿泥石，蓝晶石，珍珠云母

　　相较于岩浆岩和沉积岩，变质岩含有若干相对独有的矿物，其中包括富含铝元素的矿物，如硅线石、十字石、红柱石、蓝晶石和堇青石等；同时，还包含了一些富含钙元素的矿物，如硅灰石、透闪石、钙铝榴石和符山石等。这些矿物通常被视为变质岩的特征矿物，它们仅能在特定的温度和压力条件下生成。因此，变质矿物普遍具有指示温度和压力的特性，特别是那些稳定域狭窄、对外界条件变化极其敏感的矿物在岩石中出现时，更能精确反映出变质岩形成的特定条件。这些具有明确成因指示意义的矿物，被地质学家称为指示矿物。例如，绿泥石和绢云母常作为低级变质作用的指示矿物，蓝晶石则是中级变质作用的指示矿物，而硅线石则是高级变质作用的指示矿物。

7.4　变质岩的结构和构造

变质岩的结构和构造概念虽然与岩浆岩中的定义相似,但其内涵却反映了不同的成因机制。结构,对于变质岩而言,指的是构成岩石的矿物颗粒大小、形状及其相互间的空间关系;而构造,则指岩石内部各矿物集合体的空间分布和排列样式。然而,不同于岩浆岩中矿物晶体在岩浆冷却凝固过程中析出结晶,变质岩的矿物结构是经过固态介质内的变质作用形成的。这一过程涉及多种复杂的地质作用,诸如在高温高压下的重结晶作用,可能导致原有矿物晶粒尺寸改变;另外,还包括岩石在应力作用下发生的压碎与变形现象,以及伴随化学成分交换的交代作用,这些均是形成变质岩结构和构造的重要方式。

7.4.1　变质岩的结构

根据岩石的特点和结构成因,变质岩的结构可分为以下几种。

(1)变余结构

变余结构又称残留结构,指在变质作用过程中,由于重结晶作用未能彻底完成,致使原岩的部分矿物成分及结构特征得以保留下来的现象。变余结构在低级变质岩中尤为普遍,因为在较低温度和有限溶液活动性的条件下,矿物间的化学反应难以达成完全的平衡状态,从而使得原岩的部分原始结构得以留存。原岩的化学惰性越强、颗粒尺寸越大,其结构特征越容易在变质过程中保持。对具有变余结构的岩石进行命名时,遵循的原则是在原岩结构名称之前添加"变余"前缀。

举例来说,当原岩为沉积岩时,常见的变余结构包括变余砾状结构、变余砂状结构以及变余泥状结构。这些结构类型分别表示岩石中仍能识别出砾石、砂粒以及泥粒的基本形态特征。值得注意的是,变余泥质结构较为罕见,黏土岩在变质过程中特别容易发生重结晶作用,从而导致原始泥质结构难以保留。而岩浆岩为原岩时,常见的变余结构包括变余斑状结构[图 7-4(a)]、变余花岗结构以及变余辉绿结构[图 7-4(b)]等,这些命名代表了在变质岩中仍可见到与原岩浆岩类似的斑晶、花岗结构或辉绿结构残留。

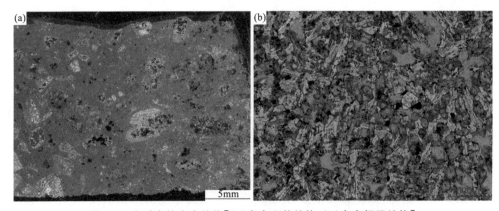

图 7-4　变质岩的变余结构[(a)变余斑状结构;(b)变余辉绿结构]

（2）变晶结构

通过固体状态下重结晶作用所形成的结构均可归为此范畴。在这一过程中形成的晶体被称为"变晶"。为了与其他成因结构加以区分，通常会附加"变晶"字样。依据变晶矿物的自形程度、颗粒大小及其形状特征，变晶结构可进一步细分如下：

①根据变晶矿物的自形程度分类

自形变晶结构：变晶矿物为自形晶。

半自形变晶结构：变晶矿物为半自形晶。

他形变晶结构：变晶矿物为他形晶。

需要注意的是，在变质岩中，矿物的自形程度并不直接反映其结晶顺序，而是主要取决于矿物自身的结晶能力，具有较高结晶能力的矿物通常具有更高的自形程度。

②按照变晶矿物颗粒的尺寸划分

按照绝对尺寸可以分为以下几种。

粗粒变晶结构：矿物颗粒平均直径大于 5 毫米。

中粒变晶结构：矿物颗粒平均直径在 2～5 毫米。

细粒变晶结构：矿物颗粒平均直径介于 0.2～2 毫米。

微粒变晶结构：矿物颗粒平均直径小于 0.2 毫米。

隐晶质变晶结构：在显微镜下也无法明显分辨单个结晶颗粒。

变质岩中变晶矿物颗粒的尺寸主要取决于变质作用的强度，以及矿物本身的结晶能力、原岩矿物成分的纯度（成分越单一，晶粒通常越大）和原岩初始粒径。

按照相对尺寸可以分为以下几种。

等粒变晶结构：岩石中大部分主要变晶矿物颗粒大小相近。

不等粒变晶结构：主要变晶矿物颗粒大小存在显著差异。

斑状变晶结构：在较细粒度的变基质中，存在较大尺寸的变晶矿物，即变斑晶。变斑晶通常由结晶能力强的矿物构成，颗粒较大且自形程度较高。

③根据变晶矿物的形态特征分类

粒状变晶结构（花岗变晶结构）：岩石主要由近乎等轴状的粒状矿物紧密镶嵌而成，通常不显示明显的定向性。典型矿物组分包括长石、石英、方解石、白云石、辉石以及石榴子石等。石英岩、大理岩等岩石经常表现出粒状变晶结构[图 7-5（a）]。矿物颗粒外形多样，可呈现圆形、椭圆状、多边形，或是带有锯齿边缘或略微拉长的形态。当矿物颗粒微小，需借助显微镜才能观察清楚时，这种结构被称为显微花岗变晶结构（角岩结构）。

鳞片状变晶结构：岩石以鳞片状或片状矿物为主要组成成分，如云母、绿泥石、滑石等，并且这些矿物常呈现定向排列。此类结构广泛存在于各种片岩中[图 7-5（b）]。

柱状变晶结构：岩石主要由柱状矿物如角闪石、单斜辉石、斜方辉石以及电气石等构成，这些矿物沿特定方向排列，赋予岩石线理特征[图 7-5（c）]。

纤维状变晶结构：在岩石中，纤维状或针状的变晶矿物占主导（如矽线石），它们通常沿着某一方向规则排列，或是形成放射状、束状的集合体结构[图 7-5（d）]。

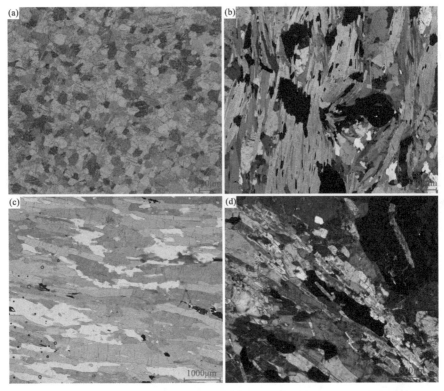

图 7-5　依据变晶矿物形态的变质岩结构分类[(a)粒状变晶结构;(b)鳞片状变晶结构;
(c)柱状变晶结构;(d)纤维状变晶结构]

④根据变晶矿物颗粒间的相互关系分类:

包含变晶结构:在变质岩中,较大的变斑晶矿物内部包含了其他更小的矿物颗粒,这些小颗粒分布不均匀,无固定的方向性,这种现象被称为包含变晶结构或镶嵌变晶结构[图 7-6(a)]。若变斑晶矿物中其他矿物的细小晶体数量较多,形成筛网状,则称筛状变晶结构。

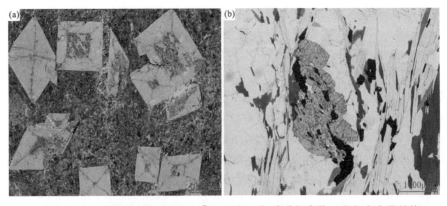

图 7-6　变晶矿物颗粒间的相互关系[(a)红柱石与碳质包裹体形成包含变晶结构;
(b)石榴子石包裹磁铁矿,构成残缕构造]

残缕结构：细小的矿物颗粒集合体被较大的变斑晶矿物所包围，这些小颗粒集合体呈近平行排列，并与基质中的同类矿物断续相连，这种结构反映了变斑晶矿物晚于片理形成。这种结构被称为残缕结构[图 7-6(b)]。

（3）变形结构

变质岩的变形结构主要包括碎裂结构[图 7-7(a)]和糜棱结构[图 7-7(b)]，这两种结构类型在动力变质岩中尤为典型。当岩石在应力作用下，各矿物发生弯曲、位移、破碎等一系列变形反应。

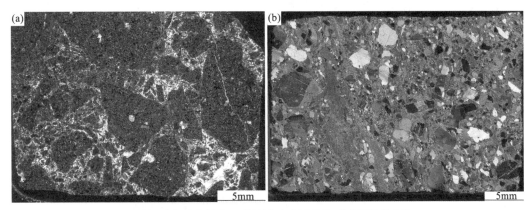

图 7-7　变质岩的变形结构[(a)碎裂结构；(b)糜棱结构]

①若岩石在受力变形后，矿物颗粒经历破碎，形成非规则形状且具有尖锐棱角的碎片，这些碎片之间填充着由破碎作用产生的细小颗粒及粉末状物质，这样形成的结构即为碎裂结构。此类结构一般在相对较低的变质温度条件下形成，所生成的岩石被称为碎裂岩。

②若岩石在经历变形后，进一步经历了重结晶过程，转化为细粒或微粒变晶结构，这种结构被称为糜棱结构。糜棱结构的形成通常需要较高的变质温度，由此形成的岩石被称为糜棱岩。

7.4.2　变质岩的构造

变质岩的构造特征反映的是构成岩石的各种矿物集合体的空间分布及其排列样式（图 7-8），依据成因机制可划分为两大基本类别：变余构造与变成构造。变余构造是指在变质作用之后，岩石仍然保持着部分原有的沉积或火成构造特征，也称为残余构造，例如变余层理构造和变余杏仁状构造。这一类构造仅能在部分变质程度较低或特定变质岩中得以辨识和确认。变成构造是岩石在变质作用过程中，通过显著的重结晶作用以及变质结晶等过程产生的构造类型。这类构造对于揭示变质岩的形成历史和变质环境具有关键意义。典型的变成构造包括千枚状构造、片状构造、片麻状构造等（表 7-3）。

图 7-8　变质岩的常见构造[(a)斑点状构造(岩石切片、正交偏光);(b)斑状构造;
(c)片状构造;(d)条带状构造及眼球状构造]

表 7-3　变质岩中常见的变成构造

构造名称	含义
块状构造	整个岩石的矿物成分都没有定向排列,而且在岩石的各部分,矿物成分及结构特点都是相同的。这种构造反映岩石在变质过程中,不具显著的定向压力。如大理岩。
斑点构造	岩石受变质时,有些物质发生迁移、聚集成斑点,形成斑点构造,它属浅变质岩的特征。
板状构造	岩石受压力作用达一定限度后,常出现一组相互平行的板状破裂面,称板状构造。这组破裂面即是劈理,故又称劈理构造。劈理一般与原岩层理斜交,劈理面平坦光滑,常有少量绢云母、绿泥石等矿物散布,常出现微弱的丝绢光泽。如由页岩或泥质岩变质的板岩就具此构造,一般在区域变质时,应力强、温度较低的条件下形成。
千枚状构造	岩石中矿物已初具定向排列,但重结晶并不显著,矿物颗粒肉眼不能分辨,仅在片理面(破裂面)上可见由绢云母小鳞片平行排列所显露的强烈丝绢光泽,片理很薄,常见很多小褶纹,为千枚岩所特有。
片状构造	岩石主要由片状、柱状、针状矿物彼此相连平行排列组成,片理薄而清晰,片理面上有较强的光泽。这种构造为片岩所特有。

构造名称	含义
片麻状构造	与片状构造类似,其特征是少量片状、柱状矿物(如云母、角闪石等暗色矿物)呈平行排列,且为大量浅色粒状矿物(如石英、长石)所隔开。大部分片麻岩都具有这种构造。
条带状构造	由一些彼此在矿物成分上、结构上或某些其他特征上不相同的条带交替组成的构造。其成因是多种多样的,有的是原来沉积岩层理的残余;有的是由于在变质作用过程中,由于各种不同的变质矿物分别集中形成;也有的是由于浅色岩浆物质顺层贯入形成。如条带状混合岩。
眼球状构造	沿片状、片麻状构造的片理分布有眼球状长石等矿物大晶体,称为眼球状构造。

7.5　变质岩的主要类型

　　变质岩的命名主要基于其结构构造特征和矿物成分。例如,千枚岩、片岩、片麻岩和麻粒岩等岩石名称,突显了岩石的结构构造特点;为进一步细化分类,可在上述名称基础上融合特定的矿物前缀,如十字石云母片岩,或者描述特殊的结构构造,如条带状片麻岩。在区域变质过程中,由于变形作用与重结晶作用,多数变质岩表现出明显的片状和柱状矿物的定向排列特征。然而,在接触变质作用的影响下,这些定向性会逐渐减弱,最终可能形成块状构造,这也是角岩这一岩石类型的典型特征。另一方面,还有部分变质岩的命名主要依据矿物种类及含量,而不特别关注结构构造特性,例如斜长角闪岩或石英岩。这些名称直观地反映了岩石中占主导的矿物组成。表 7-4 列举了常见的变质岩主要类型及特点。

表 7-4　常见的变质岩主要类型、矿物组合和结构构造特征

变质岩种类		结构、构造	典型变质矿物
区域变质岩	板岩	变余结构;板状构造、斑点构造	绢云母、绿泥石、红柱石、堇青石
	千枚岩	细粒鳞片变晶结构;千枚状构造	绢云母、绿泥石、石英、钠长石
	片岩	鳞片变晶结构、纤维变晶结构、斑状变晶结构;片状构造	云母、绿泥石、滑石、角闪石、阳起石、石英、长石、石榴子石、蓝晶石、十字石
	片麻岩	中粗粒状变晶结构;片麻状构造	石英、长石、黑云母、角闪石、矽线石、蓝晶石、石榴子石、堇青石、紫苏辉石
	麻粒岩	中粗粒、等粒或不等粒变晶结构、斑状变晶结构;块状或弱片麻状构造	斜长石、钾长石、石英、紫苏辉石、透辉石、矽线石、堇青石、石榴子石、蓝晶石、金红石

续表

变质岩种类		结构、构造	典型变质矿物
区域变质岩	大理岩	粒状变晶结构;块状构造	方解石、白云石、蛇纹石、滑石、绿泥石、透闪石、阳起石、符山石、钙铝榴石、镁橄榄石、透辉石、硅灰石
	石英岩	粒状变晶结构;块状构造	石英、白云母、绿泥石、石榴子石、蓝晶石、矽线石、电气石、石墨
	绿片岩	细粒鳞片变晶结构;千枚状、片状构造	绿泥石、绿帘石、阳起石、钠长石、石英、碳酸盐矿物、白云母
	斜长角闪岩	鳞片、柱状、粒状变晶结构;块状、片麻状构造	普通角闪石、斜长石、透辉石、石榴子石、绿帘石或黝帘石、黑云母、石英、榍石
	蓝片岩	细粒鳞片、柱状变晶结构;片状构造	蓝闪石、铁蓝闪石或青铝闪石、绿纤石、硬柱石、绿泥石、多硅白云母、钠长石、石榴子石、绿帘石
	榴辉岩	中粗粒变晶结构;块状构造	绿辉石、石榴子石、石英、蓝晶石、绿帘石或黝帘石、多硅白云母、金红石(或榍石)
	蛇纹岩	鳞片变晶或纤维变晶结构;块状、片状构造	蛇纹石族矿物、磁铁矿、滑石、绿泥石、角闪石、碳酸盐矿物
接触(交代)变质岩	角岩	细粒粒状变晶结构、斑状结构;块状构造	长石、云母、角闪石、石英、辉石、矽线石、堇青石、红柱石、石榴子石
	矽卡岩	不等粒变晶结构、纤维变晶结构、斑状变晶结构、包含变晶结构;块状、角砾状、斑杂状、条带状等构造	石榴子石、透辉石、橄榄石、金云母
动力变质岩	碎裂岩	碎裂结构或碎斑结构;块状构造或带状构造	绢云母、绿泥石、绿帘石、方解石
	糜棱岩	糜棱结构;条带状构造	绿泥石、白云母、绿帘石、滑石、蛇纹石

7.6 变质带、变质相和变质反应

7.6.1 变质带和变质相

区域变质作用依据其变质程度的不同,可被划分为多个变质带,每个带的划分主要依据变质过程中岩石所经历的温度和压力水平。各个变质带的识别标志主要依托于特定的变质矿物,即指示矿物(index minerals),这一概念最早由英国地质学家乔治·巴罗(George Barrow)在研究苏格兰地区变质岩时提出,并历经多次修订和完善。目前,从低级至高级变质带,指示矿物的序列依次为绿泥石(chlorite)—黑云母(biotite)—石榴子石

（garnet）—十字石（staurolite）—蓝晶石（kyanite）—矽线石（sillimanite）。这意味着当岩石中含有绿泥石时，标志着其已进入低级变质带，而石榴子石的出现则代表进入了中级变质带，至出现矽线石时，则说明岩石已达到高级变质带。

应当注意的是，上述变质带的分布在不同地区有所差异，原岩的矿物成分差异会影响其在变质过程中形成的变质矿物类型。上述分带方式主要适用于泥质原岩，但对于玄武岩等不同类型的原岩，其指示矿物序列将会有所变化。指示矿物确定的相邻变质带的界线被称为等变质度线（isograd），由英国地质学家狄莱（C. E. Tilley）首次提出，表示在该线上所有岩石的变质程度相同。

在苏格兰高地的变质岩中，指示矿物呈现出有规律的分布。在连续的变质带中，每一带皆包含一种特定的指示矿物。在变质程度最低的岩石中，可能仍保有碎屑状的云母类矿物。随着变质程度加深，岩石开始出现绿泥石。随后依次为黑云母、铁铝榴石、十字石、蓝晶石，直至在最高变质程度时出现矽线石。此外，当基性火成岩遭受区域变质作用时，也会展现特定的矿物演化序列。然而，在变质基性火成岩中，不再单独依赖某一种指示矿物来确定区域变质带，而是采用变质相（metamorphic facies）这一概念来进行分类。

在基性火成岩经历区域变质作用后，形成的最低级别的变质相为沸石相（zeolite facies），其中沸石类矿物的出现，揭示了沉积作用与变质作用之间存在着连续的演化联系。接下来是绿片岩相（greenschist facies），该相的岩石富含含水矿物，如绿泥石、阳起石和

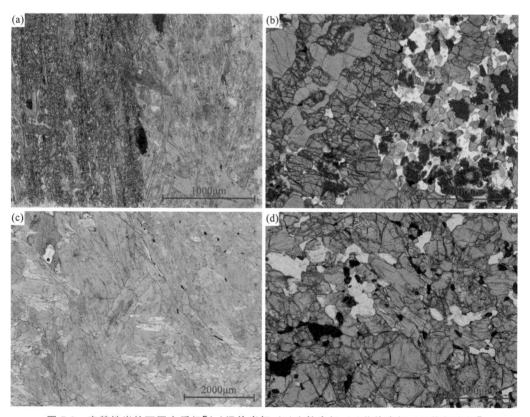

图 7-9　变基性岩的不同变质相［(a)绿片岩相；(b)麻粒岩相；(c)蓝片岩相；(d)榴辉岩相］

绿帘石等[图 7-9(a)]。随着变质程度加深,中级区域变质条件下形成的矿物组合主要包含角闪石、斜长石和石榴子石等,由此构成了角闪岩相(amphibolite facies),并且还可能含有绿帘石。

更高级的变质相为麻粒岩相(granulite facies),该相岩石主要由辉石类矿物和斜长石构成,其矿物组合虽与辉长岩相似,但麻粒岩具有独特的麻粒状结构特征[图 7-9(b)]。在低压高温的区域变质环境中,堇青石普遍存在,而石榴子石则几乎消失,这种变质相被称为透长石岩相(sanidinite facies)。在低温高压的区域变质区域中,绿片岩被蓝片岩(blueschist)替代,其特征矿物是具有蓝色调的蓝闪石(glaucophane),同时还可能含有硬柱石(lawsonite)、硬玉(jadeite)以及霰石(aragonite)等矿物[图 7-9(c)]。高压条件下形成的高级区域变质岩相为榴辉岩相(eclogite),主要由镁铝榴石和钠质辉石等矿物组成[图 7-9(d)]。图 7-10 展示了不同区域变质相对应的温度与压力条件。以上讨论的变质岩相主要针对基性火成岩变质作用的情况。若考虑泥岩,则产生不同的变质矿物种类。不同原岩在不同变质相下的典型矿物组合可参照表 7-5。

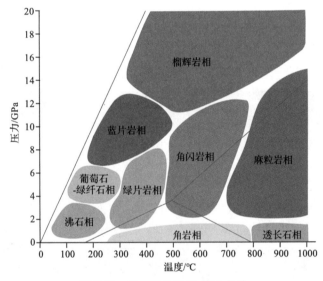

图 7-10　变质相的温度、压力条件

表 7-5　主要变质相的典型矿物组合

变质相	原岩类别		
	铁镁质火成岩	泥质岩	碳酸盐岩
蓝片岩相	蓝闪石、硬柱石、绿纤石、硬玉、绿泥石	蓝闪石、硬柱石、绿泥石、白云母、石英	透闪石、霰石、白云母、蓝闪石
绿片岩相	绿泥石、阳起石、绿帘石、钠长石	绿泥石、白云母、钠长石、石英	方解石、白云石、透闪石、金云母、绿帘石、石英

续表

变质相	原岩类别		
	铁镁质火成岩	泥质岩	碳酸盐岩
绿帘石角闪岩相	角闪石、绿帘石、钠长石、铁铝榴石、石英	铁铝榴石、绿泥石、白云母、黑云母、石英	方解石、白云石、绿帘石、斜长石、透闪石、镁橄榄石或石英
角闪岩相	角闪石、中长石、石榴子石、石英	石榴子石、黑云母、白云母、矽线石、石英	方解石、白云石、透辉石、斜长石、石英或镁橄榄石、硅灰石
榴辉岩相	透辉石、紫苏辉石、石榴子石、中性斜长石	石榴子石、中性斜长石、石英、蓝晶石或矽线石	方解石、斜长石、透辉石、硅灰石、镁橄榄石或石英
榴辉岩相	硬玉质辉石、石榴子石、蓝晶石		
角岩相	透辉石、紫苏辉石、斜长石	黑云母、正长石、石英、堇青石、红柱石	方解石、硅灰石、钙铝榴石

7.6.2　泥质岩的变质反应

在常见变质作用所涵盖的温度与压力区间内,源自泥质沉积岩的变质岩对温度最为敏感,且容易发生变化。为此,这里首先对泥质岩在变质进程中的相关矿物变质反应进行剖析。

(1)从变质作用开始至绿帘角闪岩相的反应

泥质沉积岩不仅富含高岭石、蒙脱石、伊利石等黏土矿物,还混杂有石英、长石、绿泥石以及方解石等多种矿物成分。这些矿物的相对含量及其各自的化学组分因具体情况差异而呈现出多样化的组合,从而导致整个岩石系统的化学成分发生复杂的变化,岩石在变质反应过程中具有多样性表现。

当变质作用处于低温重结晶阶段时,首先发生的矿物转变是黏土矿物的消减,并继而生成绿泥石、富含镁铁成分的多硅白云母以及叶蜡石等变质矿物。高岭石与叶蜡石之间的相互转换关系,可以通过以下化学反应式予以简要表达:

$$高岭石＋石英\longrightarrow叶蜡石＋H_2O$$

在低温条件下经历重结晶作用形成的泥质变质岩中通常会发现叶蜡石这一矿物相的存在。尤其在低压力环境下的变质过程中,叶蜡石与钠长石常常共生;然而,随着变质压力的逐渐增强,这种矿物组合会发生显著变化,具体体现为钠云母开始逐步取代叶蜡石,这一转变过程可以用以下反应来描述:

$$叶蜡石＋钠长石\longrightarrow钠云母＋石英$$

该反应反映了随着压力条件的变化,矿物间的稳定性关系也随之调整,进而影响到岩石的矿物组合和结构特征。

值得注意的是,在显微镜下,叶蜡石和钠云母有时会被误判为白云母,故在必要时需借助 X 射线衍射分析以确保准确识别。随着温度的进一步提升,叶蜡石会经历分解反应,转化为 Al_2SiO_5 矿物,如红柱石或蓝晶石(图 7-11),并伴随石英和水的生成,具体化学反应如下:

$$叶蜡石 \longrightarrow 红柱石或蓝晶石 + 石英 + H_2O$$

富含铁(FeO)的岩石,在低温条件下能够形成黑硬绿泥石和硬绿泥石这类矿物。尽管黑硬绿泥石通常易于在高压变质环境下形成,但它也可能出现在其他类型的岩石中。相比之下,硬绿泥石在不同压力的变质作用过程中均有形成。值得关注的是,相对于黑硬绿泥石,硬绿泥石倾向于在那些具有更高 $Al_2O_3/(MgO+FeO)$ 比值的岩石中生成。

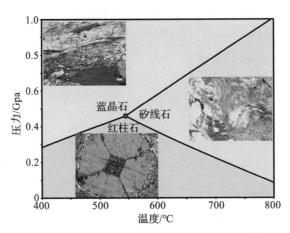

图 7-11　三种 Al_2SiO_5 矿物稳定的温度压力范围

当温度逐渐升高至接近绿片岩相的中部时,变质泥质岩中黑云母开始生成。在岩石中含有微斜长石的情况下,反应过程可以通过以下反应式体现:

$$微斜长石 + 绿泥石 \longrightarrow 黑云母 + 白云母 + 石英 + H_2O$$

对于不含微斜长石的岩石,其中的多硅白云母在更高温度下发生分解,生成镁铁氧化物(MgO+FeO)含量较低的普通白云母。在这个过程中,放出的物质可能会与绿泥石发生反应,从而形成黑云母。值得注意的是,黑云母的形成温度因其依赖于岩石的具体化学成分,故表现出显著差异。随着黑云母的生成,参与反应的绿泥石和部分白云母相应减少。随着反应的进行,绿泥石可能完全消耗殆尽。

在高压至中压条件下,一旦温度出现适度提升,铁铝榴石便可以形成。即使在相对较低压力的变质条件下,只要具备适当的岩石化学成分,铁铝榴石的生成依然可能发生。鉴于铁铝榴石[化学式为 $Fe_3Al_2(SiO_4)_3$]与绿泥石具有类似的化学成分,其形成过程通常伴随着绿泥石的变质反应。此外,黑云母、白云母以及硬绿泥石等矿物也可能参与反应。

泥质岩中常常包含一定量的二氧化锰(MnO)成分。其中富含 MnO 的石榴子石族矿物,例如锰铝榴石及其与铁铝榴石之间的连续固溶体,倾向于在绿色片岩相的低温区间形成,即石榴子石的形成温度比黑云母更低。然而,在二氧化锰含量较低的泥质岩中,铁铝榴石的生成温度高于黑云母。新生成的铁铝榴石往往含有一定量的 MnO,而在温度升高的过程中,其 MnO 含量呈现下降趋势。以苏格兰高地为例,铁铝榴石开始结晶的温度压力条件与绿帘石—角闪岩相变质条件大致相同,但不同地质环境下两者形成时序可能存在差异。尽管铁铝榴石并不严格界定为高压环境下的专属矿物,但它在较高压力条件下更容易形成。值得注意的是,铁铝榴石能在广泛的岩石化学范围内稳定存在,这使得它在变质泥质岩中较为常见。此外,在还原条件下,铁铝榴石的稳定温度区间会进一步拓宽。

(2)角闪岩相与麻粒岩相的反应

当温度提升至接近绿帘石—角闪岩相的高温区域或延伸至角闪岩相的低温部分时,在富含氧化亚铁(FeO)和氧化铝(Al_2O_3)的泥质岩中,可以形成十字石。这一反应形式多样,其中一个为:

$$绿泥石＋白云母\longrightarrow十字石＋黑云母＋石英＋H_2O$$

这个反应说明了在特定条件下,绿泥石和白云母可以通过变质反应转化为十字石。值得注意的是,十字石在化学成分上与硬绿泥石颇为相近,在低温条件下形成硬绿泥石的泥质岩,在经历更高的变质温度时,硬绿泥石有时能够转变成十字石。

十字石的形成并不依赖于压力,它能在相对宽泛的压力区间形成。事实上,在各种压力类型的变质岩中均有十字石的存在记录。然而,较高的压力使得十字石能够在更加多样化的岩石中广泛产出。这意味着压力增大可能会扩展十字石得以稳定存在的岩石化学成分区间。

在低压变质条件下,当温度超越黑云母形成温度,堇青石开始生成。堇青石作为典型的低压矿物,在压力增加的情况下,其所存在的岩石化学组成范围会显著变窄,导致堇青石在高压环境下变得稀少,最终完全消失。

随着温度进一步提升,红柱石和蓝晶石逐渐转变为不稳定状态,并被矽线石取代。尽管红柱石和蓝晶石可以直接通过相变形成矽线石,但在多数情况下,它们更倾向于经历分解过程,伴随着体积收缩直至消失,与此同时,矽线石的小晶体开始生成并生长。一旦进入矽线石的稳定温压区域,十字石会消失,但在低压变质条件下,堇青石依然保持稳定。

当温度升至接近角闪岩的高温段或临近麻粒岩相温度时,白云母与石英开始发生反应。由于几乎所有泥质变质岩均含有石英,这一过程中白云母近乎完全消耗殆尽:

$$白云母＋石英\longrightarrow钾长石＋矽线石＋H_2O$$

在经历这一反应前,泥质岩中钾长石含量通常较少,而反应过后则明显增多(但在砂质较为丰富的泥质变质岩中,钾长石在上述反应之前可能就已经相当常见)。随着温度升高至中等角闪岩相区间,生成的钾长石主要为微斜长石,而当温度进一步提高时,则会转变成为正长石。由微斜长石向正长石转变的过程中,其晶体结构会发生连续性的调整。值得注意的是,已形成的正长石在变质岩体冷却过程中,往往重新转变为微斜长石。

当温度上升至中等到高角闪岩相阶段时,在水饱和条件下,部分熔融现象可能发生,从而促成混合岩的形成。黑云母不仅广泛存在于整个角闪岩相中,而且延续至低麻粒岩相阶段,然而,在特定的麻粒岩相温度,黑云母会与石英发生反应而逐步消失。若石英不足,黑云母甚至能在更高温度下稳定。

相较于泥质沉积岩,大部分砂质沉积岩如长石砂岩和石英砂岩富含更多的石英和长石成分,而黏土矿物相对较少或缺失。因此,在类似上述针对泥质沉积岩的变质反应中,除了富含 Al_2O_3 的矿物参与反应外,还可能出现其他反应。最初,这些岩石中可形成白云母和绿泥石,随着温度的轻微提升,黑云母亦开始生成。当温度趋近角闪岩相的高温区间时,微斜长石会经历正长石化,并伴随白云母与石英之间的化学反应。进一步提高温度,即便是砂质变质岩,也会包含由白云母与石英反应所产生的少量矽线石成分。

7.6.3 镁铁质岩浆岩的变质反应

镁铁质火成岩,诸如玄武岩等,常常混杂于地层沉积物之中,并随同周围沉积岩一同经历变质作用,在相同的温度和压力条件下演化出稳定的矿物组合。此类镁铁质火成岩经过变质过程后所形成的变质岩被称为变基性岩。镁铁质岩石因其化学多样性,在面对变质过程中不同的温度、压力、流体成分(如水和二氧化碳的分压)、氧化还原环境等因素时,其矿物组成会发生显著的变化。

当镁铁质火成岩在极低变质温度条件下结晶时,通常会产生沸石族矿物和葡萄石—绿纤石矿物组合,其中尤以浊沸石(一种钙沸石)、葡萄石以及绿纤石的出现较为常见。然而,在某些低温条件下,可能由于温度不足以引发显著的变质结晶反应而导致低温变质相的缺失。一旦变质作用温度升高,原先存在的沸石和葡萄石—绿纤石相矿物会被绿帘石、绿泥石和阳起石等矿物取代,进而形成典型的绿色片状岩石—绿片岩相。

钠长石在低沸石相变质条件下并不稳定,而方沸石与石英的集合体则相对稳定。然而,在高沸石相、葡萄石-绿纤石相、绿片岩相直至绿帘石角闪岩相的变质阶段,钠长石则表现出稳定性,并广泛存在于常见的变基性岩中。方沸石与钠长石之间的相互转换关系可以通过以下化学反应式表示:

$$方沸石 + 石英 \longrightarrow 钠长石 + H_2O$$

值得注意的是,该反应在低压条件下可以在约 200℃ 时发生,但在高压环境中,即使流体相主要由水组成,反应所需的温度可能会更低。

鉴于玄武岩是一种几乎不含水分的岩石,若要将其转变为富含含水矿物的沸石相、葡萄石-绿纤石相或绿片岩相岩石,必须从外部引入大量的水。而在水分无法充分渗透的情况下,上述含水矿物的形成过程很可能不会发生。此外,如果岩石中除了水之外还含有大量的二氧化碳,含钙(CaO)的矿物,例如浊沸石、葡萄石、绿纤石以及阳起石,在特定条件下可能分解形成方解石。因此,在二氧化碳分压较高时,准确判断岩石所属的变质相就更具挑战性。当绿片岩相中的阳起石分解并消失后,岩石主要由绿帘石、绿泥石、钠长石以及可能存在的方解石组成。若二氧化碳分压进一步增加,绿帘石也将逐渐消失。

在高压变质作用过程中,在位于葡萄石绿纤石相与绿片岩相之间的温度,可形成蓝闪石片岩相,蓝闪石、硬柱石、硬玉以及霰石得以生成。

当温度进一步升高超出绿片岩相的范围时,岩石会进入绿帘角闪岩相阶段。此时,阳起石与共存的绿泥石和部分绿帘石发生反应,生成角闪石。对于这种变质条件,学界存在两种理论解释:一种观点认为阳起石与角闪石之间存在着连续的固溶体系列;另一种看法则指出两者间存在明确的不混溶区域。总的来说,绿帘角闪岩相的变基性岩主要由钠长石、绿帘石以及角闪石构成。

在上述变质过程中,唯有钠长石(An 组分通常低于 5%)在斜长石中保持稳定。但随着温度的升高,钠长石会与具有类似 An 组分的绿帘石发生反应,生成含更高 An 组分的斜长石,这标志着岩石已步入角闪岩相阶段。

实际上,在不同条件下,角闪岩相变基性岩中斜长石的具体组成主要取决于岩石的原始化学成分。在低温环境下,若岩石能够生成大量具有绿帘石矿物,则可能形成 An 组分较高的斜长石。尽管绿帘石的化学组成与斜长石的 An 组分相近,但其 $CaO/(Al_2O_3+Fe_2O_3)$ 比值更高,且为含水矿物。因此,在钠长石与绿帘石反应生成富含 An 组分斜长石的过程中,岩石的 $CaO/(Al_2O_3+Fe_2O_3)$ 比值以及 H_2O 分压都会产生影响。此外,考虑到大部分硅酸盐矿物中的铁主要以二价形式存在,而绿帘石中铁以三价形式存在,所以在这一反应中,岩石的氧化还原状态也是一个关键因素。

在多个地区观察到的现象表明,从钠长石向 An 组分较高的斜长石转变的过程中,矿物组成的演变呈现出非连续性特征,5%～17% An 组分区间内的斜长石并不稳定,钠长石(其 An 组分不足 5%)倾向于直接转化为 An 组分超过 17% 的斜长石。

在角闪岩相,特别是在高角闪岩相,角闪石通常呈现绿色或褐色色调。当岩石进入麻粒岩相时,角闪石会与石英发生反应,导致其分解为斜方辉石和单斜辉石。值得注意的是,若石英不存在时,这一过程在更高的温度条件下才可能发生。

第**8**章　元素的地球化学行为

　　矿物是地球（尤其是地壳）内自然形成的、具有特定化学组成的固态物质，它们在地质作用力驱动下，由不同元素按照特定的化学键结构有序排列而生成。例如，石英（SiO_2）是由硅（Si）与氧（O）原子通过化学键紧密结合而成的典型矿物，而方解石（$CaCO_3$）则是由钙（Ca）、碳（C）和氧（O）三种元素按特定比例结合的产物。地球内部及表面各圈层之间进行着广泛的地质过程，在这些过程中，元素不断在不同矿物间以及岩石体中迁移和转化，从而参与全球范围内的地球物质循环。例如，在水-岩相互作用这一环节，某些元素可能由于风化、溶解或再沉淀作用从一种矿物转移到另一种矿物中；而在火山活动时，岩浆喷发会将深部地壳乃至地幔中的元素释放到地表的水体或大气环境中。板块构造运动对于地球物质循环也起着关键作用：在板块俯冲带，沉入地幔的板块携带着大量地壳物质进入地球深层；相反，在大洋中脊系统，大规模的玄武岩喷发以及洋岛和陆内火山活动，则代表了地球深层物质上升至地表的重要途径。由此，元素、矿物和岩石之间的动态耦合关系构建了一个复杂且紧密相连的整体系统，这个系统不仅反映了地球内部结构的变化，同时也记录了地表环境漫长的演化历史。

　　根据元素在矿物和岩石中的相对丰度差异，可将其科学地划分为主量元素（major elements）与微量元素（trace elements）两个类别。主量元素是指那些在地壳或岩石中占据显著比例的成分，它们是构建矿物结构的基础，并对岩石的整体物理特性和化学特性发挥着决定性作用，在很多情况下构成了矿物的主要组成单元。微量元素则是指除构成矿物基本骨架之外、在地壳或岩石中含量极低的元素，这些元素不是矿物化学计量学意义上的主要组成部分，并不直接导致整个地质体系化学性质或物理性质的根本变化。尽管如此，微量元素在地球化学过程分析、岩石成因鉴别以及环境演变记录等方面扮演着不可或缺的角色，因为即便微量，它们也能提供关于岩石形成历史、来源特点以及地质时间尺度上环境变迁的重要信息。

　　本章节首先将深入探讨元素在地球各圈层中的分布特征，揭示其在地壳、地幔乃至核心等不同层次的丰度和存在形式。随后，将细致剖析微量元素如何在不同的矿物相中迁移与分配，阐明这些痕量成分在地质作用过程中所扮演的关键角色。更进一步地从元素同位素分馏的角度入手，探究在上述地质过程进行时，同位素体系发生的微妙变化及其意义。通过综合研究主量元素、微量元素以及它们的同位素组成，能够系统性地揭示地球内部的化学构成，解读复杂的化学反应过程，并逐步拼凑出地球自形成以来漫长的

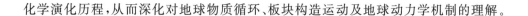

化学演化历程,从而深化对地球物质循环、板块构造运动及地球动力学机制的理解。

8.1　元素的分布

　　第一章已表明地球具有明显的圈层结构特征。固体地球内部被划分为三个主要层次,即地壳、地幔和地核;在地表还覆盖着水圈与大气圈。根据地球物理观测,地核由液态的外核和固态的内核两部分组成。如表 8-1 所示,随着深度递增,各圈层的密度呈现逐步增加的趋势,这揭示了地球作为一个行星所特有的稳定密度分层现象,与其他类地行星单一的内部结构形成对比。元素在地球圈层是如何分布的? 由表 8-1 中可以看到,水圈和大气圈的质量不到地球总质量的 0.1%,因此地球上的元素分布取决于固体地球的化学组成,各类元素在各个圈层中的分配和迁移规律,实质上是由它们在不同物理和化学条件下表现出的亲和力差异所决定的。这意味着,无论是地壳中的矿物组成,还是深部地幔乃至地核的元素丰度,均受制于元素自身性质及其在地球内部环境下的行为特性。

　　在固体地球的三层结构中,由于采样技术的限制,地壳成为了唯一可以直接进行实地研究的圈层。尽管地壳虽然仅占地球总质量不足 0.5%,却因其复杂多样的地质构造与丰富多变的矿物组合而成为地球上最引人入胜的研究领域。然而,即便如此,直接探察地壳全貌仍面临极大挑战:在平均厚度约 35 千米的大陆地壳之下,人类迄今为止最深的钻探记录不过 12 千米;而在平均厚约 7 千米的大洋地壳上,最深的钻探记录也仅仅到了 1.5 千米。因此,欲全面揭示固体地球内部元素分布的真实状况,科学家们不得不依赖于间接测量技术并对那些因地质活动而带到地表的深层物质稀有样品进行分析。接下来的章节将按照从地壳至地核的顺序,逐步展现地球上元素在各圈层中的分布规律及特征。

表 8-1　地球不同圈层的体积和质量

圈层	厚度/(km)	体积/(10^{12} km³)	平均密度/(kg·m⁻³)	质量/(10^{24} kg)	比例
大气圈				0.000005	0.00009
水圈	3.8	0.00137	1026	0.00141	0.024
地壳	17	0.0087	2750	0.024	0.4
地幔	2883	0.899	4476	1.018	67.3
地核	3471	0.177	10915	1.932	32.3
地球	6371	1.083	5515	5.974	100

8.1.1　地壳的元素组成

　　地壳作为地球最外层的固体壳层,其主要成分以氧(O)和硅(Si)为主,两者合计占比超过 70%,紧随其后的元素按含量依次为铝(Al)、铁(Fe)、钙(Ca)、钠(Na)、钾(K)以及镁(Mg)。尽管地壳在地球总体质量中仅占极小的比例(大约 0.5%,参见表 8-1),然而它却构成了地球上最为丰富多彩且研究价值最高的部分。地壳是人类日常生活接触最为直接、实验探索最为便利的地质领域。地壳形成过程贯穿于漫长的地质历史时期,主要是通过地幔物质的部分熔融及上升作用而形成的火成过程。地壳被划分为两种基本类型:大洋地壳(海洋地壳)和大陆地壳(陆地地壳)。洋壳主要源自洋中脊处的岩浆活动,其岩石类型以玄武岩为主,具有厚度较薄、化学成分相对均一、年龄相对较新且存在一定的更新周期等特点;相比之下,陆壳则明显要厚得多,普遍更为古老且持久稳定,其平均成分更倾向于安山岩类岩石。相较于洋壳,陆壳的成分变化范围更加广泛,并经历了更为复杂多样的演化历程。虽然对大洋地壳的形成机制已有相当深入的理解,但对于构建现今大陆地壳的具体过程与动力学原理的研究仍有待进一步完善和发展。

(1)大洋地壳

地震学研究揭示大洋地壳具有明显的分层构造特性。典型的海洋地壳结构包括表层沉积物层,下覆的枕状玄武岩熔岩和岩席,以及更深层的辉长岩部分,这意味着大洋地壳主体主要由富含玄武岩质矿物成分构成,平均厚度在 6~7 千米。位于大洋中脊顶部的新生成玄武岩(MORB)构成了大洋地壳的最上部,通过在大洋中脊区域实施拖网取样、钻探获取岩芯以及潜水取样等方式,科学家能够相对容易地取得这些岩石样本。表 8-2 详细列举了大洋地壳中主量元素及微量元素的具体组成情况。总体而言,洋壳以镁铁质硅酸盐矿物为主。

表 8-2　洋壳的元素组成

元素	MORB 平均值	洋壳下部平均值	洋壳整体
SiO_2	50.06%	50.6%	50.1%
TiO_2	1.52%	0.78%	1.1%
Al_2O_3	15.0%	16.7%	15.7%
FeO	10.36%	7.50%	8.3%
MnO	0.19%	0.14%	0.11%
MgO	7.71%	9.4%	10.3%
CaO	11.46%	12.5%	11.8%
Na_2O	2.52%	2.35%	2.2%
K_2O	0.19%	0.06%	0.11%
P_2O_5	0.16%	0.02%	0.1%
Li	6.63ppm		3.52ppm
Be	0.64ppm		0.31ppm
B	1.80ppm		0.80ppm
K	1237ppm		651ppm

续表

元素	MORB平均值	洋壳下部平均值	洋壳整体
Sc	37ppm	37ppm	36.2ppm
V	299ppm	209ppm	177ppm
Cr	331ppm	308ppm	317ppm
Co	44ppm	50ppm	31.7ppm
Ni	100ppm	138ppm	134ppm
Cu	80.8ppm	71ppm	43.7ppm
Zn	86.8ppm	38ppm	48.5ppm
Rb	4.05ppm		1.74ppm
Sr	138ppm	115ppm	103ppm
Y	32.4ppm	13.9ppm	18.1ppm
Zr	103ppm	28.4ppm	44.5ppm
Nb	6.44ppm	0.93ppm	2.77ppm
Cs	0.05ppm		0.02ppm
Ba	43.4ppm		19.4ppm
La	4.87ppm	0.86ppm	2.13ppm
Ce	13.1ppm	2.75ppm	5.81ppm
Pr	2.08ppm	0.52ppm	0.94ppm
Nd	10.4ppm	2.78ppm	4.9ppm
Sm	3.37ppm	1.10ppm	1.70ppm
Eu	1.20ppm	0.58ppm	0.62ppm
Gd	4.42ppm	1.60ppm	2.25ppm
Tb	0.81ppm	0.31ppm	0.43ppm
Dy	5.28ppm	2.09ppm	2.84ppm
Ho	1.14ppm	0.46ppm	0.63ppm
Er	3.30ppm	1.34ppm	1.85ppm
Tm	0.49ppm		0.28ppm
Yb	3.17ppm	1.27ppm	1.85ppm
Lu	0.48ppm	0.19ppm	0.28ppm
Hf	2.62ppm		1.21ppm
Ta	0.417ppm		0.18ppm
Pb	0.657ppm		0.47ppm
Th	0.491ppm		0.21ppm
U	0.157ppm		0.07ppm

注:洋壳下部平均值来自 Coogan(2014);洋壳整体平均值来自 White and Klein(2014)。

（2）大陆地壳

大陆地壳作为地球上人类接触和研究最为频繁的部分,同时也是内部组成变化最为复杂的区域。尽管如此,由于大陆地壳结构的显著非均质性,精确评估其总体化学成分是一项颇具挑战性的任务。大陆地壳的内部构成,通常可以划分为上地壳与中下地壳两个主要层次。值得注意的是,目前仅能直接从地表获取上地壳部分的样本,例如,在俄罗斯科拉半岛进行的最深科学钻探项目止步于大约 12 千米深度。考虑到大陆地壳平均厚度约为 35 千米,这意味只能通过实地采样获得地壳总厚度约三分之一处的岩石信息。尽管构造抬升和火山活动有时会将深层地壳的物质带到地表,为地质学家提供了珍贵的研究机会,但对于大陆地壳中下部的具体组成,地球化学家仍不得不在很大程度上依赖于地震波速分析、地磁测量以及间接的地壳形成理论推断等手段来构建对其成分的认知模型。

首先,针对上地壳成分的估计策略之一,是通过在陆地上广泛收集样本并对其进行综合分析。这一方法包括对大量不同岩石类型的样品进行采集和研磨,以生成代表性的混合粉末,随后直接测定该混合物中各种元素的含量,从而有效减少单个样本的分析次数。采用这种方法得出的平均上地壳成分与花岗闪长岩这一特定岩石类型具有较高的相似性。另一种途径则是利用大自然自身的“混合作用”,如冰川搬运形成的黏土、风化堆积产生的黄土以及各类地质时期沉积而成的沉积岩层。相较于冰川物质,沉积物覆盖了更为广泛的地质年代范围,因此能够反映地壳成分随时间的长期演变情况。近期对于地壳组成的一项重要综合性研究来自 Rudnick 和 Gao 于 2003 年发表的研究成果。他们通过对上地壳成分的深入估算,并将结果与表 8-3 中先前学者们所做出的早期估计进行比较,发现两者大致相符。这表明上地壳的主要成分可类比为“花岗闪长岩”或“英云闪长岩”型矿物组合。

对于中下地壳的研究表明,其主要岩石类型为角闪岩和麻粒岩系列的变质岩。这些岩石在特定地质构造作用下有时会暴露于地表,因此通过对这些下地壳麻粒岩体进行深入研究,可增进对这部分深层地壳性质的认识。然而,在分析过程中必须谨慎对待一个事实:这些麻粒岩体往往经历了不同程度的退变质作用,这可能导致其原始元素组成发生改变,因此它们作为下地壳代表性的普遍性也受到质疑。这一问题部分源于麻粒岩地体相较于直接来自下地壳捕虏体(Xenoliths)所表现出的显著较低镁铁质含量。火成岩捕虏体是由火山活动携带到地表的地壳深部乃至地幔的岩石碎片,其中的麻粒岩捕虏体理论上能更直接地揭示下地壳的真实成分,但遗憾的是这类样本极为稀少且难以获取。

在探讨中下地壳组成的复杂性时,还需结合地球物理证据,例如热流值与地震波速的数据。地壳内部的热流一部分源自 K、U 和 Th 等放射性元素的衰变热量,而这些元素的丰度与岩石类型密切相关;同时,地震波在不同岩石中的传播速度则取决于密度、压缩性和剪切模量等物性参数。通过实验室测量已知样品中放射性元素含量及模拟地震波速,并将结果与实际地球物理观测数据对比,科学家们得出结论:中下地壳相对于上地壳而言具有更高的镁铁质含量。Rudnick 和 Gao(2003)基于前人研究成果更新了对中下地壳组成的估计,并将其纳入表 8-3 中。依据表 8-3 所展示的上地壳与中下地壳各自的组成及其体积占比,可以进一步计算得到整个大陆地壳的整体化学构成。

表 8-3　大陆地壳组成　　　　（主量元素：%，微量元素：ppm）

元素		大陆上地壳组成			大陆中下地壳组成			大陆地壳组成		
		T&M95	Wed95	R&G03	T&M95	Wed95	R&G03	T&M95	Wed95	R&G03
主量元素	SiO_2	66.0	64.9	66.6	63.5	59.0	53.4	57.3	61.5	60.6
	TiO_2	0.50	0.52	0.64	0.69	0.85	0.82	0.9	0.68	0.7
	Al_2O_3	15.2	14.6	15.4	15.0	15.8	16.9	15.9	15.1	15.9
	FeO	4.5	3.97	5.04	6.0	7.47	8.57	9.1	5.67	6.7
	MnO	0.07	0.07	0.1	0.1	0.12	0.1	0.18	0.10	0.10
	MgO	2.2	2.24	2.48	3.59	5.32	7.24	5.3	3.7	4.7
	CaO	4.2	4.12	3.59	5.25	6.92	9.59	7.4	5.5	6.4
	Na_2O	3.9	3.46	3.27	3.39	2.91	2.65	3.1	3.2	3.1
	K_2O	3.4	4.04	2.8	2.3	1.61	0.61	1.1	2.4	1.8
	P_2O_5	0.20	0.15	0.15	0.15	0.2	0.1		0.18	0.1
微量元素	Li	20	21	21	12	13	13	13	18	15
	Be	3.0	3.1	2.1	2.29	1.7	1.4	1.5	2.4	1.9
	B	15	17	17	17	5	2	10	11	11
	C		3240			588			1990	
	N		83	83		34	34		60	56
	F		611	557	524	429	570		525	553
	S		953	621	20	408	345		697	404
	Cl		640	370	182	278	250		472	244
	Sc	11	7	14	19	25.3	31	30	16	21.9
	V	60	53	97	107	149	196	230	98	138
	Cr	35	35	92	76	228	215	185	126	135
	Co	10	11.6	17	22	38	38	29	24	26.6
	Ni	20	18.6	47	33.5	99	88	105	56	59
	Cu	25	14.3	28	26	37.4	26	75	25	27
	Zn	71	52	67	79.5	79	78	80	65	72
	Ga	17	14	17.5	17.5	17	13	18	15	16
	Ge	1.6	1.4	1.4	1.13	1.4	1.3	1.6	1.4	1.3
	As	1.5	2.0	4.8	3.1	1.3	0.2	1	1.7	2.5
	Se	0.05	0.083	0.09	0.064	0.17	0.2	0.05	0.12	0.13
	Br		1.6	1.6		0.28	0.3		1.0	0.88
	Rb	112	110	82	65	41	11	32	78	49
	Sr	350	316	320	282	352	348	260	333	320
	Y	22	20.7	21	20	27.2	16	20	24	19
	Zr	190	237	193	149	165	68	100	203	132
	Nb	25	26	12	10	11.3	5	11	19	8
	Mo	1.5	1.4	1.1	0.6	0.6	0.6	1	1.1	0.8
	Ru		0.00034				0.00075		0.00010	0.00060

续表

元素		大陆上地壳组成			大陆中下地壳组成			大陆地壳组成		
		T&M95	Wed95	R&G03	T&M95	Wed95	R&G03	T&M95	Wed95	R&G03
微量元素	Pd	0.0005		0.00052	0.00076		0.00028	0.0010	0.00040	0.0015
	Ag	0.050	0.055	0.053	0.048	0.080	0.065	0.080	0.070	0.056
	Cd	0.098	0.102	0.090	0.061	0.101	0.100	0.098	0.100	0.080
	In	0.050	0.061	0.056			0.052	0.050	0.050	0.050	0.0582
	Sn	5.5	2.5	2.1	1.3	2.1	1.7	2.5	2.3	1.7
	Sb	0.2	0.31	0.4	0.28	0.3	0.1	0.2	0.3	0.2
	I			1.4		0.14	0.1		0.8	0.7
	Cs	3.7	5.8	4.1	2.2	0.8	0.3	1	3.4	2
	Ba	550	668	624	532	568	259	250	584	456
	La	30	32.3	31	24	26.8	8	16	30	20
	Ce	64	65.7	63	53	53.1	20	33	60	43
	Pr	7.1	6.3	7.1	5.8	7.4	2.4	3.9	6.7	4.9
	Nd	26	25.9	27	25	28.1	11	16	27	20
	Sm	4.5	4.7	4.7	4.6	6	2.8	3.5	5.3	3.9
	Eu	0.88	0.95	1	1.4	1.6	1.1	1.1	1.3	1.1
	Gd	3.8	2.8	4	4	5.4	3.1	3.3	4	3.7
	Tb	0.64	0.5	0.7	0.7	0.81	0.5	0.6	0.65	0.6
	Dy	3.5	2.9	3.9	3.8	4.7	3.1	3.7	3.8	3.6
	Ho	0.8	0.62	0.83	0.82	0.99	0.7	0.78	0.8	0.77
	Er	2.3		2.3	2.3		1.9	2.2	2.1	2.1
	Tm	0.33		0.3	0.32	0.81	0.24	0.32	0.3	0.28
	Yb	2.2	1.5	2	2.2	2.5	1.5	2.2	2	1.9
	Lu	0.32	0.27	0.31	0.4	0.43	0.25	0.3	0.35	0.3
	Hf	5.8	5.8	5.3	4.4	4	1.9	3	4.9	3.7
	Ta	2.2	1.5	0.9	0.6	0.84	0.6	1	1.1	0.7
	W	2	1.4	2	0.6	0.6	0.6	1	1	1
	Re	0.0004		0.0002			0.00018	0.0004	0.0004	0.000188
	Os	0.00005		0.000031			0.00005	0.00005	0.00005	0.000041
	Ir	0.00002		0.000022				0.00010	0.00005	0.000037
	Pt			0.0005	0.0085		0.0027		0.0004	0.0015
	Au	0.0018		0.0015	0.00066		0.0016	0.0030	0.0025	0.0013
	Hg		0.056	0.050	0.0079	0.021	0.014		0.040	30
	Tl	0.75	0.75	0.9	0.27	0.26	0.32	0.36	520	0.5
	Pb	20	17	17	15.2	12.5	4	8	14.8	11
	Bi	127	123	0.16	0.17	0.037	0.2	0.06	85	0.18
	Th	10.7	10.3	10	6.5	6.6	1.2	3.5	8.5	5.6
	U	2.8	2.5	2.6	1.3	0.93	0.2	0.91	1.7	1.3

注：T&M95 数据来自 Taylor and McLenna(1995)，Wed95 数据来自 Wedpohl(1995)，R&G03 数据来自 Rudnick and Gao(2003)。

　　稀土元素配分模式图是一种展示矿物岩石中稀土元素含量的图形。在该图中,以某类参考岩石的稀土元素总量作为基准,将研究对象岩石中各稀土元素相对于此基准的比例值作为纵坐标数据(通常采用对数尺度表示),而横坐标则对应各个稀土元素。例如,图 8-1 对比了大陆地壳与大洋地壳中的稀土元素配分模式。

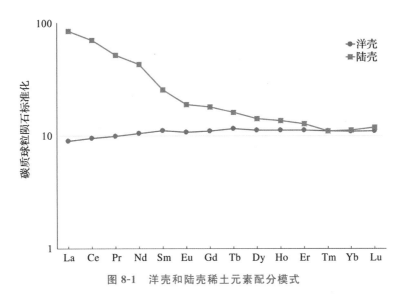

图 8-1　洋壳和陆壳稀土元素配分模式

　　从图 8-1 中可以看出,无论是大陆地壳还是大洋地壳,其稀土元素总量相较于球粒陨石均表现出富集特征;然而,这两种地壳类型间存在显著差异:大陆地壳呈现出轻稀土元素(LREE)的明显富集,而大洋地壳重稀土元素(HREE)更为丰富。这种陆壳中轻稀土元素的突出富集现象揭示出其同样起源于地幔的部分熔融过程,类似于大洋地壳的成因机制。大洋地壳主要是通过软流圈地幔较大程度的熔融作用形成,这一过程中,由于早期熔体中不相容元素被优先提取,导致地幔剩余部分对这些元素的含量较低。相比之下,大陆地壳的演化历程更加复杂多变。尽管如此,轻稀土元素的强烈富集趋势提示,相对较小程度的熔融活动在其地质历史演进过程中起到了关键作用。至于为何会出现这样的元素分布差异,将在下一章节关于元素分配的讨论(第 8.2 节)中进行更为详尽的剖析和解释。

8.1.2　地幔的元素组成

　　地幔作为地球内部的主体部分,其质量占据了整个地球总质量的大约 67%,并且囊括了地球总体积的大约 88%。地幔的重要性体现在多个方面。首要一点在于它是地壳形成的关键来源,地壳正是通过地幔的部分熔融过程逐步演化而来的,这一地质作用自地球诞生初期直至现今始终持续进行。地表及人类活动密切相关的多数大地构造现象,诸如板块运动、地震活动和火山喷发等,均与地幔内部的对流动力学息息相关。地壳物质的生成即源自地幔中的岩浆上涌并冷却凝固的过程,因为地壳在体积上仅占地球的一小部分,对于主量元素而言,其形成过程中对地幔整体成分的影响相对有限。科学界普遍认为,在地球历史早期阶段,地核与地幔就已经完成了分离,随后地壳开始逐步沉积与演变。在此背景下,提出了"原始地幔"(Primitive Mantle,PM)的概念,它指的是在地壳形成之前、地核分异之后的地幔组成状态,该状态下地幔的化学成分,也与地球硅酸盐部分的整体组成——也就是所谓的"全硅酸盐地球"(Bulk Silicate Earth,BSE)相一致。

目前,科学家们采用三种主要方法和相应的限制条件来揭示地幔的组成:①地球物理途径:通过精密的地球物理探测手段,如测量地球惯性矩以及地震波在地幔内部的传播速度,可以推断出地幔的密度分布、可压缩性和流变特性。这些参数反过来为推测地幔可能的矿物学和化学成分提供了重要的约束条件。②宇宙化学途径:基于地球起源于太阳星云并继承了其中元素组成的理论,地球包括地幔在内的整体化学成分应当与构成早期太阳系小行星和球粒陨石的元素丰度存在内在联系。通过对比分析陨石样品的成分数据,可以间接推测地幔的基础元素组成。③地球化学途径:直接获取地幔物质样本是研究其成分最直接的方式之一。例如,通过地质构造作用暴露出来的上地幔岩石——橄榄岩(以及辉石岩)和来自深源火山活动携带的地壳捕房体,提供了窥探地幔真实成分的机会。此外,地球上广泛喷发的玄武岩熔岩,它们源自地幔的部分熔融,因此对玄武岩的研究也可作为了解地幔化学性质的重要间接证据。然而,必须强调的是,现今所获得的地幔样本,无论是通过火山作用还是构造运动,大多仅限于地幔较浅部分,即使是源自地幔最深处的金伯利岩也只到达地幔上部几百千米处,而相对于整个地幔层厚度近3000千米而言还是很浅。

当地幔的地球物理特性与矿物物理学和岩石学实验室实验相结合时,可以得出一系列关键见解。首先,根据宇宙化学、地球物理以及矿物物理多方面的证据,一种名为地幔岩(Pyrolite)的假想岩石类型被广泛认为最能代表地球地幔的物质构成。地幔岩作为一种模型成分,相当于一份玄武岩与三份纯橄榄岩的混合体。其矿物组成大致由45%～75%的橄榄石、25%～50%的辉石以及大约5%的石榴子石构成,这种组合特征近似于二辉橄榄岩这一特定类型的橄榄岩。其次,当前的研究表明,几乎所有的地震不连续性现象都能通过矿物在不同深度下的相变过程得到合理解释。尽管地幔可以被划分为上地幔、过渡带以及下地幔三个部分,但目前并没有确凿的地球物理数据直接证明地幔内部存在显著的成分分层结构。因此,在缺乏直接证据的情况下,可以暂且假设上地幔的化学成分能够反映整个地幔的基本成分,并且该成分应与原始地幔以及硅酸盐地球的主量元素组成保持一致。

表8-4对比了硅酸盐地球的主量元素组成与碳质球粒陨石成分的多种估算结果。显而易见的是,相较于所有这些估计的地幔化学成分,球粒陨石中富含的亲铁元素(例如铁和镍)含量明显高出许多。然而,在地核形成过程中消耗掉大量亲铁元素之后,球粒陨石的成分与上地幔的成分更为接近。地球的形成过程可理解为一系列由微尘颗粒逐步聚合增大的碰撞事件,而在这一进程的后期阶段,涉及大型天体间的剧烈撞击。这些高能碰撞释放出足以使正在增长中的行星发生大规模熔融的能量。每次撞击之间形成的原始玄武岩地壳会于表面结晶固化。不幸的是,该原始地壳在反复的撞击侵蚀作用下遭受严重破坏,部分甚至大部分可能被剥离抛射到太空中,这意味着地球在其早期演化阶段

很可能丧失了一定比例、主要由玄武岩物质构成的原始地壳层。对于大多数如 Si、Al 和
Ca 等主量元素而言，无论是对地幔还是整个硅酸盐地球的总体成分，并未观察到显著的
变化影响。然而，K 元素受到了相对明显的扰动；相比之下，不相容微量元素受到的影响
则更加显著。在考虑到原始地壳损失的前提下，学者们基于现有数据推测出了原始地幔
的微量元素组成（参见表 8-5）。总结来说，地幔的主要组成部分包括 O、Mg、Si、Fe、Ca 和
Al，这六大元素大约占据了原始地幔总质量的 98%。

表 8-4　硅酸盐地球主量元素组成　　　　　　　　　　　（单位：wt%）

主量元素	碳质球粒陨石	碳质球粒陨石型地幔	Hart and Zindler	McDonough and Sun	Palme and O'Neill	Lyubetskaya and Korenaga	O'Neill and Palme
SiO_2	22.89	49.77	45.96	45.0	45.4	44.95	45.40
Al_2O_3	1.60	3.48	4.06	4.45	4.49	3.52	4.29
FeO	23.71	6.91	7.54	8.05	8.1	7.97	8.10
MgO	15.94	34.65	37.78	37.8	36.77	39.95	36.77
CaO	1.30	2.83	3.21	3.55	3.65	2.79	3.52
Na_2O	0.671	0.293	0.332	0.36	0.33	0.30	0.281
K_2O	0.067	0.028	0.032	0.029	0.031	0.023	0.019
Cr_2O_3	0.387	0.409	0.468	0.384	0.368	0.385	0.368
MnO	0.250	0.112	0.130	0.135	0.136	0.131	0.136
TiO_2	0.076	0.166	0.181	0.2	0.21	0.158	0.183
NiO	1.371	0.241	0.277	0.25	0.24	0.252	0.237
CoO	0.064	0.012	0.013	0.013	0.013	0.013	0.013
P_2O_5	0.212	0.014	0.019	0.021	0.2	0.15	0.015
合计	68.538	98.915	100.02	100.242	99.938	100.592	99.332

注：碳质球粒陨石模型为去除亲气和亲铁元素的结果，数据分别来自 Hart and Zindler(1986)，Mcdonough
and Sun(1995)，Palme and O'Neill(2007)，Lyubetskaya and Korenaga(2007)，O'Neill and Palme(2008)。

表 8-5　硅酸盐地球微量元素组成　　　　　　　　　　　　　　　　（单位：ppm）

微量元素	McDonough and Sun	Lyubetskaya and Korenaga	考虑原始地壳损失
Li	1.60	1.60	1.52
Be	0.07	0.05	0.06
B	0.3	0.17	0.23
C	120.00		100.00
F	25.00	18.00	22.88
S	250	230	200
Cl	17	1.4	8.4
Sc	16	13	16
V	82	74	86
Cr	2625	2645	2520
Co	105	105	102
Ni	1960	1985	1860
Cu	30	25	20
Zn	55	58	54
Ga	4.0	4.2	4.4
Ge	1.1	1.2	1.2
As	0.050	0.050	0.057
Se	0.075	0.075	0.079
Br	0.05	0.004	0.022
Rb	0.60	0.46	0.47
Sr	19.9	15.8	17.48
Y	4.30	3.37	4.12
Zr	10.50	8.42	9.64
Nb	0.66	0.46	0.45
Mo	0.05	0.03	0.034
Ru	0.005	0.005	0.005
Pd	0.0039	0.0036	0.0033
Ag	0.008	0.004	0.004
Cd	0.040	0.050	0.064
In	0.011	0.010	0.012
Sn	0.13	0.103	0.125
Sb	0.0055	0.007	0.0089

续表

微量元素	McDonough and Sun	Lyubetskaya and Korenaga	考虑原始地壳损失
I	0.01	0.01	0.001
Cs	0.021	0.016	0.015
Ba	6.6	5.08	5.03
La	0.648	0.508	0.555
Ce	1.68	1.34	1.53
Pr	0.254	0.203	0.235
Nd	1.25	0.99	1.16
Sm	0.406	0.324	0.389
Eu	0.154	0.123	0.147
Gd	0.544	0.432	0.523
Tb	0.099	0.08	0.097
Dy	0.674	0.54	0.666
Ho	0.149	0.121	0.149
Er	0.438	0.346	0.44
Tm	0.068	0.054	0.068
Yb	0.441	0.346	0.44
Lu	0.068	0.054	0.068
Hf	0.283	0.227	0.269
Ta	0.037	0.03	0.031
W	0.029	0.012	0.012
Re	0.3	0.3	0.3
Os	0.0034	0.0034	0.0034
Ir	0.0032	0.0032	0.0032
Pt	0.0071	0.0066	0.0066
Au	0.0010	0.0009	0.0009
Hg	0.0100	0.0060	0.0060
Tl	0.0035	0.0002	0.0024
Pb	0.150	0.144	0.12
Bi	0.0025	0.004	0.0044
Th	0.080	0.063	0.063
U	0.0200	0.0173	0.0164

8.1.3　地核的元素组成

由于地核至今未被直接观测或采样,对其组成的研究主要依赖于多方面的间接推测和限制条件。

(1)地球物理证据表明,地球的磁场以及外核对地震波横波(S波)的不透明性揭示了外核为液态,内核则为高密度固态。基于这一事实,科学家认为地核主要由 Fe 和 Ni 构成,但其实际密度低于纯 Fe-Ni 合金,暗示存在其他较轻元素的可能性。考虑到硅酸盐地球中相对稀缺且有可能与 Fe 形成合金的元素,潜在的轻元素候选包括 H、C、O、Si 和 S。

(2)天体化学的约束也提供了线索。铁陨石被认为是小行星核心碎块的代表,从这个角度出发,它们可以作为理解地球核心成分的一个有力参照物。鉴于地球被认为是在富含球粒陨石物质的星云中形成的,因此其成分在一定程度上应与球粒陨石相关联。地幔中的许多元素相对于球粒陨石而言呈现耗尽状态,其中不少是亲铁元素,这提示这些元素可能集中存在于地核之中。通过此类推理,并结合周期表上的元素丰度,得出了表8-6 中所示的地核成分估计值。

表 8-6　地核成分估计

元素	成分	元素	成分
Fe	85.5%	Rh	0.74ppm
Ni	5.2%	Pd	3.1ppm
Si	6%	Ag	0.15ppm
S	1.9%	Cd	0.15ppm
Cr	0.9%	Sn	0.5ppm
Co	2500ppm	Sb	0.13ppm
C	2000ppm	Te	0.85ppm
P	2000ppm	I	0.13ppm
H	600ppm	Cs	0.065ppm
Mn	300ppm	W	0.47ppm
Cl	200ppm	Re	0.23ppm
V	150ppm	Os	2.8ppm
Cu	125ppm	Ir	2.6ppm
N	75ppm	Pt	5.7ppm
Ge	20ppm	Au	0.5ppm
As	5ppm	Hg	0.05ppm
Se	8ppm	Tl	0.03ppm
Br	0.7ppm	Pb	0.4ppm
Mo	5ppm	Bi	0.03ppm
Ru	4ppm		

综上所述,尽管对于地核的确切组成了解有限,但是通过地球物理、宇宙化学及实验研究手段,能够对地核的结构与成因进行多种合理推断。值得注意的是,关于地核的认知并非一蹴而就,除了 19 世纪末和 20 世纪初的基本地球物理发现之外,许多深入的理解都是在过去几十年间逐步积累形成的。未来科研的进步无疑将进一步丰富和完善对地核的认识。

8.2　元素的分配

在 Goldschmidt 地球化学分类体系中,元素的地球化学特性差异被明确地划分为不同的地球化学亲和类别。正如前一节所述,在主量元素组成相对稳定的情况下,微量元素能够表现出显著的亏损或富集现象,这一点可以从图 8-1 所示的大洋地壳与大陆地壳微量元素分布变化中得到体现。

本章节将进一步探讨微量元素在矿物和岩石中的分配规律。尽管相较于主量元素,微量元素在地质体中的含量较低,但其在矿物和熔体/流体体系中的行为可以类比于亨利定律(Henry's Law)的基本原理——在恒定温度和压力下,一种挥发性溶质(通常指气体)在溶液中的溶解度与其在气相平衡时的压力成正比。当应用到矿物学领域时,这意味着微量元素在矿物或熔体/流体中的活度与其实际含量之间存在比例关系。然而,值得注意的是,在一个地质系统中被视为微量元素的成分,在另一个系统中可能扮演着主量元素的角色。例如,在流纹岩这一特定地质环境中,锆(Zr)这种在一般情况下作为微量元素存在的元素,因其在该环境下的特殊作用,可能会以足够高的浓度单独结晶形成锆石矿物,从而在此环境中表现为主量元素特征。

在不同的矿物和岩石类型中,微量元素展现出选择性地富集于特定矿物或相的特性。深入探究这些元素的分配规律(即微量元素的地球化学行为),对揭示地球演化历程具有至关重要的意义。尽管微量元素在总量上占比极低,但其在地质学和地球化学研究中的价值却远超其丰度比例。①微量元素浓度的变化往往比主量元素更为显著,通常表现出几个数量级的差异。这一特性使得它们在地质记录中成为敏感的指标元素。②虽然在一个体系中,少数主要成分占据了 99% 以上的质量,例如在多数地球化学系统中,大约有 10 种或更少的主要组分占据主导地位;然而,剩余 80 多种微量元素尽管含量微小,却因其独特的化学性质各自扮演着不可替代的角色。每一种微量元素在其浓度变化中蕴含了特定且丰富的地球化学信息,这是主量元素浓度所无法提供的额外知识。③此外,微量元素对于那些不直接影响主量元素过程的地质作用极其敏感,这为科学家们深入了解地质过程提供了宝贵的线索。因此,在研究地球内部及表面的各种地质现象时,微量元素的作用不可或缺。

8.2.1　矿物中元素的分配

在共存的矿物或者物相是,微量元素并不是均匀地进入共存的矿物或者物相中,而是遵循一定的规律。首先明确几个概念:

（1）分配系数（partition coefficient）通常表示为 D 值。

即组分 i 在两相（α 和 β）之间的浓度比值

$$D_i^{\alpha-\beta} = \frac{C_i^{\alpha}}{C_i^{\beta}}$$

其中 C 是浓度，i 是指元素，α 和 β 是两相（两种物质）。如果一个相是液体，则按照惯例，固体相浓度作为分子，液体相浓度作为分母：

$$D_i^{s/l} = \frac{C_i^{s}}{C_i^{l}}$$

其中 s 代表固相，l 代表液相。

（2）相容和不相容

不相容元素是指 $D^{s/l} \ll 1$ 的元素，而相容元素是指 $D^{s/l} > 1$ 的元素。分配系数在不同物质相之间的变化可能展现出显著差异，对于某一体系，某元素的分配系数可能会小于1，而在与其他矿物或者物相组成的不同体系中则可能大于1。因此，"相容"和"不相容"这些术语只有在明确了具体的相体系背景下才有其确切的意义。例如，在讨论硅酸盐熔体与镁铁质或超镁铁质（如玄武岩或橄榄岩等）岩石共同存在的相间分配行为时，这些概念尤为重要。正是这类相间的相互作用决定了亲石微量元素是否倾向于在地壳中高度富集，故此，这些术语对于理解地球化学过程及地壳形成机制具有关键意义。

影响微量元素在矿物和熔体间分配系数的主要因素包括：温度和压力；离子大小和电荷；组分；氧逸度等。其中离子大小和电荷起着重要的作用。对火成岩过程中微量元素的兴趣主要集中在周期表左下部分的元素（碱金属 K、Rb、Cs；碱土金属 Sr 和 Ba；稀土金属 Y、Zr、Nb、Hf 和 Ta）。人们之所以如此关注，部分原因在于分析这些元素相对容易。这些元素都是亲石元素（第一章 1.2.1），因此在地壳和地幔中含量相对较高。还有另一个原因：它们的化学行为相对简单。这些元素形成的键主要是离子键。因此，在合理的近似下，这些元素的原子表现为硬球（hard spheres），其中心含有固定点电荷。因此，控制其化学行为的两个主要因素是离子半径和离子电荷。对于大多数常见矿物而言，上述提及的亲石元素分配系数通常小于1，术语"不相元素"通常专门指这些元素。火成岩地球化学家最关注的其他微量元素是第一过渡系列元素。尽管它们的电子结构和成键行为要复杂得多，但电荷和离子半径在这些元素的行为中也很重要。其中许多元素，尤其是 Ni、Co 和 Cr，在许多镁铁硅酸盐中的分配系数大于1矿物。因此，术语"相容元素"通常指这些元素。离子电荷和大小的影响如图 8-2 所示，图中显示了离子半径与电荷影响单斜辉石/熔体分配系数的分布，其中的元素被替换到通常由 Mg、Fe 和 Mg 占据的 M1 和 M2 位置，电荷和离子半径与阳离子位置中主量元素的电荷和离子半径最匹配的元素的分配系数接近1，而电荷或半径显著不同的元素的分配系数较低。因此，尽管 Ba 的电荷是相同的（2+），但它有一个较大的离子半径因此分配系数很小。另一方面，Zr 的离子半径与 Mg 的离子半径相同，但由于其电荷（4+）太大，因此该场地不接受 Zr。用 Zr^{4+} 替换 Mg^{2+} 需要留下一个阳离子位置空缺，或用一个或多个耦合替换（例如，用 Al^{3+} 替换 Si^{4+}）以维持电荷平衡。这两种情况在很大程度上都是不利的。此外，明显小于原有元素的离子由于替代后可能引起晶格应变，也会导致较低的分配系数。

人们很早就发现离子半径和电荷的重要性。Goldschmidt 提出了元素置换的规则：

①如果两个离子具有相同的半径和相同的电荷，它们进入给定的晶格位置的难易度一样。

②如果两个离子具有相似的半径和相同的电荷，较小的离子将更容易进入给定的位置。

③如果两个离子具有相似的半径，则电荷越高的离子越容易进入给定位置。

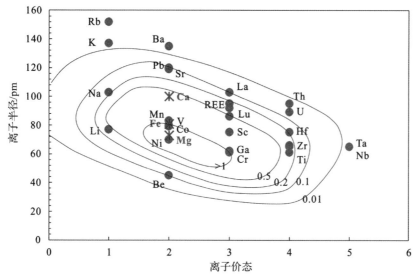

图 8-2　离子半径（皮米）与离子价态对单斜辉石/熔体分配系数的影响

如上所述，分配系数取决于温度、压力和相关相的组成。然而，在特定情况下，采用一组通用的分配系数作为参考是使用价值的，例如在无法准确获取温度数据、熔体成分信息不详或对精确度需求不高的情况下。表 8-7 列举了一组适用于镁铁质和超镁铁质岩浆体系中的矿物与熔体间的分配系数。值得注意的是，在某些条件下，分配系数所对应的不确定性可能显著增大，特别是在分配系数数值极小的情形下尤为突出。此时，该不确定性的范围可能扩展至一个甚至多个数量级（尽管在大多数地质建模应用中，当分配系数值低于约 0.01 时，其具体数值上的微小变化实际上对最终结果的影响十分有限）。与此相反，对于接近 1 的分配系数值，其不确定性则相对较小。

单斜辉石，由于其相对大的 M2 八面体位置及其在四面体位置接受铝以实现电荷平衡的能力，在镁铁质和超镁铁质岩石中，许多不相容元素的单斜辉石分配系数大于中出现的其他相。因此，在这些岩石和相关岩浆的熔融和结晶过程中，单斜辉石对微量元素分配起着强烈的控制作用。因此，人们对单斜辉石——熔体分配系数给予了相当大的关注，并多次尝试量化这些分配系数的温度、压力和成分相关性。图 8-3 显示了该数据集中的稀土分配系数。一般来说，单斜辉石、石榴子石、斜长石以及角闪石（角闪石通常不存在于玄武岩中，因为它在低压或 1100℃ 以上不稳定）将控制玄武岩岩浆熔融和结晶过程中不相容元素的分配模式，因为它们具有最高的分配系数。橄榄石虽然是上地幔中最丰富的矿物，但由于其分配系数很低，几乎不会产生不相容元素的分馏。尖晶石通常含量不高，对相对微量元素丰度也几乎没有影响。另一方面，橄榄石在很大程度上控制相容过渡金属的分配（表 8-7）。斜长石中，Eu 元素相对其他稀土元素分配系数有明显的变化。

表 8-7 玄武岩体系矿物-熔体分配系数

元素	橄榄石	斜方辉石	单斜辉石	斜长石	尖晶石	石榴子石	角闪石
Li	0.35	0.11	0.25	0.3	0.13	0.04	0.1
Be	0.03	0.06	0.05	0.37	0.1	0.004	0.15
B	0.01	0.003	0.03	0.13	0.08	0.005	0.06
K	0.001	0.003	0.007	0.15		0.05	1.4
Sc	0.3	0.6	2	0.08	0.5	2.6	2.1
V	0.09	2.6	0.78	0.1	1.3	3.5	4
Ga	0.024	0.38	0.7	1.7	3	1	0.5
Ge	1	1.4	2	0.5	0.1	0.5	0.3
Rb	0.0001	0.001	0.005	0.1	0.03	0.007	0.5
Sr	0.0001	0.001	0.1	1.5	0.005	0.01	0.3
Y	0.005	0.01	0.4	0.008	0.05	3.1	0.4
Zr	0.001	0.004	0.12	0.03	0.06	0.27	0.2
Nb	0.0001	0.015	0.01	0.1	0.0006	0.05	0.15
Cs	0.0002	0.0009	0.06	0.05	0	0.0005	0.06
Ba	0.000002	0.000002	0.0005	0.3	0.0006	0.0007	0.28
La	0.000001	0.0007	0.07	0.08	0.001	0.001	0.04
Ce	0.000003	0.0017	0.12	0.06	0.0015	0.005	0.1
Pr	0.00001	0.003	0.18	0.05	0.0023	0.02	0.17
Nd	0.00004	0.006	0.28	0.05	0.0034	0.07	0.21
Sm	0.0001	0.012	0.42	0.05	0.005	0.2	0.25
Eu	0.0005	0.024	0.45	0.5	0.006	0.4	0.33
Gd	0.002	0.04	0.49	0.04	0.0065	0.6	0.36
Tb	0.005	0.06	0.56	0.04	0.007	1	0.4
Dy	0.009	0.08	0.62	0.045	0.0071	1.7	0.46
Ho	0.013	0.1	0.66	0.05	0.0072	2.5	0.51
Er	0.015	0.13	0.72	0.055	0.0073	3.6	0.57
Tm	0.018	0.25	0.76	0.058	0.0074	5	0.585
Yb	0.02	0.2	0.8	0.06	0.0075	6.5	0.6
Lu	0.022	0.22	0.8	0.06	0.0075	7.1	0.6
Hf	0.001	0.021	0.24	0.03	0.05	0.2	0.6
Ta	0.00001	0.015	0.01	0.17	0.06	0.1	0.1
Pb	0.0001	0.0001	0.001	0.75	0.0005	0.0001	0.05
Th	0.00001	0.006	0.0013	0.13	0.01	0.001	0.004
U	0.00001	0.015	0.0001	0.1	0.01	0.01	0.004

注：数据来源于 GERM(https://earthref.org/GERM)。

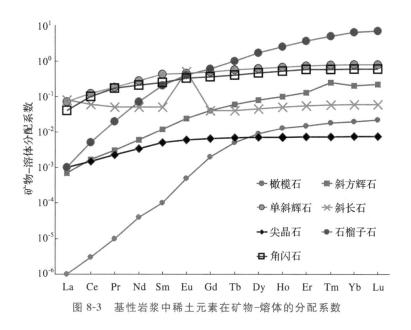

图 8-3　基性岩浆中稀土元素在矿物-熔体的分配系数

8.2.2　岩浆作用中的元素分配

部分熔融作用和岩浆结晶过程是岩浆形成和演化的重要过程,使用微量元素分配模型可以进行很好的限制。在火成岩地球化学中,微量元素有助于理解岩浆过程和评估岩浆源(如地幔和下地壳)的组成。为了在此类研究中利用微量元素,需要了解岩浆过程(如部分熔融和分离结晶)如何影响微量元素丰度。

(1)岩浆熔融作用

根据岩浆本身的成分可以推断岩浆的来源、地幔和下地壳,可以通过熔融的数学模型来实现。下面将考虑两种简单的熔融替代模型:批式/平衡熔融和分离熔融。

①批式熔融(batch melting),又称为平衡熔融(equilibrium melting),体系产生有限量的熔体,例如 5% 或 10%,并与固体残渣完全平衡。

批式熔融(平衡熔融)意味着固体和熔体之间的完全平衡。这意味着整个批次在残渣被去除之前与残渣平衡。根据质量平衡,可以这样写:

$$C_i^0 = C_i^s(1-F) + C_i^l F$$

其中,i 是相关元素,C^0 是固相中的原始浓度(以及整个系统中的浓度),C^l 是液体中的浓度,C^s 是固体中剩余的浓度,F 是熔体分数(即熔体质量/系统质量)。因为 $D = C^s/C^l$,所以有代入可得到:

$$\frac{C_i^l}{C_i^0} = \frac{1}{D^{s/l}(1-F) + F}$$

方程式描述了液体中微量元素的相对富集或贫化程度与熔融程度的关系。两个近似值通常很有用。首先考虑 $D \ll F$ 的情况。在这种情况下是 $C^l/C^0 \approx 1/F$,也就是说,富集程度与熔融程度成反比。对于高度不相容的元素来说,情况就是这样,这可以解释陆壳中的不相容元素含量显著高于地幔,同时和洋壳对比也较高。现在考虑一下 F 接近 0 的情况。在这种情况下,$C^l/C^0 \approx 1/D$,富集度与分配系数成反比。因此,部分熔体中可能的最大富集量为 $1/D$。对于高度相容的元素,即具有较大 D 的元素,如 Ni,当 F 较小时,熔体中的贫化量为 $1/D$,且对 F 相对不敏感。图 8-4 展示了具有不同分配系数 D 的元素随着批示熔融程度 F 的增加,熔体与原始固相元素的比值的变化情况。

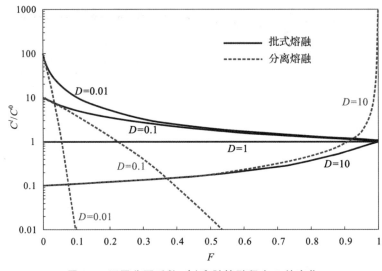

图 8-4　不同分配系数 C^l/C^0 随熔融程度 F 的变化

②分离熔融(fractional melting),熔体一产生就被提取出来,在任何给定的时间内,只有无限小的熔体增量与固体残留物保持平衡。

分离熔融可以尽可能快地除去液体,也称为瑞利(Rayleigh)熔融。

i^s 是元素 i 在固体相的质量,S 是固体相的质量,L 是液相的质量,i^l 元素 i 在液相的质量,S^0 固相初始质量(整个体系的总质量),i^0 是元素 i 在固体相(整个体系)的质量,则有:

$$C_i^s = \frac{i^s}{S} = \frac{i^0 - i^l}{S^0 - L}$$

$$C_i^l = \frac{1}{D_i} \cdot \frac{i^0 - i^l}{S^0 - L} = \frac{di^l}{dL}$$

则可以推导出

$$\frac{C_i^l}{C_i^0} = \frac{1}{D}(1-F)^{1/D-1}$$

如果将在 0 到 F 的熔体间隔内产生的各种熔体部分混合,则该聚合液的成分的平均浓度 C:

$$\frac{\overline{C_i^l}}{C_i^0} = \frac{1}{F}\left[1-(1-F)^{1/D_i}\right]$$

分批熔融的聚合液可能是今为止考虑的三个方程中最接近现实情况的,它遵循一种接近分批熔融的趋势。图 8-4 展示了具有不同分配系数的元素随着分离熔融程度 F 的增加,熔体与原始固相元素的比值的变化情况。

（2）岩浆结晶作用

岩浆温度降低时会发生结晶作用,主要有平衡结晶作用和分离结晶作用。

①平衡结晶

当整个结晶过程中总液体和总固体保持平衡时,就会发生平衡结晶。如果将 X 定义为结晶物质的分数。则有：

$$\frac{C_i^l}{C_i^0} = \frac{1}{DX + (1-X)}$$

C^l 是剩余液体中的浓度,C^0 是原始液体中的浓度(以与平衡熔融完全类似的方式推导该方程)。当 $X=1$ 时,当 $C^l/C^0 = 1/D$ 时,微量元素富集或耗尽的极限出现。平衡结晶要求液体与所有晶体保持接触。晶体内部必须通过固态扩散保持平衡,这是一个缓慢的过程。因此,平衡结晶可能只与有限的情况有关,例如侵入体的缓慢结晶。图 8-5 展示了具有不同分配系数的元素随着平衡结晶程度 X 的增加,熔体与原始固相元素的比值的变化情况。

②分离结晶(fractional crystallization)

分离结晶是一种更普遍适用的结晶模型,它只假设固体和液体之间的瞬时平衡。在这种情况下,熔体中的微量元素浓度取决于：

$$\frac{C_i^l}{C_i^0} = (1-X)^{D-1}$$

在这种情况下,液体的浓缩或亏损没有限制。如果 D 很大,当 X 接近 1 时,C^l/C^0 接近 0,如果 D 非常小,当 X 接近 1 时,C^l/C^0 接近无穷大。图 8-5 展示了具有不同分配系数的元素随着分离结晶程度 X 的增加,熔体与原始固相元素的比值的变化情况。

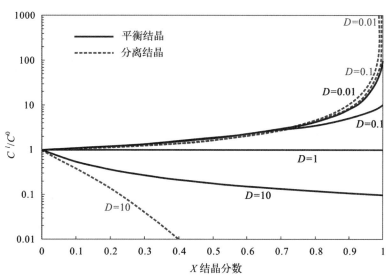

图 8-5　不同分配系数 C^l/C^0 随结晶程度 X 的变化

尽管理论上,分离结晶过程可以导致微量元素的极端富集,但在实际操作中,这种情况并不常见。当熔体达90％及以上的结晶阶段时,其主量元素的化学组成将显著不同于原始母岩,并且那些在熔体中完全不相容的元素可能相较于初始状态富集达10倍之多。基于对分配系数成分依赖性的认识,可以预测,在酸性熔体条件下,不相容元素的分配系数将趋近于1,这一特性实际上制约了这些元素进一步显著富集的可能性。然而,在高度相容元素(如镍,其固液分配系数大于1)的情况下,它们在经历结晶分异后的熔体中的浓度会极度降低,通常会降至检测限以下,几乎无法检出。相对微量元素浓度与剩余液体分数之间的关系可通过图8-5所示的变化曲线来描绘。总结来说,在中等程度的结晶分异过程中,随着结晶作用的进行,对微量元素浓度的影响通常是中等水平的,表现为浓度按数量级变化而非呈现极端差异。这意味着对于许多微量元素而言,虽然会有一定的浓度调整,但这种影响不会导致极端的浓缩或稀释效应。

8.3　元素的分馏

对于同一种元素,质子数相同,中子数不同的核素互称为同位素。一种元素的不同同位素的化学行为的微小差异可以提供关于化学(地球化学和生物化学)过程的大量有用信息。在地球的不同圈层中,元素因为其化学性质会有不同的分布,根据分配系数 D 值的不同,元素在矿物/岩石中发生分配。而某元素的同位素在物理、化学、生物等反应过程中以不同比例分配于不同物质之中的现象称为元素的分馏。主量元素成分以及微量元素的分配是以元素为研究对象,而元素的分馏是以元素的同位素为研究对象。

8.3.1　元素分馏基础概念

(1)同位素丰度

同位素丰度是某同位素含量相对同一元素所有同位素的百分比。

如氮元素,氮同位素^{14}N的平均丰度为99.63％、^{15}N为0.37％;碳元素,碳同位素^{12}C的平均丰度为98.89％、^{13}C为1.11％。由于分馏现象的存在,自然界中稳定同位素的组成均存在一定的变化范围。通常核素原子质量越轻,其同位素间的相对质量差异越大,质量数较小元素的同位素组成在自然界具有较大的变化范围。显而易见的是,自然界同位素变化范围最大的元素是氢元素。

(2)同位素组成

同位素组成是各同位素的含量比值等化学特征,用 R 值表示。

通常用其中两个丰度高的同位素的原子数比值表达。习惯上采用原子质量数较高的同位素为分子,较低的为分母。例如硫元素^{32}S的平均丰度为95.02％,^{33}S为0.76％,^{34}S为4.22％,^{36}S为0.014％,硫同位素组成可采用$^{34}S/^{32}S$比值表达。近些年逐渐兴起的非传统同位素表述方法类似,但是由于部分重元素组成同位素较多,采用多项比值表示。如镁同位素组成可以表示为$^{26}Mg/^{24}Mg$和$^{25}Mg/^{24}Mg$共同组成。

(3)稳定同位素分馏

体系内共存的两种物质或者两种物相间(如水的气相液相),元素的同位素组成存在差异的现象,指示了同位素的不均一分配。导致共存的物质或物相产生同位素分馏的原因是同位素效应,即组成元素的不同同位素间由于原子质量不同而引起它们在化学和物理性质上存在微小差异的现象。

(4)同位素 δ 值

稳定同位素比值的变化通常在千分之几到百分之几的范围内(表 8-8),最方便、最常见的表达方式是根据某些标准的千分比偏差 δ。例如,O 同位素比率通常根据 SMOW(标准平均大洋海水)的千分比偏差报告:

$$\delta^{18}O=\left[\frac{(\delta^{18}O/\delta^{16}O)_{样品}-(\delta^{18}O/\delta^{16}O)_{SMOW}}{(\delta^{18}O/\delta^{16}O)_{SMOW}}\right]\times1000$$

通用的同位素表示方法:

$$\delta=1000\times(R_{样品}-R_{标样})/R_{标样}$$

实验室的测量结果也多以 δ 值的形式呈现,例如某地幔源橄榄石氧同位素 $\delta^{18}O=5.2$。

不同的稳定同位素有一种或多种标准物质,常见同位素标准物质见表 8-8。对于标样要求:组成均一,性质稳定;数量相当大,以便长期使用;化学制备和同位素测量的手续简便;大致为天然同位素比值变化范围的中值,以便用于绝大多数样品的测定;可作为世界范围的零点。

表 8-8　稳定同位素比值和常见标准物质

元素	符号	组成	标样	绝对比值
氢	δD	D/H	SMOW	0.0001557
锂	δ^7Li	$^7Li/^6Li$	NIST 8545	12.185
硼	$\delta^{11}B$	$^{11}B/^{10}B$	NIST 915	4.044
碳	$\delta^{13}C$	$^{13}C/^{12}C$	PDB	0.01122
氮	$\delta^{15}N$	$^{15}N/^{14}N$	大气	0.003613
氧	$\delta^{18}O$	$^{18}O/^{16}O$	SMOW	0.0020052
	$\delta^{17}O$	$^{17}O/^{16}O$	SMOW	0.000376
硫	$\delta^{34}S$	$^{34}S/^{32}S$	CDT	0.04416
	$\delta^{33}S$	$^{33}S/^{32}S$	CDT	0.007877
	$\delta^{36}S$	$^{36}S/^{32}S$	CDT	0.0001535

注:SMOW:标准平均大洋海水,PDB:美国白垩纪 Pee Dee 组的箭石化石,CDT:美国 Diablo 峡谷铁陨石中的陨硫铁。

(5)同位素分馏系数 α

同位素 δ 值表示某物质或某相的同位素的组成。在表示两相(物种)的同位素的关系时,可以使用同位素分馏系数 α,是两相(物种)中元素的比值(R)的比值。

$$\alpha_{A-B}=\frac{R_A}{R_B}$$

两相之间的同位素分馏也经常被报告为同位素分馏值 Δ，如 $\Delta A\text{-}B = \delta A - \delta B$。

Δ 和 α 有以下近似关系：

$\Delta \approx (\alpha - 1) \times 10^3$，在 α 接近 1 时（地球物质的常见值），可以近似有 $\ln\alpha = \alpha - 1$，因此又有 $\Delta \approx 10^3 \ln\alpha$。

8.3.2 稳定同位素温度计

温度是控制同位素分馏的重要因素之一。因此稳定同位素的主要用途之一是地温测量（地质温度计）。与传统的"化学地温计"一样，稳定同位素地温计基于平衡常数的温度依赖性，这种依赖性可以表示为：

$$\ln K = \ln\alpha = A + \frac{B}{T^2}$$

实际上，常数 A 和 B 是温度的缓慢变化函数，因此 K 在绝对零度时趋于零，对应于完全分离；在无限高温下为 1，对应于同位素不发生分离。通过回顾一个系统的熵随温度的增加而增加，可以定性地理解为什么会这样。在无限温度下，存在完全无序，因此同位素会在相之间随机混合（暂时忽略了在无限温度下既没有相也没有同位素的小问题）。在绝对零度时，存在完美的顺序，因此各相之间没有同位素混合。然而，A 和 B 在有限的温度范围内具有足够的不变性，因此可以将其视为常数。在低温下，该方程的形式更改为 $\alpha \propto 1/T$。

原则上，在达到平衡，分馏因子的温度依赖性已知的前提下，可以通过任何两相之间的同位素分馏计算温度。图 8-6 显示了作为温度函数的石英和其他矿物之间的一些分馏系数，更多的同位素地温计可以在相关文献中查询到。

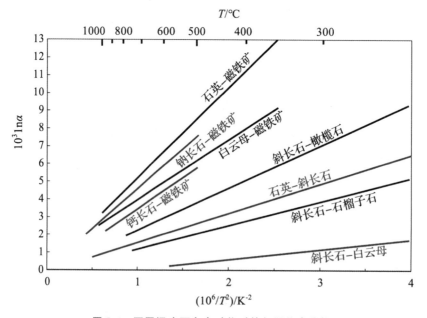

图 8-6　不同温度下多个矿物对的氧同位素分馏

由于平衡常数依赖于温度的平方反比,稳定同位素地温测量主要用于低温,即非岩浆温度。当温度超过 800℃ 左右时,分馏通常很小,因此很难从中确定准确的温度。然而,即使在上地幔温度(1000℃ 或更高)下,分馏作用虽然很小,但仍然显著,因此稳定同位素温度计有时也可以用来计算地幔岩石(尤其有流体活动)的温度。

所有地温计都基于明显矛盾的假设,即在相形成期间或之后,各个相之间实现了完全平衡,但各个相在随后冷却时没有重新平衡。之所以可以做出这些假设,而且地温测量法也可以正常工作,是因为反应速率对温度的指数依赖关系。同位素地温计与其他地温计一样,对实现平衡具有相同的隐含假设。必须强调地温测量平衡基础的重要性。由于大多数稳定同位素地温计(尽管不是全部)都适用于相对较低的温度情况,因此违反实现完全平衡的假设并不罕见。同位素分馏可能来自动力学和平衡效应。如果反应没有完成,同位素差异可能反映了动力学效应和平衡效应。还有其他可能导致温度不正确的问题;例如,在冷却过程中(岩浆上升或者在侵入岩在浅部冷却),系统可能会在较低的温度下部分重新平衡。同位素地温测量的另一个问题是,交换反应的自由能相对较低,这意味着几乎没有化学能来驱动反应。事实上,同位素平衡可能通常取决于发生的其他反应,这些反应调动了参与交换的元素。在远低于熔点的温度下,固态交换反应将特别缓慢。因此,固相之间的平衡通常取决于这些相与流体的反应。后一点也适用于"常规"地温计,变质作用是同位素地温测量的重要应用领域之一,通常发生在流体存在的情况下,即测量和流体作用的时刻的温度信号。

稳定同位素地质温度计注意几点:观测的共生矿物达到同位素交换平衡,并且平衡后未受后期地质改造;矿物对之间的分馏系数足够大,确保待测温度具有较高精度;参数 A,B 出实验测定,待测温度在实验参数的有效应用范围内。对于稳定同位素平衡判断有以下标准:

(1)岩石学和化学平衡

岩相学上不平衡的矿物对,或有时代或成分的差异矿物对,不能达到平衡。非同时形成的矿物对,或后期地质作用扰动的通常也达不到平衡或同位素平衡被破坏。

(2)可以根据共生矿物同位素相对富集顺序进行判断

常见共生矿物同位素组成次序:

①氢同位素 δD

高温段(>500℃):锂云母>白云母>金云母>角闪石>黑云母>黝帘石

低温段(<400℃):蛇纹石>高岭石>绿帘石>伊利石>水镁石>针铁矿

②氧同位素 $\delta^{18}O$

石英>方解石>碱性长石>高岭石>白榴石>电气石>硬玉>蓝晶石>多硅白云母>钙长石>白云母>绿帘石>蛇纹石>绿泥石>顽火辉石>透闪石>透辉石>普通角闪石>金云母>黑云母>硅灰石>榍石>锆石>石榴子石>橄榄石>金红石>磁铁矿>钛铁矿>赤铁矿>晶质铀矿>刚玉>尖晶石

③碳同位素 $\delta^{13}C$

白云石>方解石>CO_2>石墨>CH_4

④硫同位素 $\delta^{34}S$

硫酸盐＞辉钼矿＞黄铁矿＞闪锌矿＞磁黄铁矿＞黄铜矿＞斑铜矿＞方铅矿＞辉银矿

元素的分布特征受到多种地质过程的影响,微量元素的分配和稳定同位素的分馏是揭示这些过程的重要工具。微量元素在地球不同固体圈层中的分布差异反映了它们在地球形成、演化以及内部物质循环过程中的行为。例如,在地壳中,不同的岩石类型(如岩浆岩、沉积岩和变质岩)由于形成机制的不同,其微量元素丰度模式会有显著区别。此外,地壳与地幔之间的相互作用,如板块俯冲带的地壳物质向地幔下部输送或地幔上涌过程中,也会导致微量元素在两个圈层间的再分配。岩石、矿物或化石中的O、S、C、H等稳定同位素的比值,可以推断地质体的形成温度、压力条件、氧化还原环境及物质来源等信息。比如,地壳岩石中的氧同位素组成($\delta^{18}O$)可以反映矿物形成的地理气候条件和地壳循环历史;地幔岩石样品中的Si同位素分馏则有助于理解地幔熔融和地球早期分异的历史。结合这两种手段,科学家能够构建更为详细的地球动力学模型,如板块构造理论、地幔对流模型以及地球早期热力学状态重建等。通过对不同深度的地壳和地幔样品进行微量元素和稳定同位素分析,可以揭示深部地壳与地幔物质的交换、地壳生长和破坏的过程,以及地球表层与深层环境之间复杂的耦合关系。

微量元素和稳定同位素在地球科学中常常结合使用,以更精确地揭示地质过程、岩石成因以及矿床形成等复杂问题,增强科学家对地球内部过程、地表环境演变和生命活动相互作用的理解能力。以下是一些相关研究的例子。

地壳熔融与岩浆演化:岩浆岩中的微量元素比例可以指示了岩浆分离结晶的程度和环境压力。而其氧同位素组成能够给出岩浆源区是否有来自地壳的信息。结合稳定同位素地质温度计,可以推测岩浆形成时的地壳深度及相应的地温信息,尤其是在板块俯冲带的地幔楔部分熔融研究中。

岩石和矿物成因:火山岩和变质岩中的微量元素模式结合O、Si等稳定同位素比值分析,可以确定岩石形成的环境(如洋中脊、岛弧或大陆碰撞带),并进一步解析其生成温度、压力及源区特征。比如,石英和长石中的水含量及其H、O同位素组成可指示岩石结晶时的物理化学条件和流体来源。对于某些矿床,比如热液矿床,其中的硫化物矿物可以利用S同位素来探讨硫的来源和成矿流体的演化路径,同时通过矿物中特定微量元素的地球化学行为推断成矿温度。矿物内的稳定同位素(如石英中的O同位素)也可用来直接或间接估算当时的热液温度。

古气候重建:微量元素如Mg/Ca、Sr/Ca等比值可以反映古代海洋生物生存期间的海水温度变化,而海洋生物化石(如有孔虫、珊瑚)中稳定氧同位素($\delta^{18}O$)则可以提供古海水温度和全球冰川体积变化的信息。因此,在古气候研究中,这两者共同为科学家提供了更全面的古气候变化证据。

生态系统研究:生物体内的微量元素分布和稳定同位素(如N、C、S同位素)组合能够反映生态系统的营养级联、食物网结构以及生物地球化学循环过程。例如,植物组织中的 $\delta^{13}C$ 值可以提供关于光合作用途径和水分利用效率的信息,而 $\delta^{15}N$ 则有助于揭示土壤—植物—动物间的氮循环动态。

参考文献

[1] 常丽华，2006．透明矿物薄片鉴定手册[M]．北京：地质出版社．

[2] 常丽华，曹林，高福红，2009．火成岩鉴定手册[M]．北京：地质出版社．

[3] 陈道公，支霞臣，杨海涛，2009．地球化学[M]．合肥：中国科学技术大学出版社．

[4] 陈曼云，金巍，郑常青，2009．变质岩鉴定手册[M]．北京：地质出版社．

[5] 都城秋穗，久城育夫，1984．岩石学[M]：北京：科学出版社．

[6] 李昌年，2010．简明岩石学[M]．北京：中国地质大学出版社．

[7] 李德惠，2004．晶体光学[M]．2版．北京：地质出版社．

[8] 李胜荣，许虹，申俊峰，2008．结晶学与矿物学[M]．北京：地质出版社．

[9] 林春明，2019．沉积岩石学[M]．北京：科学出版社．

[10] 路凤香，桑隆康，2002．岩石学[M]．北京：地质出版社．

[11] 桑隆康，马昌前，2012．岩石学[M]．2版．北京：地质出版社．

[12] 汪相，2009．晶体光学[M]．南京：南京大学出版社．

[13] 王德滋，谢磊，2008．光性矿物学[M]．北京：科学出版社．

[14] 卫管一，张长俊，2000．岩石学简明教程[M]．北京：地质出版社．

[15] 肖渊甫，郑荣才，邓江红，2009．岩石学简明教程[M]．北京：地质出版社．

[16] 徐夕生，邱检生，2010．火成岩岩石学[M]．北京：科学出版社．

[17] 叶德隆，曾广策，朱云海，2008．沉积岩石学[M]．北京：石油工业出版社．

[18] 曾广策，朱云海，叶德隆，2006．晶体光学及光性矿物学[M]：北京：中国地质大学
出版社．

[19] 赵振华，2016．微量元素地球化学原理[M]．2版．北京：科学出版社．

[20] 张宏飞，高山，2012．地球化学[M]．北京：地质出版社．

[21] 郑建平，2022．火成岩成因[M]：北京：科学出版社．

[22] 郑永飞，陈江峰，2000．稳定同位素地球化学[M]．北京：科学出版社．

[23] Barbarin B，Didier J，1991．Enclaves and granite petrology[M]．Amsterdam：Elsevier Science Pub．Co．

[24] Boggs S，2010．Petrology of sedimentary rocks[M]．Cambridge：Cambridge University Press．

[25] Coogan L A．2014．The Lower Oceanic Crust[M]// Holland H D，Turekian K K．Treatise on Geochemistry (Second Edition)．Oxford：Elsevier，497-541．

[26] Folk R L，1974．Petrology of sedimentary rocks[M]．Austin Texas：Homphill Pub．Co．

[27] Hart S R，Zindler A，1986．In search of a bulk-Earth composition[J]．Chem．Ge-

ol. , 57(3)：247-267.

[28] Herron M M, 1988. Geochemical classification of terrigenous sands and shales from core or log data[J]. J. Sediment. Res. , 58：820-829.

[29] Javoy M, Kaminski E, Guyot F, 2010. The chemical composition of the Earth：Enstatite chondrite models[J]. Earth Planet. Sci. Lett. , 293(3)：259-268.

[30] Le Maitre R W, Streckeisen A, Zanettin B, 2002. Igneous rocks：a classification and glossary of terms[M]. Cambridge：Cambridge University Press.

[31] Luth R W. 2014. Volatiles in Earth's Mantle[M]// Holland H D,Turekian K K. Treatise on Geochemistry (Second Edition). Oxford：Elsevier, 355-391.

[32] Lyubetskaya T, Korenaga J, 2007. Chemical composition of Earth's primitive mantle and its variance：1. Method and results[J]. Journal of Geophysical Research：Solid Earth, 112(B3).

[33] Mattey D, Lowry D, Macpherson C, 1994. Oxygen isotope composition of mantle peridotite[J]. Earth Planet. Sci. Lett. , 128(3)：231-241.

[34] McDonough W F, Sun S S, 1995. The composition of the Earth[J]. Chem. Geol. , 120(3)：223-253.

[35] Ohtani E, Yurimoto H, Seto S, 1997. Element partitioning between metallic liquid, silicate liquid, and lower-mantle minerals：implications for core formation of the Earth[J]. Phys. Earth Planet. Inter. , 100(1)：97-114.

[36] O'Neill H S C, Palme H, 2008. Collisional erosion and the non-chondritic composition of the terrestrial planets[J]. Philosophical Transactions of the Royal Society A：Mathematical, Physical and Engineering Sciences, 366(1883)：4205-4238.

[37] Palme H, O'Neill H S C. 2007. Cosmochemical Estimates of Mantle Composition [M]// In：Holland H Dand Turekian K K, eds. Treatise on Geochemistry. Oxford：Pergamon, 1-38.

[38] Pérez-Aguilar C D, Cuéllar-Cruz M, 2022. The formation of crystalline minerals and their role in the origin of life on Earth[J]. Prog. Cryst. Growth Charact. Mater. , 68(1)：100558.

[39] Pettijohn F J, Potter P E, Siever R, 1987. Sand and Sandstone[M]. New York：Springer.

[40] Philpotts A R, 2009. Principles of igneous and metamorphic petrology[M]. Cambridge：Cambridge University Press.

[41] Rubie D C, Nimmo F, Melosh H J. 2015. Formation of the Earth's Core[M]// Schubert G. Treatise on Geophysics (Second Edition). Oxford：Elsevier, 43-79.

[42] Rudnick R L, Gao S, 2003. Composition of the Continental Crust. Treatise Geochem 3:1-64[M]：Composition of the Continental Crust. Treatise Geochem, 3:1-64.

[43] Sclar C B, 1991. Crystal structures and cation sites of the rock-forming minerals [M]. London：Allen and Unwin, 1989：320.

［44］ Sen G，2014. Petrology［M］. Berlin：Springer.

［45］ Taylor S R，McLennan S M，McCulloch M T，1983. Geochemistry of loess，continental crustal composition and crustal model ages［J］. Geochim. Cosmochim. Acta，47(11)：1897-1905.

［46］ Taylor S R，McLennan S M，1995. The geochemical evolution of the continental crust［J］. Rev. Geophys. ，33(2)：241-265.

［47］ Tucker M E，2001. Sedimentary petrology［M］. Oxford：Blackwell Science.

［48］ Wedepohl H K，1995. The composition of the continental crust［J］. Geochim. Cosmochim. Acta，59(7)：1217-1232.

［49］ White W M，Klein E M. 2014. Composition of the Oceanic Crust［M］// Holland H D，Turekian K K. Treatise on Geochemistry (Second Edition). Oxford：Elsevier，457-496.

［50］ Willgallis A，Siegmann E，Hettiaratchi T，1983. Srilankite，a new Zr-Ti-oxide mineral［J］. Neues Jahrbuch für Mineralogie Monatshefte(4)：151-157.

［51］ Workman R K，Hart S R，2005. Major and trace element composition of the depleted MORB mantle (DMM)［J］. Earth Planet. Sci. Lett. ，231(1)：53-72.

［52］ Zhao Y，Anderson D L，1994. Mineral physics constraints on the chemical composition of the Earth's lower mantle［J］. Phys. Earth Planet. Inter. ，85(3)：273-292.